国家林业和草原局普通高等教育"十四五"规划教材

森林康养学

程小琴　主编

中国林业出版社
China Forestry Publishing House

内容简介

　　《森林康养学》全书共 11 章，阐述了森林康养与心理学、医学等多学科关联，深入探讨了中医养生理念在森林康养中的疗效，包括自然环境对人类心理的积极影响、森林康养心理机制与效应，及其在嗅觉、呼吸系统疾病防治方面的应用。通过合理开发与利用森林中的药用、食用植物资源，能够有效提升人体营养水平、增强免疫力，缓解身心压力与疲劳，改善身体与心理状态。紧密把握消费者需求和市场发展趋势，针对性地开发适配的森林康养产品与服务。稳步推进森林康养基地建设，为人们提供全面且专业的服务，助力身心健康发展。

　　本书可作为高等院校森林康养专业方向及林学、环境科学、生态学等专业本硕博的必修教材，也可供农、林、牧等领域科技工作者参考。

图书在版编目（CIP）数据

　　森林康养学 ／ 程小琴主编. —北京：中国林业出版社，2023.12

　　国家林业和草原局普通高等教育"十四五"规划教材

　　ISBN 978-7-5219-2504-3

　　Ⅰ. ①森…　Ⅱ. ①程…　Ⅲ. ①森林生态系统–医疗保健事业–中国–高等学校–教材　Ⅳ. ①R199.2

　　中国国家版本馆 CIP 数据核字（2024）第 008804 号

北京林业大学教材建设资助

策划编辑：肖基浒	
责任编辑：田夏青　肖基浒	
责任校对：苏　梅	
封面设计：周周设计	

出版发行　中国林业出版社
　　　　　（100009，北京市西城区刘海胡同 7 号，电话 83223120）
电子邮箱：jiaocaipublic@163.com
网　　址：https://www.cfph.net
印　　刷　北京中科印刷有限公司
版　　次　2023 年 12 月第 1 版
印　　次　2023 年 12 月第 1 次印刷
开　　本　787mm×1092mm　1/16
印　　张　15.75
字　　数　363 千字
定　　价　48.00 元

《森林康养学》编写人员

主　　编：程小琴

副主编：沈　宁　刘俊秀　刘宏文　邓　晓

编　　委：(以姓氏拼音为序)

陈晓岩(北京林业大学)

程小琴(北京林业大学)

程旭锋(北京林业大学)

丛　丽(北京林业大学)

邓　晓(北京林业大学)

邓亚楠(北京中医药大学)

杜毅鹏(北京大学第三医院)

侯敏哲(北京中医药大学)

刘宏文(北京林业大学)

刘俊秀(北京大学第一医院)

刘　楠(北京大学第三医院)

刘雪梅(北京林业大学)

沈　宁(北京大学第三医院)

田慧霞(太原科技大学)

温　馨(北京林业大学)

邢韶华(北京林业大学)

杨智辉(北京林业大学)

赵　强(北京林业大学)

朱　江(湖北民族大学)

主　　审：崔国发(北京林业大学)

前　言

随着生态文明建设和大规模国土绿化行动的深入推进，绿水青山之美愈加凸显，中华大地的气质也更显卓越，人们越来越向往在这样的生态环境中体验自然、享受生活。在这样的背景下，森林康养作为一种健康生活方式应运而生，它能够满足人们多样化的需求，也符合推动绿色发展和建设生态文明的时代要求。发展森林康养产业，既是科学、合理利用林草资源，也是践行绿水青山就是金山银山理念的有效途径，同时也是实施健康中国战略、乡村振兴战略以及林业供给侧结构性改革的必然要求，更是满足人民美好生活需要的战略选择。因此，本教材的编写旨在为读者深入地了解森林康养学相关概念、原理、方法和应用，帮助读者掌握森林康养学的核心知识和技能，从而更好地运用森林康养的理念和方法，提高身心健康水平。此外，教材的编写也旨在推广森林康养理念，促进森林康养产业的发展，为推动绿色发展和建设生态文明作出贡献。

森林康养学涵盖了自然科学、医学（中西医）和心理学等多学科领域，呈现出理念、知识与素养三大融合的发展趋势。首先，森林康养理念的推广和产业的发展，既增加优质生态产品供给，又不因开发利用而导致森林资源消耗，彻底打破了以前森林资源保护与利用此消彼长的旧定律，产业兴盛不再以资源消耗破坏为代价，逐步树立了"扎根森林健康、服务人类福祉"的理念。其次，森林康养是以森林生态环境为基础，结合心理学、医学（中西医）、自然资源管理、公共管理等领域的知识，以促进人们的健康和提高生活质量为目的，满足人民日益增长的美好生活需要，让人们在绿水青山中共享自然之美、生活之美、生命之美。最后，森林康养的发展不仅拓宽了研究的视野与领域，从早期的森林生态旅游，到森林养生体验，再到森林康养等议题的变化，还能提供更好更丰富的优质生态产品，促进"经济转型"、国家健康产业行业的发展，同时也是践行"两山"理念的最佳途径之一。

森林康养学以森林资源为基础，以中医学和现代医学为理论支撑，旨在促进身心健康和预防疾病，传授森林康养的理论、方法和技术。通过学习森林康养学，读者可以在以下三个方面获益。第一，知识层面，系统掌握森林康养学的重要理论，了解森林对人的身心健康作用，以及森林康养作用于人体健康的途径及其实践应用。第二，能力层面，培养读者运用生命科学、心理学和医学相关知识和原理的分析能力，解释森林康养实践中出现的有关森林环境对人体健康的作用机制。第三，创新意识层面，突出前沿性知识，扩大交叉学科知识面，增强交叉学科理论之间的衔接和融合，重新认识和协调人类与森林的关系，认识森林的生态功能与医学价值，以及其在生态文明建设中的作用。

本教材由程小琴拟订大纲、统筹、修改、定稿，共11章，具体编写分工如下：第1章由程小琴、刘宏文、邓晓、刘雪梅编写；第2章由田慧霞、邓亚楠、刘楠和刘俊秀编写；第3章由程小琴和温馨编写；第4章由刘雪梅编写；第5章由杨智辉和陈晓岩编写；第6章由邓亚楠和侯敏哲编写；第 7 章由刘俊秀和刘楠编写；第 8 章由沈宁和杜毅鹏编写；第 9 章由赵强编写；第 10 章由丛丽和程旭锋编写；第 11 章由邢韶华编写；各章节的案例由朱江编写。

本教材在编写过程中，我们广泛参考了国内外从事生命科学、医学、心理学、旅游学等学界前辈和同仁的研究论著和资料，汲取了同仁们的研究成果。本教材的目的是为读者提供更加全面、深入的森林康养学知识和实践方法，帮助读者从中获得健康、幸福和生命的力量。我们希望本教材能够成为广大读者了解和掌握森林康养学的重要参考材料，使读者能够更好地应用所学知识来改善自身健康、促进身心健康和提高生活质量。

在撰写过程中，我们本着严谨的态度，尽力保证内容的准确性和可操作性。但是，森林康养是一个新兴业态，编者的学识与实践经验有限，书中难免存在不足之处。因此，我们真诚地希望读者、专家、学者和同行们能够批评赐教，给予宝贵的意见和建议。

编　者

2023 年 12 月 20 日

目　录

第1章 绪 论

1.1 森林的概念

作为地球上最大的陆地生态系统，森林是全球生物圈的关键组成，是生物基因库、碳储库、蓄水库与能源库，对维系地球生态平衡意义重大，是人类生存发展的根基。同时，森林如同生态"调节剂"，深刻影响着人类生存环境与安全。森林是以乔木为主体，包含其他植物、动物、菌物、微生物等生物成分，以及与土壤、水分、阳光、大气等无机环境相互依存、相互制约、相互影响所形成的生态系统。它不仅具有支持服务、供给服务、生态调节服务等自然价值与经济价值，还在保健康养、怡情养性、科学文化教育及娱乐游憩等方面有着重要的文化服务功能与社会价值，是陆地生态系统中稳定性最高、群落结构最复杂、生物多样性最丰富、生态功能最完备的类型。

1.1.1 森林的定义

森林是指以乔木为主体，包括灌木、草本植物以及其他生物在内的、占据一定空间的生物群落(图 1-1、图 1-2)。不同国家对森林有不同的定义。俄国林学家莫罗佐夫 1903 年提出：森林是林木、伴生植物、动物及其与环境的综合体。联合国粮食及农业组织(FAO)将森林定义为：面积在 0.5 hm² 以上、树木高于 5 m、林冠覆盖率超过 10%，或树木在原生境能够达到这一阈值的土地，不包括主要为农业和城市用途的土地。中国著名林学家梁希先生认为：森林是单位面积土地上，树木达到一定数量而成为一个集群，这个集群一方面受环境

（a） （b）

图 1-1 东北温带森林

(a)针叶林 (b)针阔叶混交林

1

图 1-2 华北暖温带针叶林

(a)太岳山油松人工林 (b)太岳山落叶松人工林

的影响,另一方面又影响周围环境,使环境因它而发生显著的变化。国家林业和草原局对森林界定标准:面积大于或等于 0.667 hm² 的土地、高度可达到 2 m 或以上、郁闭度等于或大于 0.2,以树木为主的生物群落;包括达到以上标准的竹林、天然林或人工幼林(未成林幼林),两行以上、行距小于或等于 4 m 或树冠幅度等于或大于 10 m 的林带以及特定的灌木林。

一般认为,森林是一个复杂的生态系统综合体,它包括生物群落及其赖以生存的由土壤、阳光等要素构成的无机环境,其中生物群落以乔木为主体,同时还有伴生植物、动物、菌物、微生物等。森林是生物群落与无机环境之间相互依存、相互制约、相互影响而形成的一个生态系统。

1.1.2 森林的功能

森林是地球上面积最大的陆生生态系统,约占全球总面积的32%,是稳定性最大、群落组成结构最复杂、生物多样性最丰富的陆生生态系统,也是生态功能最齐全的陆生生态系统,即森林是最完善的物种库、基因库、蓄水库、贮存库、能源库,具体包括支持服务功能、供给服务功能、调节服务功能和文化服务功能等。

(1)支持服务功能

促成生物的养分循环(吸收、存留、归还)、促进土壤的形成、产生初级生产力等。森林植物在单位时间、单位面积上由光合作用产生的有机物质总量中扣除自养呼吸后的剩余部分,称为森林植被净初级生产力(net primary productivity,NPP)。森林净初级生产力既能反映陆地生态系统的质量状况,又能反映植被群落在自然环境条件下的生产能力。更重要的是,它是判定生态系统碳源和碳汇、调节生态过程的主要因素,在碳平衡和全球变化的大背景下扮演着十分重要的角色,是人类赖以生存和发展的物质基础。

(2)供给服务功能

①木材供应 即为人类提供各类的木材资源,用于造纸、建筑、室内装饰装修、制作纺织品和家具,以及作为可再生能源的材料等。

②食物供应 即为人类提供各类食物资源,诸如板栗、柿子等粮食资源,香椿、菌类等蔬菜资源,畜禽蛋奶等肉食资源,蓝莓、荔枝、核桃、松子等鲜果和坚果资源,油茶、油橄

榄等油料资源，花椒、八角等香料资源，人参、灵芝等药材资源，以及蜂产品等资源。

（3）调节服务功能

森林被称为大自然的"调度师""总调度室"，具有巨大的多方面的生态调节服务功能。

①固碳释氧，减缓温室效应　即吸收和固定大气中的 CO_2，释放和增加大气中的 O_2，维持二者的平衡，有效减缓温室效应，同时保证生命活动的正常需要。

②调节湿度气温，调节气候　即可向大气蒸腾 $4.9×10^9$ t/a 的水量，保持空气的湿度，从而改善局部地区的小气候，延缓干旱和荒漠化的发展。有研究表明城市森林可增加空气湿度，一株成年树一天可蒸发 400 kg 水。在有林地区，森林还具有良好的气温调节作用，使其昼夜温差不会悬殊，并且在夏季减轻干热，在秋冬减轻霜冻。

③吸附污染物，净化空气　阻隔过滤吸收分解污染物，即森林中乔木的树叶树枝表面粗糙不平、多茸毛，并能分泌黏性油脂和汁液等物质，这一特性使它能够黏附一部分粉尘，降低大气中的尘含量，从而达到吸附污染物的作用。很多树木能够吸收有害气体，如 1 hm^2 柳杉林每天可以吸收 60 kg 的 SO_2。

④反射阻挡，降低噪声　即森林能强烈并优先吸收对人体危害最大的高频噪声和低频噪声，有"绿色防护墙"的美誉。其衰减噪声的作用机理是：一方面噪声波被树叶向各个方向不规则反射而使声波快速衰减，另一方面噪声波引起树叶微振而消耗声能。阔叶树降噪效果最佳，其树冠能吸收声能的 26%，反射和散射掉的占 74%。

⑤截留调蓄，涵养水源　即通过对降雨的拦截和贮存，缓和地表径流，增加土壤径流和地下径流，起到调蓄洪水、增加枯季径流等作用。

⑥拦截蓄积，保持水土　即林冠层、活地被物和凋落层可拦截降水，降低其强度，消除其对表层土壤的冲击力，有效缓解地表径流及其对土壤的侵蚀，降低水土流失。同时，网状分布的林木根系能够固持土壤，防止土壤的崩塌和泻溜；此外，林木根系还能够蓄积土壤水分。经科学测定，林冠可截留降水 20% 左右，大大削弱了雨滴的冲击力。地表只要有 1 cm 厚的枯枝落叶，就可以把地表径流量减少到裸地的 1/4 以下，泥沙减少到裸地的 7% 以下。

⑦吸附过滤，净化水质　即当大气降水落到林冠和林地时，通过树冠枝叶、林地中活地被物与枯枝落叶的截留、吸附和过滤，通过林地中的微生物对化合物的分解、对离子的摄取、对金属元素的化学吸附及沉淀，通过林地具有良好团粒结构的土壤颗粒的物理吸附等作用及途径，净化了水质，更适宜人和生物的饮用。

⑧提供场所与环境，维持生物多样性　即森林生态系统为生物提供生存与繁衍的场所，对其起到保护的作用。生物多样性包括所有不同种类的动物、植物、微生物及其所拥有的基因，以及生物与生存环境所组成的生态系统。生物多样性保护是维持人类社会生存和可持续发展的基础，对人类社会有着重要的作用和意义。有专家预测，假如地球上失去了森林，约有 450 万个生物物种将不复存在；陆地上 90% 的淡水将白白流入大海，人类将面临严重水荒；许多地区风速增加 60%~80%，因风灾而丧生的人将会超过亿人。

⑨疗养身心，调控疾病　即森林被誉为"地球之肺"，富含氧气；此外清新的负离子和芳香的植物，对预防、减轻和治疗疾病有着重要的作用。新鲜的氧气可改善肺泡通气、增大肺活量、增加血氧供给量。负氧离子可改善肺呼吸，并能镇咳平喘，还能增强免疫力，促进新陈代谢，杀死大肠杆菌等。实验表明，芳香植物对人体具有很好的保健功能。森林还可以缓解人的压力、焦虑等负面情绪，促进心理健康。

（4）文化服务功能

①具有科学文化教育功能　森林蕴含着丰富的有关生物和环境等领域的科学知识、生态平衡的运行规律等大自然的奥秘，更是一个天然的大课堂。人们走进森林，可以直观地学习到很多有趣、有益的科学文化知识，从而丰富对森林及大自然的认知。此外，目前以森林为中心已形成了众多学科，如林学、森林培育学、植物保护学、森林土壤学、森林测量学、森林生态学、森林经理学、森林康养学等。经过长期的实践和发展，这些学科形成了系统而丰富的知识理论，这些知识理论能够科学有效地指导森林生态的保护与合理的开发利用，同时还对培养林学专业所需的人才有着不可或缺的教育作用。

②具有生态情怀和人文情怀的教育功能　徜徉在万物并育、和谐共生的大森林里，不仅会引发人们对人与森林、人与自然的感悟，从而提升珍爱自然的意识，促进保护森林生态环境的自觉行为；还会引发对人与社会、人与自我的探究，或对自身的人生和生活重新审视，从而净化心灵，陶冶情操，促进个人道德品格的完善和心智的成熟。

③具有审美熏陶功能　森林富有绚丽多姿、如诗如画的景象：千奇百怪的动植物、婉转悦耳的鸟语、沁人心脾的花香、缤纷梦幻的色彩、赏心悦目的季相变化景观等。森林的这些生物美、形态美、色彩美、音韵美、意境美，对人们具有强烈的感官冲击，身临其境时必然会陶醉动情，而审美修养也会因此得到潜移默化的濡染涵养。

④具有康养休闲及游憩功能　森林有着清新的空气、宜居的生态环境，是康养疗愈身心的天然疗养院，是天然的休闲度假区。森林有五彩缤纷的景观和令人神往的秘境，因此又是观赏娱乐、探险猎奇的天然游乐园（图1-3）。

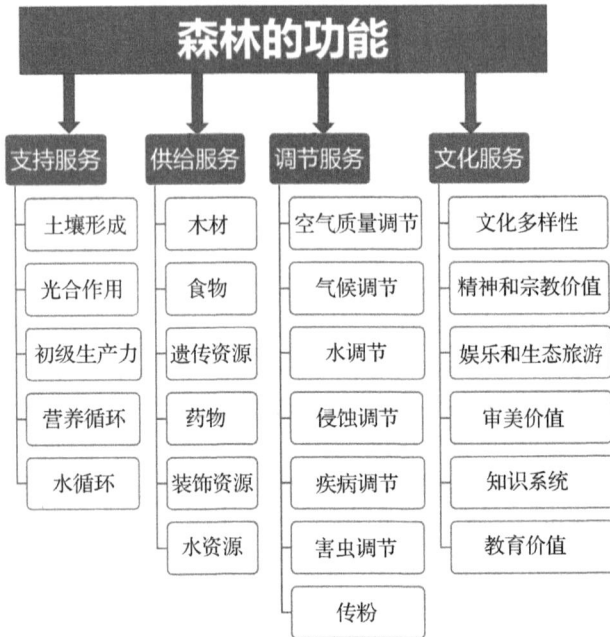

图1-3　森林的功能

1.1.3 森林与人类文明的关系

文明是指人类在物质、精神和社会结构方面所达到的进步状态，是人类改造世界及自身所取得的结果的总和。文明的产生与发展多与地理环境及其生态状况关系密切。森林与人类文明休戚与共。森林是人类的摇篮，是人类文明的源泉和催化剂，造就了人类辉煌灿烂的物质文明与精神文明；同时人类文明也改变和影响着，乃至破坏了森林的环境，打破了森林生态系统的平衡。森林生态和谐良好，则文明发展繁荣；森林生态失衡毁坏，则文明衰亡。生态文明建设是森林和人类未来发展的必由之路。

1.1.3.1 森林孕育抚育了人类

森林，是人类孕育与抚育的温床，为人类远祖的生存、演变和进化提供了自然条件。据科学考证，人类是由森林古猿演变而来，森林古猿最初生活在原始森林中，人类许多身体结构的特征，都由森林古猿在森林环境中进行活动逐渐进化而来。森林古猿采摘野果为食，需要在茂密的林间穿梭，在树干与藤条间攀缘，导致前肢和后肢分工不同，进而向不同方向进化。前肢因经常抓握树枝，关节变得愈发灵活，向人手转变；后肢经常用于支撑身体，向人脚转变。此外，森林古猿为了更精准地寻找食物，常常在树枝上登高远望，使视野更加开阔，同时还能尽早发现危险、避开天敌，获取的信息越来越多，在分析的过程中脑容量逐渐增大。另外，远眺行为还大大地锻炼了颈部的肌肉，使头部能更加灵活地转动，视觉的地位逐渐高于嗅觉。因此，眼睛日益增大，嘴鼻向里收缩。另外，森林古猿通过前肢在树上攀缘伸展，胸腔、骨盆和关节等身体其他部位也随之而得到改造。总之，森林古猿之所以获取这些向人类转变的特殊品质，学会直立行走并从树上转到陆地生活，离不开树上生活的磨炼。在森林经历了改造之后，森林古猿才具备了变成人类的基本条件。

人类的生活与生产，同样也离不开森林的庇佑。森林生态系统为人类的繁衍生息提供了有力的物质和环境保障。森林不仅为人类提供充足的食物来源。在远古时期森林古猿摘野果为食，到现如今森林食品同样深受人们喜爱，如坚果、木耳、菌菇、药材等，家禽家畜最初也是由森林中的野生动物驯化而来。森林还给人类提供庇护的场所。早期人类在森林中居住，有效地躲避了其他动物的攻击。森林是维护人类赖以生存的地球生态安全的根本保障，为人类创造着宜居的生态环境和条件。森林还能够维持物种多样性，保证生态系统的稳定性。总之，没有森林，就没有地球和人类的生态安全。森林为人类生产提供原材料。人类学会使用工具后，砍伐大量的木材用以制造工具、搭建房屋和建造船只等。"构木为巢""刳木为舟"就是对早期人类以木材建造房屋和船只的经典记载。直到现在，木材的使用及其林产品更加广泛地渗透、涉及人类当代生活的方方面面(书写用纸、木质地板、木质家具、利用木纤维材料制成的衣服物品、用橡胶树所产生的天然乳胶制成的乳胶床垫等)，并提高着人们的生活品质。

1.1.3.2 森林造就了人类的物质文明

森林是人类物质文明的发源地。森林启蒙了人类的大脑和智慧，启蒙了对大自然与物质世界的观察、探寻和认知，由此开启了文明的旅程，创造了丰富而辉煌的物质文明。

（1）森林促进人类使用工具

人与动物的区别之一在于能否制造工具和进行劳动，社会文明的发达程度正是以人类制造工具作为主要的衡量尺度。人类制造的工具分为木器、石器、铁器等。中国著名的古人类学家贾兰坡先生认为，在石器时代之前，应该有一个"木器时代"，"木器时代"是人类发展史上一个最早的时代。木器的制造依赖于森林，因此木器时代是以森林为母体和背景的时代。不难想象和推测，在早期人类使用的工具中，最常用的就是树木枝干做成的棍棒等木器，因为木棒很容易获取，而且更容易被制成工具，使用起来也很方便和广泛，既可以用于敲打高处摘不到的野果，挖掘植物的块根，还能够作为捕猎叉鱼的工具。只是由于木制工具易于腐朽而难于保存流传，所以后世已无从寻觅其遗存踪迹。

（2）森林帮助人类利用火种

人类对火的使用源于森林的赐福。畏惧火几乎是所有动物的本能，人类也不例外，最初人类对火唯恐避之不及。人类最初使用的火是自然火，可能是由雷电或森林自燃而导致的林火。天然林火使人类发现了"火"的魔力：被火烧烤过的兽肉滋味更佳，火光还能给黑夜带来光明，抵御寒冷带来温暖。于是人类想方设法保存林火火种，后来又发明了人工取火。考古发现，人类掌握人工取火在距今2万~3万年的时间。此后，森林又促使人类进一步学会了利用火：用火来驱赶和捕猎野兽，即"火猎"，"火猎"使食物更容易获得、更加丰富，而用火来烧烤食物，使食物更美味和有营养，从而促进了人类大脑智力发育的飞跃。森林还启迪人类改进了农耕方法，采用"火种"。最初人们只会进行极其粗放的"锥耕"活动，收获有限。在距今7 000~8 000年，先民偶然发现长在火烧迹地上的庄稼长势更好，于是人们开始有意识地在播种前放火烧荒，清除田野上的杂草、灌木和林木后，再进行播种，以提高谷物的产量，"火种"的农事活动就这样开始出现。此外，火还为早期人类的制陶和冶炼青铜、铁器以及制造工具等，提供了可能。总之，火的发现和利用对人类的意义非同一般。正如恩格斯指出：摩擦生火第一次使人支配了一种自然力，从而最终把人同动物界分开。而这一切都得益于森林对人类的贡献，正是森林使得自然火种得以被发现、保存与利用。

（3）森林催生并促进了农耕文明

从人类有意识地进行谷物栽培伊始，农耕文明也开始了，同时人类历史也进入了前所未有的开发和利用森林资源与环境的新时期，农耕文明几乎是建立在森林自然资源基础之上的。首先，森林提供给人类种子与耕地，催生出了森林迹地上的农耕文明。其次，森林为农业生产提供木材原料、燃料薪材等资源。最后，森林为农业生活提供不可或缺的衣食住行等来源。例如，森林为人们提供了丰富的"非木材（质）林"，诸如桑、竹、茶、桐、漆、桂、栗、枣、桃、李、梅等。人类很早就了解掌握了这些具有经济价值的林木果树的生长特性，并将它们进行驯化种植，而后对这些林木的栽植、生产及加工，逐渐发展出农耕文明中具有举足轻重的农桑经济、林果经济。这些非木材林为农耕文明的生产、生活提供了物质资源保障，并且催生了诸多相关的手工业及其技艺，例如，由植桑养蚕、煮茧缫丝，最后发展为丝绸纺织工艺。此外，还有竹制品业及其工艺、茶制品业及其工艺、竹木家具业及其工艺、漆器业及其工艺、桐油提炼业及其工艺等。这些手工业及其产品极大地丰富了人们的生产、生活和文化体验，并由此形成了独特的传统文化。可见，森林为农耕文明的发展繁荣作出了巨大的奉献。

（4）森林造就了工业文明

工业文明的发展离不开森林的贡献。森林木材为工业生产提供了原材料和能源，被广泛用于采掘业、冶炼金属业、建筑业、交通运输业、制造业及造纸、家具等行业。传统的竹木文化、茶文化、花卉文化等，在工业文明时期得到了开拓和创新，华丽转身为现代化高科技的竹木文化产业、茶文化产业、花卉文化产业等。森林还是人类的"医药宝库"。目前，人类已开发的药材及药用植物达 5 800 种，用于生产止疼、抗生素、强心剂等药品，森林药材丰富了医药工业的研发生产，促进了其发展。

（5）森林助力生态文明发展

继工业文明之后，崛起的是生态文明，21 世纪是生态文明的时代。同农耕文明和工业文明相比，生态文明要更加依赖和得益于森林，森林在生态文明建设中更具有不可或缺的作用。在建设山清水秀、鸟语花香的清洁优美环境，在保护生物多样性，在"退耕还林""退草还林"，建设和谐生态，在建设健康生态的宜居城市、宜居乡村等方面，都需要大力植树造林。在建设绿色生态产业，生产生态产品方面，森林也发挥着重要作用。森林还是开展野外综合实习（图 1-4）、生态教育、自然教育的基地。

（a）　　　　　　　　　　　　　　　（b）

图 1-4　北京林业大学林学专业学生野外综合实习

（a）东北朗乡综合实习（一）　（b）东北朗乡综合实习（二）

1.1.3.3　森林催化了人类精神文明的诞生与发展

森林是人类精神文明的源头活水。森林激活了人类的心灵、思想、才智和情感，使人类创造了瑰丽而博大精深的精神文明。

（1）文字与森林

文字的发明和书写是文明的一个标志。中国汉字的产生与构造，以及书写材料和方式等，都与森林有不解之缘。汉字的产生与构造源于森林。在远古，人们与森林朝夕相处，催生了表现众多草木和动物的符号。这些符号的造型及其结构，是根据动植物的形态而描摹创造出来的，形象生动，后来又几经演变，发展为我们今天所看到的文字。汉字中与森林及其动植物有关的字很多。东汉许慎的《说文解字》是中国最早的一部较完备的字典，分列540个部首，共收录9 500多字。其中以木为部首的字有445个，以草为部首的有464个，以竹为部首的有151个。汉字的书写，在较早时期(即殷商时期)是刻写在甲骨和青铜上的，后来普遍书写在竹片、柳木片和杨木片上，于是产生了"竹简"的书写方式。"简"即写上字的竹片或木片，把许多片简编结串联在一起即为"册"或"策"。书写上文字文章的简册，便成为原始的书册。许慎曰"著于竹帛谓之书"。竹简木简书写文化揭开了中国正式开始书写书籍的历史。

(2)人类思想观念、精神信仰与森林

森林是人类思想观念、精神认知的摇篮。在与森林长期相处的过程中，人类首先对森林本身有了科学上的发现和思想文化上的思考、认知，如远古时期万物有灵的观念、神木神树与动物的祭祀崇拜等信仰。进入文明自觉时期以后，人们更多地发现了森林系统的生态特点与规律，体悟出一些人类与森林的相处之道。诸如中国古代提倡的要顺天应时，爱护保护森林，使用有节、取舍有度等思想。"草木零落，然后入山林"(《礼记·王制》)，"山林虽近，草木虽美，宫室必有度，禁发必有时"(《管子·八观》)，"斧斤以时入山林，材木不可胜用也"(《孟子·梁惠王》)。在生物与生态等领域的科学高度发达，同时全球森林生态系统又遭受前所未有破坏的今天，催生人们对森林生态系统更深刻的思考和更科学的观念。例如，形成了保护森林生物多样性，维护森林生态系统平衡等全球共识。

(3)品德操守修养与森林

"仁者乐山，智者乐水""岁寒，然后知松柏之后凋也"……借外物以明人事，人们在对自然的欣赏和观察中产生联想类比，将自然万物人格化，从其名称、形态、特性和用途等方面，概括提炼出值得称颂的情操品格，加以认同和效仿，诸如与梅同疏、与兰同芳、与竹同谦、与菊同野等，以此寄托情感涵养品格，这就是"君子比德"——中国特有的一种将自然审美与品格德行相互联想、结合的文化与传统。

(4)艺术创作、文化创造与森林

森林是文学艺术创作与文化创造的源泉和宝库。森林之美激发了艺术家们的情感和灵感，使之创作出各种门类的艺术，如文学(诗歌)、绘画、音乐、雕刻、建筑等。

山林原野是文学诞生的摇篮，更是文学创作取之不尽、用之不竭的丰富宝库。"若乃山林皋壤，实文思之奥府"(南朝梁刘勰《文心雕龙·物色》)。在中国古代文学史上，山林旷野孕育出众多优秀的森林(山林)诗人，如陶渊明、谢灵运、孟浩然、王维等，同时还孕育出无数脍炙人口的与森林有关的诗文，如咏花草树木、咏动物、描绘山水田园风光、描绘森林和山水景观(山水游记)、描绘园林景致、表现山林休闲与养生的惬意生活等。

绘画艺术的诞生与创作，也离不开森林给予的灵感和素材。森林以其郁郁葱葱的生命形象、绚丽多彩的色调变化，吸引了历代艺术家们争相描绘。在中国历史上的魏晋时期，人们开始发现山林自然之美后，山水画逐渐成为中国画中一个独立的题材和类型，并一直占据主流地位，且留下很多传世名作，如荆浩《匡庐图》、关仝《关山行旅图》、巨然《万壑松风图》、范宽《溪山行旅图》、王希孟《千里江山图》、黄公望《富春山居图》、仇英《桃源仙境图》、董其昌《青绿山水图》、石涛《山水清音图》等。在世界绘画史上，巴比松派画家钟情于枫丹白露森林，他们置身其中，面向自然，对景写生，创造出了许多传世佳作。

森林丰富的声响，启迪了音乐的创作。森林中山泉、鸟鸣、雨声、风声、松涛等天籁之声，给予了音乐家独特的灵感和取之不竭的创作源泉，诞生出无数优美而伟大的音乐，许多著名的音乐作品也都包含了森林的元素。奥地利著名音乐家施特劳斯的《维也纳森林的故事》，以优美的旋律表现了森林意境中的跌宕起伏之势、行云流水之美。中国著名古曲《高山流水》，以其出神入化般地描绘出高山之神韵、流水之声响与诗意，而各受人们的喜爱和敬仰，流芳千古。

森林在许多方面对艺术的形成和发展起到了关键性的作用：在摄影艺术中，森林树木是重要的表现对象；在盆景艺术中，最高的境界往往是能够再现森林中苍老、奇特、优美的树木形象；园林设计师则力求在城市中创造森林般天然的生态环境，以利于人们全身心地融入其中，放松压抑的心情，提升生活情趣品质。

还有许多其他艺术形式深受森林的影响。例如，各种木质建筑、家具；再如，人们利用森林材料独特的材质和形态，创作出的巧夺天工的雕塑、根艺工艺品：木刻(木版画)、木雕(木根雕)、椰雕、竹雕、竹刻、竹编、柳编、棕编、藤编、草编等，五彩缤纷作品令人叹为观止。

(5)人类自然审美意识、娱乐休闲情趣与森林

森林多姿多彩的美景启蒙了人类的山水审美意识，以及山林娱乐休闲的情趣。"……岩穴无结构，丘中有鸣琴。……非必丝与竹，山水有清音"(西晋左思《招隐诗》)。"顾长康从会稽还，人问山川之美，顾云：'千岩竞秀，万壑争流。草木蒙笼其上，若云兴霞蔚'"(南朝宋刘义庆《世说新语·言语》)。"山川之美，古来共谈。高峰入云，清流见底。两岸石壁，五色交辉，青林翠竹，四时俱备。晓雾将歇，猿鸟乱鸣。……实是欲界之仙都"(南朝齐陶弘景《答谢中书书》)。"庄老告退，而山水方滋"(南朝梁刘勰《文心雕龙》)。在中国，从魏晋以后，众多文人士大夫对森林及山水产生了深挚的情结，形成了到山林中游憩、休闲的文化传统，并一发而不可收：谢灵运带领众人跋山涉水，在山林中探秘游观；王羲之带领诗人和画家们在林中曲水流觞、吟诗作画；王维与好友们徜徉于辋川别墅，诗文唱和；李白"一生好入名山游"(《庐山谣寄卢侍御虚舟》)；白居易因庐山的秀美宁静，而驻足筑室幽栖；朱熹时常独自携觞流连游赏于武夷山水之间；徐霞客喜好跋涉深山密林，攀登险峰，一览众山；王阳明带领众弟子，在山林中休闲娱乐，歌声震天响……这些森林旅游达人还提出了精辟的森林与山水的审美观点和理论："山水质有而趣灵"(南朝宋宗炳《画山水序》)，"名山胜水可以涤浣俗肠"(明袁中道《游居柿录》)，"人知游山乐，不知游山学……泉能使山静，石能使山雄，云能使山活，树能使山葱"(清魏源《游山吟》)。现在，人们发现森林能提供独特的审美体验，越来越多的人走进森林里娱乐、休闲。

1.2 森林康养

1.2.1 森林康养概念

自古以来，人类对森林生态系统有各种各样的需求——从食物到燃料、从猎物到药物、从庇护到游憩等。现代科技在为生活带来诸多便利的同时，也让我们形成对电子产品的依赖。同样越来越多的人在钢筋混凝土构筑的"森林"里感到疲惫不堪，人们更青睐于亲近自然，在自然空间中舒缓压力与疲劳。森林作为最大的陆生生态系统，具有释放负氧离子、增加环境湿度、提高空气质量等多方面的服务功能，逐步成为人们怡情养性、休闲度假的绝佳去处。于是，"森林康养"应运而生。到森林里寻求健康，成为时下热门。

森林康养在全球的发展时间和范围不同，涉及自然生态和人类社会等多个方面，因此，各国对于森林康养的定义和命名也存在差异。

(1)国外森林康养概念

森林康养在欧洲进入科学研究和系统发展阶段可以追溯到 1930 年，当时苏联科学家鲍里斯·托金(Boris P. Tokin)发表了关于植物杀菌素的研究论文。后来，德国科学家弗兰克(K. Franke)于 1962 年发现了森林中清新空气和树木释放出的挥发性物质对治疗支气管哮喘和肺部疾病有显著疗效。20 世纪 60 年代，美国政府将森林游憩视为森林利用的主要价值。日本于 20 世纪 70 年代开始关注森林的健康功效。1982 年，林野厅长官秋山智英氏在对植物芬多精功能了解的基础上提出了"森林浴"的概念。同年，在长野县赤泽自然休养林举行了第一次森林浴大会，赤泽自然休养林成为日本森林浴发祥地，将在森林开展的与健康相关的活动定义为森林疗养(forest therapy)。日本相关研究者相继开展了大量森林环境要素对人体身心健康影响的研究。在日本，森林疗养已经发展成为一个产业，其发展经验也具有良好的借鉴意义。日本拥有世界上最先进的森林疗养功效测定技术，具有丰富的森林疗养理论和实践，也建立了完备的森林疗养基地认证体系，已有 65 个被认证的森林疗养基地。韩国称之为森林休养，1982 年，韩国政府提出了建设自然休养林计划，并于 1988 年在森林多功能经营框架下建设了第一处自然休养林。2005 年出台的《森林文化·休养法》对森林休养进行定义，提出将森林休养纳入健康生活方式，规定山林厅负责森林休养指导师培训和资格认证。2015 年韩国森林休养指导师作为新职业，正式纳入韩国职业词典。

(2)我国森林康养概念

我国台湾省最早引入森林康养，并将其称为森林调养。20 世纪 80 年代，我国台湾省的农林厅林务局和刘华亭等学者在学习德国、英国、日本等国家的森林疗养理念和实践基础上，分别出版了《森林浴——最新潮健身法》和《森林浴——绿的健康法》等书籍，从活动形式、基地概况、相关案例等方面介绍了欧洲部分国家和日本的森林疗养发展情况。这些书籍在我国台湾省掀起了绿色健身的新风尚。2015 年，中国(四川)首届森林康养年会《玉屏山宣言》提出了森林康养的概念：森林康养是以丰富多彩的森林景观、沁人心脾的森林空气环境、健康安全的森林食品、内涵浓郁的生态文化等为主要资源和依托，配备相应的养生休闲及医疗、康养服务设施，开展以修身养性、调适机能、延缓衰老为目的的森林游憩、度假、疗养、保健、养老等活动的统称。围绕该概念，国内森林康养出现百家争鸣、百花齐放的繁荣局面。根据国情，国外学者侧重森林康养对人体的医疗康复，国内学者将重点放在森林康养对人体的健康维持。相近的概念有森林疗养、森林医学、森林养生与体验、生态康养等。

国内研究者通过森林康养实践，结合深入思考给出了不同的森林康养定义。目前国内的森林康养理论主要分为狭义森林康养与广义森林康养。狭义森林康养理论是以森林资源为基础，通过健康理论作为指引，将其与传统医学以及现代医学理论相融合，进行一系列有益于人类身心健康的活动（邓三龙，2016）；广义森林康养理论则认为，只要对人类身体健康有益的活动以及过程，并通过森林及其生态资源开展的活动都可以称为森林康养。狭义的森林康养理论突出了森林资源作为主体的地位；广义的理论对于狭义的理论在森林康养的资源依托以及所开展的活动的概念都作了进一步延伸。

森林康养的定义因不同国家和地区情况有所不同，但相似点均是基于优质的森林环境，在人们处于优质森林环境中时，借助和享受周围环境从而改善人体生理和心理健康；都重点说明是恢复和改善人体生理、心理健康的景观环境（刘思思等，2018）；其主体内涵也是一致的，即通过森林环境达到疗养的目的。总的来说，森林康养是来源并拓展于国外的森林疗养、森林浴概念，依据符合自身国情发展的背景对原有形式进行新的内涵延伸，强调康复、促进和维护健康的意义；前提是以人为本、以林为基、以养为要、以康为宿的人与自然和谐共生（姚兰等，2020）。

森林康养是以林业为核心，融合了医疗、旅游、体育、文化、教育、养老等多个领域的综合产业集群。无论从哪个角度理解森林康养，其科学内涵都应包括以下几个方面：①以优质的森林资源环境为基础；②以传统医学和现代医学为理论支持；③在森林环境中进行适当的康体活动；④以科学缜密的数据作为研究依据；⑤注重预防疾病，缓解压力，促进健康；⑥满足不同年龄阶段、健康状况群体的各种需求，以达到恢复、维护、保持和促进人体健康的最终目的。

本书认为森林康养可归纳为：森林康养是以优质的森林环境和绿色林产品为基础，以中医学和现代医学为理论支撑，通过科学合理的途径开展以促进身心健康和预防疾病为目的的森林游憩、养老、教育、运动等服务活动，满足人类对森林的物产需求、生态需求、文化需求。森林康养核心要义是以利用森林环境为基础，以适宜的措施为手段，以大众健康为目标，所开展的受益于森林的养生活动；它是与医学、养生学、运动学、心理学结合开展的保健养生、康复疗养、健康养老、休闲旅居等服务活动。一个完整的森林康养产业应包括康养理论、康养产品、康养基地、康养师队伍、康养设施器械、康养文化等要素。

1.2.2 森林康养的形成与发展

随着19世纪40年代工业革命的深入推进，欧洲城市的环境状况日益恶化，城市居民开始出现身体不适的症状，这被称为"城市文明病"。在这种背景下，德国人最先意识到森林环境的保健功能，并开始采用自然疗法来帮助人们缓解慢性疾病。世界上第一个森林浴场位于德国的巴登-威利斯霍恩镇，森林康养的原始概念就是从这里诞生的。基于森林和水等自然元素，德国的巴登-威利斯霍恩镇开发了"自然健康疗法"，这是针对亚健康人群的一种康养方法。通过疗养，接受治疗的人群的生理指标得到显著改善，健康状况也随之好转。这是德国对森林康养的初步尝试，之后相继开创了森林多功能应用的实践研究。例如，德国科学家于1865年创立了"森林地形+运动"的治疗活动，并在1880年将"水雾"加入其中，形成了对"森林植物精气+空气负离子+运动"综合利用的活动方式。虽然19世纪的森林疗养活动目的是人们为了健康而利用森林，但运作重点是卫生健康人员向公众提供相关的医疗保障服务以及在森林中运动的医疗建议。然而，整个欧洲对森林与人类健康关系的科学研究较少。直到20世纪初，受到经济不振、战争蔓延等因素的影响，森林康养在欧洲一直处于缓慢发展阶段。

从20世纪30年代开始，森林疗养在欧洲进入科学研究和系统发展阶段。苏联科学家Tokin发表了研究论文《植物杀菌素》，标志着这一阶段的开始。1962年，德国科学家Franke发现了森林中的挥发性物质对支气管哮喘以及因吸入灰尘引起的肺部炎症、食道炎症、肺结核等疾病的治疗效果显著。20世纪70年代，日本开始关注森林的健康功效。1982年，日本林野厅提出了森林浴（Shinrin-yoku）的概念，并将其描述为"呼吸森林空气，或者沉浸在森林环境中"。随后，森林浴成为预防医学中保健和治疗的重要部分，森林疗法功效开始得到系统研究。1999年，日本森林协会依靠丰富的森林生态资源提出了森林疗法，并于2003年成立了森林疗养学会。2004年至2012年期间，日本政府投资400万美元发展森林浴，将其作为一项国家卫生方案。每年有250万到500万人在森林小径上散步，森林浴已经成为管理压力和治疗抑郁、焦虑等相关问题的标准做法。在日本，已有65处森林疗法基地得到认证，并建立了完备的森林疗养基地认证制度和森林疗养师考核制度（图1-5）。此外，森林疗法还设有固定的课程，其社会认可度极高。

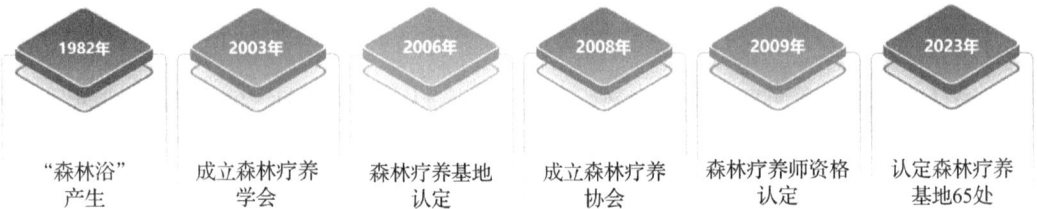

图1-5　日本森林康养发展历程

森林康养在美国也呈现蓬勃发展的趋势，尤其是在促进精神健康和为非临床人群服务方面。2012年，M. Amos Clifford创立了自然与森林疗法指南和计划协会（ANFT）。受日本"森林浴"启发的Clifford，结合他四十年的野外指导、禅坐、心理治疗、教育咨询和自然联系经验，创建了自然与森林疗法指南和计划协会框架，其使命是"发展和推广森林疗法的实践，以实现其被广泛接受和融入健康保健和生态行动主义计划"。至今，自然与森林疗法指南和计划协会已经培训了超过2000名导游，他们正在六大洲的60多个国家推广森林疗法和研讨会。

在韩国，森林浴在当地被称为"salim yok"，政府和民众对此高度重视。2005 年，韩国政府针对森林疗法制定并颁布了第一部《森林文化·休养法》。2015 年 3 月，韩国国会通过了《森林福利促进法》，制订了国家计划"从摇篮到坟墓：关爱你的一生的森林生活"，旨在通过建立森林幼儿园、森林营地、森林疗愈基地和树葬等措施，实现"森林福利"的具体实施(图 1-6)。此外，韩国拥有较为完善的森林疗养基地标准，基地配备了经过等级培训和资格认证的专业森林疗养服务人员，截至 2023 年年底已建立 17 处森林福祉振兴院。

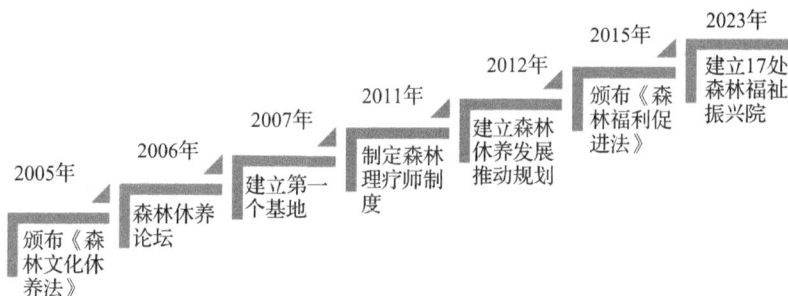

图 1-6 韩国森林疗养发展历程

随着世界各国森林康养事业的发展，越来越多的国家开始颁布相关法律和政策，以促进该领域的进一步发展和推广。此外，各国还积极开展森林康养相关研究，探索其对人类健康的益处和实现途径。越来越多的人开始认识到森林康养的重要性，通过森林浴、森林疗法、森林教育等方式，亲近自然、提升身心健康。未来，各国将继续致力于推动森林康养事业的发展，不断探索新的疗法和服务模式，并将其融入更多的健康和保健实践中，以满足人们不断增长的健康需求。

1.2.3 中国森林康养发展概况及趋势

1.2.3.1 森林康养发展基础

在中国历史上，西汉时期辞赋家枚乘在《七发》中写道"游涉于云林，周池于兰泽，弭节于江寻"，可以"陶阳气，荡春心"；明代医学家龚运贤在《寿世保元》中记录"山林逸兴，可以延年"；清代浸士辑著作《水边林木养生》中更为详尽地论述了森林对人类健康的作用。"康养"一词在早先中国各类汉语词典里并无收录，它首次出现在刘丽勤写的《久藏深闺的木王国家森林公园》中，但作者并未对其定义(张颖，2020)。直到 20 世纪 80 年代，中国学习不同国家森林疗养理论与实践的案例，并结合国情，在台湾及大陆地区开展了不少森林康养理论实践活动。随着社会发展与科技进步，人们生活水平及收入提高，对精神放松与身体健康的需求增大，更期望在森林生态环境中游憩、度假、疗养、保健，参与一些生态文化活动，以达到修身养性、调适机能、延缓衰老的目的。

1.2.3.2 中国森林康养政策

中国生态文明建设中生态系统的维护对人类福祉意义重大，特别是森林生态系统。2013 年，由北京市园林绿化局翻译日本李卿博士所著《森林医学》一书出版，掀起了国内关于森林康养研究的热潮。"森林康养"由林草部门首先发起，是国家战略性新兴产业。2016 年 1 月国家林业局发布《关于大力推动森林体验和森林养生发展的通知》，文件中指出，要把发展森林体验和森林养生纳入总体规划，大力加强硬件、软件建设，积极打造高质量的森林体验和森林养生。2016 年 5 月发布的《国家林业发展"十三五"规划》明确指出，要大力推进森林体验和康养，发展集旅游、医疗、康养、教育、文化、扶贫于一体的林业综合服务业，强调重点发展森林旅游休闲康养产业，让广大人民群众亲近森林、感知森林、享受森林。同年 11 月国务院办公厅发布的《关于完善集体林权制度的意见》中提出要大力发展森林旅游休闲、康养等绿色产业。2017 年 2 月中央一号文件也倡导推进农业、林业与旅游、教育、文化、康养等产业深度融合。中国康养产业未来要引领"康养+"模式新业态，如康养+旅游景区、康养+小镇、康养+养老院等，研究森林康养相关领域并与之融合，将视野再扩大，成为中国健康产业的重要组成部分。

党的十九大提出"实施健康中国战略"以来，2019 年 7 月，国务院印发《关于实施健康中国行动的意见》和《健康中国行动（2019—2030 年）》，对普及健康生活、优化健康服务、建设健康环境，坚持预防为主，对提高全民健康水平进行了部署。森林康养高度契合健康中国战略的内涵，是健康中国战略的重要组成部分，近年来受到党中央、国务院以及相关部门的高度重视。2019 年 2 月 19 日，国家林业和草原局在《关于促进林草产业高质量发展的指导意见》中强调积极发展森林康养。2019 年 3 月 19 日，国家林业和草原局会同民政部、国家卫生健康委员会、国家中医药管理局出台了《关于促进森林康养产业发展的意见》（以下简称《意见》）。《意见》明确发展森林康养产业的主要任务，包括优化森林康养环境、完善森林康养基础设施、丰富森林康养产品、建设森林康养基地、繁荣森林康养文化、提高森林康养服务水平。《意见》提出，强化科技支撑，重点支持森林康养生态环境质量提升、森林康养数据监测、森林康养文化传播以及基础设施建设。2019 年 6 月 17 日，国务院《关于促进乡村产业振兴的指导意见》强调"优化乡村休闲旅游业"和"发展多类型融合业态"，强调建设森林康养基地和推进农业与康养产业的融合。森林康养顺应时代潮流，符合生态发展理念，既是林业行业新业态，又是社会健康服务业新业态，为健康产业提供了新思路及新方法。2020 年 6 月，国家林业和草原局办公室、民政部办公厅、国家卫生健康委员会办公厅、国家中医药管理局办公室公布了第一批 96 个国家森林康养基地。2022 年 7 月 14 日，人力资源和社会保障部在新修订的《中华人民共和国职业分类大典》，在第四大类社会生产和生活服务人员中下设小类 4-14-06（GBM414106）康养、休闲服务人员中，新增职业 4-14-06-01 森林园林康养师。后疫情时代，康养和旅游已成为人民美好生活的重要内容，正逐渐成为"大众康养+旅游"的常态模式，是当今及相当长时期内社会主要消费趋势之一。

1.2.3.3 中国森林康养发展现状

（1）科学研究方面

中国在森林康养方面的研究和实践相较于国外起步较晚，已经涉及的方面包括林学、农学、生命科学以及中医药学等。国内关于森林康养效果的实证研究还比较缺乏，主要是林业或医学方面的有关学者从森林环境中的温度、湿度、植物精气、负氧离子等环境因子对人体产生的作用进行一些论证研究。也有部分学者从中国传统的养生视角出发，研究了处于森林环境下进行相关康养活动对疾病疗愈和修身养性的养生效果（李照红和唐凡茗，2020）。中国的森林康养研究尚处于初级阶段，相关的理论研究还需加强，从而为森林康养的推广应用奠定坚实基础。

（2）基地建设方面

森林康养有助于弘扬生态文明，是对"绿水青山就是金山银山"理念的贯彻落实，已经成为国家经济新常态下林业多元发展的重要方向与必然趋势（杨之雪等，2018），是最具生命力的旅游新形式，是能够同时推动林业、健康业、旅游业发展的重要新业态。贵州景阳森林康养基地疗养院依托森林疗法，结合中医药传统及现代医疗，用于慢性支气管炎、慢阻肺、哮喘、尘肺、焦虑症、消化不良、神经衰弱、高血压、心脑血管疾病、糖尿病等患者，还用于高楼综合症、办公室病症等亚健康人群。同时，还开设了特色医疗，如养老特殊护理和藏秘熏蒸（张淑梅等，2020）。遵义市播州龙岩湖省级森林康养基地气候温暖，冬暖夏凉，水资源丰富。基地范围内一年中人体舒适度指数为 0 级（最舒适）的天数在 250 d 以上，且基地空气细菌含量低，是理想的休闲疗养场所（蒲应春和张晓庆，2020）。安阳市建成森林康养基地 5 家，其中市级森林康养基地 3 家、省级森林康养基地 2 家（刘芳辉等，2020）。丽水市命名市级森林康养基地 3 个、市级森林康养小镇 3 个、森林康养特色村 7 个，对森林康养建设进行了有益的探索（刘伟等，2019）。在国家政策利好背景下，各地积极推进森林康养工作。在四川、湖南、贵州等省份率先开展省级森林康养基地建设的基础上，2019 年，山西、浙江、安徽、福建等省份多部门联合陆续出台关于促进森林康养产业发展的意见，森林康养产业初步形成。目前，已经涌现出一批受大众欢迎、市场活力强、服务团队建设完善、康养产品丰富的典型样板，如四川玉屏山森林康养基地等。森林康养基地建设技术标准体系逐渐完善，国家层面出台了《森林康养基地质量评定》《森林康养基地总体规划导则》，地方则出台了《贵州省省级森林康养基地评定办法》《森林康养基地建设林评价》等。目前，根据不同的康养基地主题及方向大致分为康复疗养型森林康养基地、休闲旅居型森林康养基地、健康养老型森林康养基地、自然教育型森林康养基地、运动康养型森林康养基地、康健旅游森林康养基地、综合业态型森林康养基地七类。

（3）产业发展方面

森林康养产业是发达国家领先开始研究的，发达国家拥有完善的产业模式和相应的政策体系。我国的森林康养产业起步较晚，发展时间较短，基地建设不足，存在着发展规划不足、产品供给不足、人才供给不足、资金投入不足等问题（黄洋等，2020）。与国外发达国家相比，中国的森林保健产业近年来逐渐开始进入萌芽阶段。森林保健医疗，长期以来在国外很受欢迎，积累了成功的经验。一方面我国需了解各国的"森林医疗"和"森林疗养"，学习先进的经验，活用其优势，消除其弱点，摸索符合中国国情的"森林康养"产业的新发展（曹净植等，2020）；另一方面，要探索和研究森林保健和保护领域的新型商业模式和新创意、创造性。因此，设计和计划方面，根据项目的特点有机地结合上述因素，不仅能产生良好的生态利益，带来丰富的经济形态，更有助于统一产业链条的形成（周卫等，2020）。

"森林康养"产业的发展，资本的组合，资本的利用，网络金融业务主要保健产业投资基金的设立，也促进中国大规模保健产业的发展，成为新的经济增长动力(姚兰，2020)。

1.2.3.4 中国森林康养发展趋势

(1)丰富研究方法，探索更多应用型成果

中国对森林康养的研究尚处于宏观描述阶段，缺乏基于具体地点的案例和各区域、时期的森林资源分析，从而无法真正评估其实际可行性。同时，对健康效果的推广与实际应用还有待加强。研究设备、评价体系和技术存在差异与局限，因此，发展森林康养需要注重方法与应用型成果的研究。

(2)因地制宜，促进产业发展

中国幅员辽阔，不同的地区有不同的特点，需结合中国森林分布的特征，提出切实有效的森林康养发展规划与评价体系，并不断实现政企联合、产业联合等手段，借鉴国外优秀经验，强化融合，将林业与养老充分融合，并结合现代社会绿色、可持续发展要求，利用"互联网+"实现抱团发展，做大做强森林康养产业。以互联网、大数据技术为支撑，利用互联网+康养，开展自媒体营销、互联网营销，构建智慧康养营销体系，提高森林康养的知名度和影响力，为森林康养基地建设构建良好环境。

(3)培养森林康养骨干人才

森林康养产业的发展需要专业人才的支撑，要根据产业规划和市场需求制订人才培养方案，将森林康养专业人才培训纳入相关培训计划，多层次、多渠道开展员工培训。依托相关高校建设森林康养相关学科和专业，培养实用型、技能型专业人才。同时，可以聘请行业精英、相关学者、专家为顾问，指导森林康养产业发展。

"绿水青山就是金山银山"，森林康养是生态效益、经济效益、社会效益的结合体，是涉及多学科、多领域的特色化森林产业。虽然我国当前森林康养的发展仍面临着诸多问题与挑战，但是只要在发展中脚踏实地、持之以恒，就能推动森林康养产业的可持续发展，促进人与自然和谐共生，实现"绿色中国""健康中国"的美好夙愿。

1.3 森林康养作用

森林康养因其防治疾病、康复与保健作用，已逐渐与现代疗养学相融合，是保健医学的一项重要内容(图1-7)。森林通过自身的调节作用，向环境输送大量的氧气、负氧离子和植物精气，从而达到吸收有害气体、除尘、杀菌、降噪等环境净化作用。这些调节作用在不同程度上会改善人体诸多器官的新陈代谢功能(吴后建等，2018)。在德国、日本等森林医学发达的国家，森林康养对冠心病、心肌梗死、消化性溃疡、过敏性肠炎、强迫症和不安症等数十种常见疾病的治疗效果已被证实。另外，森林康养对糖尿病、高血压、高血脂、哮喘、肥胖病等也有一定的缓解作用。

图1-7 森林康养作用

1.3.1　森林康养对人体生理指标的影响

森林环境中存在一些因子可以直接或者间接地对人体产生作用，这些因子是具有治疗愈合作用的生物和非生物的疗养因子，主要包括植物精油、森林小气候、空气环境、绿色环境、声环境和其他疗养因子(杨利萍等，2018)，是花草树木、河流、山丘等物体本身特有的属性，它们的颜色、声音、气味、味道等在各种类型的活动中，有效地刺激人体五种感官，增进对自然事物和现象的感知，也就是通过亲身经历和实践，认知周围事物并获得经验，从而产生一定的主观心理感受和不同的生理效应。这种体验可以调动自身器官来认识和感受森林，从而促进身心健康。

不管是人们走进森林亲身体验，还是居住在自然环境的空间中，都能刺激感官获得一定的益处。生理学认为，人类长时间生活在自然环境当中，生理机能在自然环境当中能够更好地运行，即人的生理机能是为适应自然环境而产生的(王小婧和贾黎明，2010)。人体的生理效应能够从较易测得的心率(脉搏率)、心率变异率、血压、血糖、唾液皮质醇浓度、肾上腺素、前额叶皮层大脑活动、自然杀伤细胞活性等指标体现出来(Miyazaki et al.，2002)。大量研究通过实验记录了这些生理指标且经过分析，人体在接触大自然后或者在进行森林疗养活动时，通过刺激大脑、自主神经、内分泌腺体可在一定程度上产生减轻压力，改善心脑血管机能，增强免疫功能等产生一系列积极的生理效应(Li et al.，2008)。

(1)改善心血管机能

森林中存在大量的负氧离子，负氧离子主要是由太阳的紫外辐射，雷电、瀑布等物理作用电离所导致的，主要成分是氧分子或水分子。负氧离子能够与带电的灰尘、细菌发生化学反应，使灰尘或者细菌失去原有的活性，起到清洁空气的作用。医学上已有研究表明，负氧离子对人体健康有积极影响，如对神经系统具有一定的调节作用，能够促进新陈代谢，增强内脏和大脑的氧化功能；改善呼吸道功能，调节人体循环系统作用过程；能够杀菌消毒，对人体的心血管系统有较好的保健作用；同时，还能够有效缓解疼痛、降低血压、增加食欲等(Song et al.，2016)。负氧离子浓度较高的林区，空气质量越好，人们的心率、血压、血氧各类指标的积极变化程度也呈现增强的趋势。研究表明，负氧离子浓度在针叶林中较其他森林类型的浓度高，可能对人体恢复效果更好一些，如中老年患者在含有大量日本柏树的针叶林中漫步，漫步过程前后对其生理指标测量得到患者的平均收缩压由 140 mmHg 降到123.9 mmHg，舒张压由 84.4 mmHg 降到 76.6 mmHg。另外，患者的肾上腺素和血清皮质醇水平也降低了(张玉旋等，2014)。负氧离子浓度会受到季节性的影响，一般情况下，夏秋两季的负氧离子浓度含量要高于春冬两季，夏季在一年中为最高，冬季为最低。Pratiwi 探究了老年人在春夏观赏绿植和樱花后的生理指标变化，春季和夏季观赏后参与者的血压分别为 129.1/76 mmHg 与 116.7/63.1 mmHg，明显说明夏季的血压比春季要低(吴楚材等，2001)。含有大量绿色植被的森林等自然环境中要比无林区的负氧离子浓度高得多，大多数实验选择森林等自然环境和城市区域两种条件下进行，Pratiwi 等(2019)的实验结果显示，在公园内散步后比在城市区域散步的心率略有提高，说明有绿色植被的区域活动可适当增加人体机能活力。多项实验的受试者在森林或者城市绿地进行康养活动之后，与对照组相比，其血压、血糖等水平均呈现降低现象，且有数据显示尤其对中老年人群效果明显（Hiroko et al.，2015）。近些年有不少研究以健康青年为研究对象，探究在森林环境和公园中短暂散步对参与者的影响，结果表明，在森林环境和公园中散步可以降低血压、脉搏率和心率，改变心率变异性（Hiroko et al.，2015；雷海清等，2020）。

心率变异性是指固定时间内心率呈现周期性变化，其中低频功率（LF）反映交感神经的活性，高频功率（HF）反映自主神经的活性，LF/HF 比值可用于评估交感神经与迷走神经的平衡状态。当比值降低时，说明副交感神经活跃度增加，交感神经活跃度下降，人体呈现生理放松的状态。交感神经和副交感神经系统又对调节血压方面起着关键作用，交感神经活动使血压升高，而副交感神经活动使血压降低（Song et al.，2016）。周卫等（2020）在用心率变异性（HRV）中 LF/HF 变化来观测人体在森林康养中的生理恢复程度，通过让受试者在进入实验样地前填写情绪状态量表（POMS）以及测试其 HRV 基线值，之后再让受试者在森林环境中行走 12 min，在行走中及出森林环境时分别测量 HRV 值，其中行走需要缓慢，避免运动强度过大造成数据无效性，经对比发现，受试者在森林中漫步后的 LF/HF 值下降 0.172（$P<0.01$）。Lee 等（2014）在研究森林康养对心脑血管的影响时，通过让受试者在森林环境和城市环境中行走等活动，森林行走后 ln（HF）的值显著高于城市行走后的 ln（HF）值，且参与者在森林中的心率值也明显低于城市环境的。

交感神经活动可通过测量肾上腺素和去甲肾上腺素来表征，并且血压和以上两种激素有显著相关性（Mena-Martín et al.，2010）。已有研究发现，森林康养可以显著降低人体肾上腺素和去甲肾上腺素浓度（Li et al.，2008）。这与 Ulrich 提出的压力缓释理论是一致的，自然状态下的环境可以促使人们从压力中恢复，而城市环境会阻碍这个过程，处于自然状态下的环境，例如森林自然生态环境，会激发积极的情绪反应，使得心率和血压降低（Ulrich et al.，1991）。美国一项针对城市居民的研究发现，只要在户外接触大自然 20 min，人们的压力激素就显著下降（Hunter et al.，2019）。因为人类是在与城市相对的自然环境中发展和进化的，在具有刺激性的环境（如城市），高强度的视觉复杂性、噪声等，通过产生压力和疲劳水平的心理和生理唤醒而对人产生负面影响。而大自然的刺激强度往往较低，在感知上的混乱程度也较小，因此对人类具有相对积极的作用，能够使人类减轻生理压力（Ulrich et al.，1991）。总之，森林环境可减少交感神经活动，增加副交感神经活动，从而具有降压效果。开展森林浴或森林活动可使血压下降或预防高血压。

（2）提高免疫功能

森林环境刺激人体感官产生情绪变化和环境压力，大脑皮层接收信息后对身体免疫力产生促进效果，随着自然杀伤（NK）细胞活性的增加会释放更多的抗癌蛋白，使得抗癌蛋白获得更高效率的表达，增强人体抗癌免疫机能（Li et al.，2008；Li，2010）。树木释放的杀菌素和植物精油（如 α-蒎烯、柠檬烯）是增加 NK 活性的一个原因（Li et al.，2008），而这种作用是由人体细胞内穿孔素、颗粒素、颗粒酶 A/B 诱导而产生的。有报道已经表明，自然杀伤活性细胞是通过颗粒胞吐途径释放穿孔素、颗粒酶和颗粒溶素（GRN）杀死肿瘤细胞和已被病毒感染的细胞(Li et al.，2006)，由此增强人体抵抗力。

目前，森林中对人体最有价值的树木为松科和柏科，因为这些树种会大量释放植物挥发物。植物挥发物经过呼吸道和皮肤表皮进入人体，进而促进人体增加免疫蛋白，增强人体抵抗力，最终达到杀菌消毒、抵抗炎症、抗癌、止咳化痰的生理功效。Li 等(2008)研究森林环境对人体健康的影响时，让参与者在柏木森林环境中进行三天两夜的旅行，数据显示，自然杀伤细胞活性提高、自然杀伤细胞数量增加以及较高比例的 GRN 和颗粒酶 A 和 B(GrA/B)表达持续 7 d 以上，同时也对健康女性进行了相同的实验，尽管女性会受到月经周期的雌二醇和孕酮的影响，但是得到的结论也是一致的(Li，2010)在此次实验中，对两种环境进行的检测结果显示，森林空气中含有植物杀菌素，而城市空气中几乎没有。这表明，树木释放的杀菌素和人体应激激素的减少可能是增加自然杀伤细胞活性的部分原因。除了松柏树种外，森林中还有许多其他树种或植物器官能够释放含有萜类物质的挥发物。研究表明，萜类物质具有较高药用价值，长期生活在这种环境中有益于身体健康。植物释放的挥发物进入人体血液后，经过不断扩散，刺激中枢神经，能够有效缓解咳嗽症状，对缓解哮喘也有一定效果。此外，这些植物挥发物还可以增加空气中的负氧离子和臭氧，使人们在森林环境中感到更加舒适，其保健功能也更强。

(3)改善睡眠质量

现代城市中，人们承受着巨大的社会压力、家庭压力、工作压力等多方面的压力，不同职业的人群大多处于亚健康的状态，经常会产生焦虑、紧张、愤怒等各种心理情绪，同时还存在不同程度的睡眠障碍。睡眠是一种促进身体恢复的行为，新陈代谢、内分泌和自主神经系统将产生不同于白天的变化。从睡眠过程中的心率变异性监测发现，副交感神经活动的夜间峰值与褪黑素峰值和循环皮质醇浓度的最低点一致。如果在睡眠过程中增加副交感神经活动，睡眠质量将会有所提高。

目前，在自然环境中运动已被证明了能够促进人体生理和心理的恢复，尽管运动本身就有助于睡眠质量的改善，但是与在非自然环境的情况下进行相同的活动相比，在自然环境中活动能够使人体心率、收缩压、舒张压降低，锻炼后人们处于更加放松的状态，同时在自然环境中活动后还会增加副交感神经活动，在一定程度上增加了与睡眠相关的生理恢复。对于此已经有不少实验证明了森林环境对人体睡眠状况改善的情况。有睡眠障碍的志愿者在 8 个周末参加了约 2 h 的森林漫步活动，通过自行填写的问卷和活动记录仪数据，比较了在森林中行走前一夜和之后一夜的睡眠状况，结果显示，他们的平均睡眠时间增加了 15%(即 45 min)，焦虑等消极情绪也减轻了，睡眠深度和质量得到了改善(Morita et al.，2007)。目前在康养领域已经有较多的人群通过这种方式来获得身体的舒适感，以此来减轻各方面的压力，患有高血压、糖尿病等不同基础性疾病的人群在传统的疗养方案的基础之上增加森林浴等森林康养活动后，他们的睡眠指数及疗养护理服务满意率均得到显著提升(陈葩等，2020)。还有研究者利用午餐时间在大自然中散步，通过入睡后 1~2 h 后使用心率期间传感器测量 HRV 发现，与同等的散步相比，在以自然为基础的环境中可以有效促进夜间睡眠期间的基本恢复，潜在地增强生理健康(Valerie et al.，2016)。绿色空间被认为是睡眠质量关键性的环境因素，因为环境中不仅有让人舒适的绿色植物，还有空气负氧离子、植物释放的挥发物这些因素都会刺激感官，有效地改善生理和心理指标，尤其是植物释放的芬多精，能够调节交感神经的活动，改善失眠的状态，获得舒适的睡眠效果。

1.3.2 森林康养对人体心理健康的影响

森林康养活动对人的心理健康方面有很大的医疗保健积极功效。现代城市拥挤、自然环境不断变化等一系列由城市化导致的现象使得人们的生活节奏不断加快，各方面的压力持续增大。随着这种状态逐渐普遍人们身上的各种现代疾病层出不穷，尤其是心理和精神类疾病。如今，失眠、焦虑、紧张、精神抑郁等心理健康问题困扰着许多人，部分甚至发展成严重的心理疾病。据估计，到2020年，精神健康障碍将成为全球疾病负担的15%，抑郁症更是突出的健康难题（Murray et al.，1996）。因此，如何减轻精神焦虑紧张等心理及精神类问题，如何有效减轻人体心理压力是目前亟待解决的问题。已有研究表明，森林康养除对人体生理有显著积极作用外，也会对人体心理产生一定的积极效应（Laumann et al.，2003）。人体心理指标是通过自我报告心理测量技术来测量的，使用情绪、情感、恢复性和活力等概念，如常用受试者填写语义差异量表（SD）、情绪状态量表（POMS）、状态-特质焦虑量表（STAI），之后得到的数据结果用以表示情绪状况。SD量表是衡量受试者对环境的感受，即根据个人对各个环境特征的具体感受进行打分；POMS量表是描述负面情绪和正面情绪的量化得分表；STAI量表是量化受试者焦虑程度的量化表，根据最后得分高低得到不同程度的焦虑状态（Hiroko et al.，2015）。

舒适的森林环境及森林内部各种环境因子刺激感官作用于人体，能够有效调节人体精神活动状况，改变紧张、焦虑、愤怒、疲劳等情绪。森林康养是解决与心理问题相关健康问题的一种有效方式。森林对人体心理的作用在一些方面与对人体生理方面的原理是相似的。例如，空气中的负氧离子、植物释放的杀菌素等一些环境因子对人体作用，从而对人体心理产生一定效果。这种森林环境对心理产生的作用实际上是通过给人一种心理暗示，这种暗示是指人们对森林环境的印象映入人类大脑皮层处，形成稳固的但是暂时性的神经联系系统，进而形成了一种潜在的意识。这是基于巴甫洛夫的"大脑动力定型"理论的条件反射（Thrailkill et al.，2020）。人们进入气温舒适、空气清新、低噪声、无污染的森林中，经过一小段时间后，人体的中枢神经系统呈现放松的状态，心理上感到镇定、愉悦和安逸。

（1）对亚健康人群的心理改善

①青少年 无论是少年还是青年，在生活和工作中总会因为一些困难和阻碍成为心头的压力，有些人会因为承受度较差，可能会出现情感障碍、思维混乱、焦虑、恐慌、自卑、孤独甚至会产生抑郁的倾向。针对这种心理亚健康状态，可以增加自然户外活动来缓解这种消极的情绪和状态。在自然环境中活动一定程度上可以消除紧张感，缓解心理矛盾，增加社会适应能力，可以有效缓解亚健康状态的人群的不适症状，具有较好的康复作用。有数据显示，儿童时期生活在自然环境或者绿地中较短时间的人患后续精神疾病的风险比生活在最高水平绿色空间的人高出55%，即使在调整了城市化、社会经济因素、父母精神病史等其他

相关因素之外，这种现象依然存在。这种神经性发育障碍与生命早期所处绿地时间长短的关系更为密切，因为早期的大脑发育最脆弱，且风险在 3 岁时达到高峰。随着年龄的增加，自然环境对于孩子越来越重要，青少年和成年时期患精神类疾病与童年时期所处绿地时间长短相关性较强（Engemann et al.，2019）。甚至有研究发现，在母胎时就已经受到大自然的影响，生活在树木较多地区的孕妇早产的婴儿较少（Donovan et al.，2011），其他研究也表明了母亲接触大自然与孩子出生体重之间存在关系（Dzhambov et al.，2014），包括在绿色空间中活动或者生活能够降低压力、降低儿童抑郁率（Maas et al.，2009）、缓解多动症（Taylor et al.，2009）及改善认知情感等情况（Wu et al.，2014）。

②成年人　与青少年不同的是，成年人的身体状况大多处于亚健康状态，更多的是与其自身职业相关，导致一系列职业病等慢性疾病的出现。针对此类慢性疾病，有不少研究发现在森林等绿色环境辅助治疗能够缓解疾病的症状。纤维肌痛是一种与心理障碍相关的慢性疾病，是病因不明的风湿综合征，针对患此疾病症状的 20~70 岁人群参与森林活动计划，主要开展适当运动、拉伸与教育疗法，结果发现参与者的焦虑程度大幅度减少，疼痛感也明显减少，且比平常更加放松（Secundino et al.，2015）。

③老年人　随着年龄的增长，体力、耐力和抵抗力等一系列免疫功能会出现下降趋势，他们必须面对的是生理功能和认知功能的衰退，这将导致他们的生理、心理和社会功能受到负面影响，各种慢性疾病也会相应出现在大部分老年人的身上，老年人的身体状况，可以从积极参与森林自然景观活动中获得生理健康的益处，还可以从进入自然中获得可观的心理益处。

关于城市森林等绿色空间对老年人的影响，城市部分封闭绿地比开放绿地和封闭绿地更受老年人的青睐，也更具有恢复性。当植物密度过高时，会给老年人带来不安全感，也会使环境不够整洁，从而降低环境的美观性。因为环境的美观性涉及景观规划设计，合理规划的景观尤其对老年人来说是最能恢复压力、情感等感知的一个特性（Hoyle et al.，2017）。这与城市绿化率毫不相同，有研究发现城市地区的绿化率越高，老年居民的压力越小，患抑郁症的就越少，也就说明城市地区的绿色环境与老年人的心理健康有着积极的关系。有研究显示园艺活动可以用作慢性疾病的康复和常见的辅助治疗方法，并且园艺活动也是受老年人欢迎和常见的休闲活动，因为从心理角度来说，休闲活动能够使得参与者减轻生活压力，平衡情绪，获得愉快体验。台湾平均年龄为 67.9 岁±4.5 岁的老年参与者参加福州大学老年学习营，并且进行了一系列的园艺活动，在短期园艺活动中，与植物接触活动的益处是立竿见影的，因为植物是改善人们的景观偏好和恢复的重要因素（Jiang et al.，2015）。如果在环境中有水景可能效果会更好，因为对于老年人来说森林等绿色环境中的水景也非常重要，宽阔的水面和美丽的水景使得他们更有活力，能够满足他们对自然的渴望（Mao et al.，2012）。此外，噪声、污染、过度拥挤、邻里绿地等一些因素都与老人的心理或精神疾病存在一定的关系。

（2）对特殊人群的心理改善

无论是亚健康群体还是抑郁症患者，森林康养都对其情绪有积极作用，同时对于抑郁症的患者，大自然能够改善其认知，提高短期记忆力，改善抑郁症的症状（Kaplan et al.，2010）。已经有研究表明，森林环境对情绪的影响效果尤其在长期负面情绪的人身上更为显著（Morita et al.，2007）。对于抑郁症患者来说，短期记忆已经受损，会出现持续的负面情绪。这些患者如果在自然环境中或者森林等绿地环境中逗留一段时间，对其认知功能和情绪有所改善，同时还会增加记忆力广度（Taylor and Kuo，2009）。对 20 名被诊断为抑郁症患者的情绪和短期记忆力进行评估，结果显示参与者在自然环境步行后的情绪显著改善和记忆跨度显著增加（Berman et al.，2012）。抑郁症和焦虑症是比较常见的心理性疾病，两种疾病与认知障碍和有限的日常生活活动有关，森林疗法对于抑郁症和焦虑症的恢复比药物疗法与电休克疗法更有效。因为药物疗法会产生副作用，比如紧张、头痛和恶心，同样，电休克疗法的副作用会产生精神状态混乱、注意力不足和记忆丧失等情况（Murray et al.，1987）。例如，以 CBT（认知行为疗法）为基础的心理治疗在森林环境中应用有助于患者抑郁症的缓解，该研究的参与者都是重度抑郁症患者，研究结果表明其效果优于在医院进行的心理治疗和一般的门诊治疗。良好的环境如森林有助于提高心理治疗干预的效果，因为它包含了治疗抑郁症的各种自然因子和促进剂（Kim et al.，2009）。丹麦的一项随机对照试验也验证了此结论，该试验将 84 位患有与压力有关疾病的参与者随机分配到两种疗法：基于自然的疗法和经过验证的认知行为疗法（CBT）。每种治疗持续 10 周，并在 12 个月的随访后，两种治疗均使得全科医生（GP）访视显著减少和长期病假也显著减少，从而验证了基于自然的干预措施是一种有效的治疗方法（Roederer et al.，2015）。韩国一项针对患有精神疾病患者的研究，参与者是精神科住院的 12 名参与者和另外 13 名对照患者，共开展了 5 次森林体验项目，研究结果显示，参与森林体验项目的患者抑郁状态好转，压力减少，减压效果显著（$P <$ 0.01）（Kim et al.，2015）。以上的研究表明，森林等绿色空间是许多国家针对许多健康问题的有效补救方法及干预措施，可视为心理或者精神类疾病的一种可能的额外的疗法，对于治疗那些慢性中风患者的抑郁和焦虑症状，也是有益的（Chun et al.，2016）。但是 Lee 等（2017）在研究森林疗法对于抑郁症的改善的综述中还说明了"观察自然"和"接近自然"并不足以对抑郁水平产生显著影响，还需使用更严格的研究设计来评估森林疗法对抑郁的长期影响。

大量研究表明，接触大自然对不同年龄阶段及不同身体状况的人群来说，对其心理健康都有较好的促进作用，能够促进积极情绪的产生，减轻心理疾病的症状，也能够预防某些心理疾病，提高认知功能，缓解心理压力状态。人们长时间接触森林环境或者生活在绿色空间当中会表现更多积极的心理状态（当然这种环境是重要的社会互动和融合区域），在某种程度上来说，人们的幸福感也会相应提升。对于人们的幸福感和精神疾病水平等心理层面的认知是否与绿化区域有关，多数研究结果并不一致。但是的确有研究表明，长期生活或者搬到绿色区域的成年人心理健康状况更好，自我报告的幸福感更高（Alcock et al.，2014）。并且通过控制实验发现，与做同样室内活动的人相比，户外活动的人感觉更幸福，压力感和焦虑感更低，散步也是如此。人们的心理状态与幸福感程度有较大的相关性，一般情况下，长时间处于积极情绪的人们会感到更快乐一些。对于森林康养或者绿色环境对人们心理健康的作用的实验研究还存在一定的局限性，大多数研究只是在某一时间段对参与者进行实验，并没有在长时间尺度下对其进行研究并对比，因为心理疾病总是较长时间消极情绪的积累导致的心理问题，所以对心理影响方面应该在时间尺度多加考虑。另外，大多数研究都是采用情绪等各种量化表得分来体现参与者实验前后的心理状态，这种结果受个人因素影响较大，之后还可以结合心理咨询师来增加结果的说服力，例如，可以通过心理咨询师对参与者的对话及心理评价等来得到参与者当时的心理状态。

1.4　森林康养学

1.4.1　森林康养学概念

森林康养学是一个研究森林康养的科学体系，涵盖了自然科学、医学（中西医）和心理学等多个学科的理论基础。此外，森林康养学还包括实效研究和产业建设两个方面。在理论基础方面，森林康养学的研究涉及广泛。例如，自然科学方面的研究可以探讨森林康养对生态环境的影响和森林资源的利用；医学方面的研究可以研究森林康养对身体健康的影响和森林康养活动对各种疾病的治疗作用；心理学方面的研究可以探讨森林康养对心理健康的影响和森林康养活动对心理疾病的治疗作用。在实效研究方面，森林康养学的研究涉及森林康养资源的效用、康养活动的效用和各种疗法的具体操作与现实作用等。这些研究可以帮助人们更好地理解森林康养的实际效果和运作机制，为森林康养的实践提供科学依据。因此，森林康养学是一门实践性学科，需要结合实验和实践进行研究。森林康养学的研究需要通过实验、观察和分析等手段，探究康养活动的效果和作用机制，为森林康养的实践提供科学依据和指导。只有深入实践和持续研究，才能不断推动森林康养学科的发展和完善。在产业建设方面，森林康养学的研究涉及基地建设、服务设计、产品开发和行业发展等内容。这些研究可以帮助人们更好地了解森林康养产业的发展趋势和运作模式，为森林康养产业的发展提供科学指导和支持。同时，还可以促进森林康养产业与其他相关产业的融合和发展，推动绿色生态经济的发展。总之，森林康养学是通过科学手段，从理论到实践等多个途径对森林康养进行研究和总结，推动学科进步、产业发展，助力森林康养完成促进大众健康和预防疾病的最终目标。

1.4.2　森林康养学特点

（1）以森林为根基

森林康养学的基础是森林，通过森林自身的天然生态环境为人类提供理想的休养场所。森林康养活动的开展和效用的产生都不能脱离森林，因此需要识别和分类森林康养资源，并依托森林康养资源打造森林康养产品。森林康养资源包括森林景观、野生动植物、水源、空气、泥土、草本植物、木本植物等自然资源，以及森林康养旅游设施、休闲娱乐活动等人文资源。森林康养产品是依托于优质的森林康养资源，为实现某种特定的健康管理目标而开展的一系列康养服务和活动。

（2）以人类健康为主体

森林康养学以身心健康、康复为基础，借助森林中的色彩、芳香、鸟鸣、溪流等自然元素，融入运动、园艺、冥想等活动，结合森林食疗和食养，旨在实现保健、康复和健康老龄化的综合目标。森林康养学的研究重点在于从心理学、西医和中医的角度出发，特别是将现代医学与传统养生有机结合，研究森林康养活动如何对人的身体和心理健康产生实效性影响，指导后续森林康养发展对健康的积极影响，避免消极影响。

（3）多学科融合

森林康养是集林业、旅游、医药、文化于一体的新兴产业，是一、二、三产业的融合。因此，森林康养学同样是林学、生态学、医学（包括中西医）、心理学以及文学、管理学等多个学科交叉融合的领域。在国内，森林康养理论尚未达到成熟完善的地步，需要根据本国的发展背景，在诸多领域进行深入的探索和研究，将多学科的研究进展进行结合深化。

1.5　森林康养学课程教学

1.5.1　森林康养学的基本研究内容

森林康养已经成为健康中国战略的重要组成内容，是贯彻践行习近平总书记"绿水青山就是金山银山"理念的重要举措，是未来森林服务业的重要发展方向。为适应国家、社会和行业对森林康养产业发展的迫切需要，应以培养具有扎实的专业基础、较强的创新精神和精湛实践技能的森林康养专业人才为目标，培养具有较好的森林康养学素养和较高的社会责任意识的专业人才。

为满足以上需要，森林康养学的研究内容尤其重要，应涵盖森林康养的基本概念与内涵、国内外森林康养领域进展与发展趋势等内容，主要依托野生动植物保护与利用、生物学、生态学、基础医学、中医学、中药学、应用心理学等学科，聚焦于森林康养技术相关领域的基本理论与方法，以及森林康养基地规划与管理、森林康养服务与活动设计与评价等内容。

森林康养学课程应实现理论与实践相结合。以森林康养人才培养需求为导向，设置认知类——专业基础类——专业综合类——创新研究类等渐进式、立体式学习内容，形成知识学习与业务能力培养相促进、与社会服务相促进和与创新意识培养相促进的实践教学模式。

认知类实践主要是对森林认知能力的培养，能够了解对森林生态系统中植物、动物及其栖息生长环境等基本知识，涉及"植物分类学""菌物分类学"等内容。

专业基础类实践主要是增加对实际问题的认识与理解，掌握相关课程的实地研究方法、数据收集、处理和分析能力，如掌握植物挥发物提取、森林康养基地规划设计等方法，培养独立观察、思考、分析和综合能力，是对理论学习的补充和拓展，包括"自然保护地管理""森林康养资源学""森林康养管理""森林康养基地规划设计"等内容。

通过到自然保护区、自然公园、森林康养基地实习的方式，强调业务能力培养，使学生全面了解森林康养的总体规划与项目管理，基本掌握森林浴、森林疗养、森林医学、森林旅游等多方面知识和技能，为将来的工作和学习奠定坚实基础。

创新研究类主要是指各种级别的"大学生创新创业训练项目"和学院的本科生创新基金，旨在增强大学生的创新能力和创新基础上的创业能力，培养适应创新型国家建设需要的高水平创新人才。该项目的学生结合学院实施的本科生导师制，可以根据自己的研究兴趣组建项目团队申报项目，由学术水平高、责任心强的教师进行指导，自主完成研究方案的设计、研究条件的准备、研究的实施、数据处理与分析、报告撰写、成果(学术)交流等工作。

1.5.2　教材内容体系

森林康养学是以"背景——资源——理论——方法——实践"为逻辑主线，以森林与人类关系、森林康养环境要素、森林康养理论基础、森林环境与心理健康、森林康养与中医、森林康养产品开发及对健康的影响、森林康养与嗅觉康复、森林康养与呼吸康复、森林康养市场需求与服务设计和森林康养基地建设 10 个主题为中心，从研究背景与进展、现有资源与实证、基础理论与方法、具体实践与案例分析等多个方面展开，全方面介绍森林康养学研究的基本内容，为培养森林康养专业人才提供理论依据和现实指导。

1.5.3　森林康养学的课程重点

(1)知识要求

掌握森林康养、森林康养学的概念、基本特征，掌握环境要素识别、文学、心理学、食品、旅游管理、森林康养疗法、医学基础等方面的基本理论、基本知识和基本方法。

熟悉森林康养学的基本内容、研究简史，森林康养的研究现状与发展趋向；了解森林康养的目的与意义，以及在生态文化、生态文明建设、大众健康等方面的重要作用。

(2)能力要求

具备森林康养管理、森林康养基地规划设计、森林疗法等相关领域分析与解决问题的初步能力；具备森林康养项目开发规划及管理的基本理论及基本实践技能。

(3)素质要求

具有很强的社会责任感和团队意识以及良好的人文修养、现代意识和国际化视野；具有健康的体魄、良好的心理素质和生活习惯；掌握较为全面的方案规划、设计，数据收集、归纳、整理、分析，以及撰写论文、项目方案、参与学术交流和科研创新的能力，在森林康养领域具有较好的综合分析素养和价值效益观念。

本章小结

森林康养是以优质的森林环境和绿色林产品为基础，以中医学和现代医学为理论支撑，通过科学合理的途径开展以促进身心健康和预防疾病为目的的森林游憩、养老、教育、运动等服务活动，满足人类对森林的物产需求、生态需求、文化需求。森林康养强调大自然对人类身心健康的积极作用，凸显了人与自然之间密不可分的联系。其历史发展横跨多个世纪，从古代传统实践中汲取丰富的经验，逐渐演化为现代学科，并在今天得到广泛认可。科研结果显示，沉浸于森林环境中可以降低压力、焦虑、抑郁，增强免疫系统功能，改善心理健康，还可用于康复。森林康养学是一个研究森林康养的科学体系，涵盖了自然科学、医学(中西医)和心理学等多个学科的理论基础。为了培养专业人才，相关课程强调理论知识、实践技能和伦理原则的综合培养。本章节为研究者、从业者和学生提供了深入了解森林康养学的基础，为进一步研究、实践和教育奠定了坚实的基础。展望未来，森林康养学有望继续发展，特别是在应对现代社会健康和心理健康问题方面，但也需应对挑战，如可持续性、资源管理和文化多样性等方面的挑战。

思考题

1. 森林康养学是如何从实践演化为现代学科的？它的历史渊源和发展轨迹是什么？

2. 森林康养学的核心概念是什么？它们是如何定义和解释的？

3. 在未来，森林康养学有哪些可能的发展趋势和创新？它如何影响社会的健康观念和政策？

推荐阅读书目

1. Florence Williams. The Nature Fix：Why Nature Makes Us Happier, Healthier, and More Creative[M]. W. W. Norton & Company，2018.

2. Sarah Ivens. Forest Therapy：Seasonal Ways to Embrace Nature for a Happier You[M]. Piatkus，2018.

3. Kjell Nilsson，Macrus Sangster，Christos Gallis, et al. Forests, Trees and Human Health[M]. Springer，2010.

第2章 森林康养理论基础

2.1 森林康养理论形成

2.1.1 森林康养的生命科学基础

2.1.1.1 相关生命科学理论

（1）基因理论

基因，即遗传因子，主要成分是DNA（脱氧核糖核酸），是人类与生俱来储存遗传信息的物质基础。不同的DNA序列储存着各式各样的遗传信息，控制人类性状表达的分子片段，同时具有向后代遗传的特征。如果在传统经络疗法之精华的基础上，变革性地将养生理念上升到细胞层面，采用现代基因治疗技术从细胞开始养护，从而改善人体的各大系统功能，快捷有效地达到抗衰老的目的。所谓基因养生又称为细胞养生，是从肉眼看不见的细胞入手，激活和修复身体内的休眠和受损细胞，再生新细胞，还原细胞机能，使细胞的新陈代谢达到优化的动态平衡。可见，基因养生的基本原理是通过改善和净化细胞的微环境，促进微循环，保证各器官和系统健康运行，从根本上延缓衰老和改善亚健康状态。

（2）分子观

分子生物学研究各种生命过程，通过研究生命体包含的核酸、蛋白质等大分子结构、成分、功能等，甚至人工合成等方法来解释生命的本质。分子生物学确立了遗传信息由DNA通过RNA传向蛋白质的"中心法则"，并且破译了遗传密码。现代分子生物学研究表明，核酸和蛋白质是组成生命体最基本的物质。生命活动是在催化剂——酶的作用下实现的。而蛋白质是绝大多数酶类的基本组成。因此，蛋白质是生命体存在和运动的最主要物质。分子生物学进一步解释了人体重要组成——核酸和蛋白质等生物大分子结构及其主要功能与相互作用，以及人工合成的主要途径。分子观是研究一切生命体本质和运动的微观基础。

分子生物学研究表明，DNA是绝大多数生命体（除某些病毒以外）的遗传物质，在所有生命体的所有细胞中以相同的方式复制着，是生命遗传的普遍规律。分子生物学使得生命科学在研究水平上产生了质的飞跃，也出现了诸多医学研究和实践的创新，产生了以分子观为基础的多个生命科学领域。

2.1.1.2 森林康养的生命科学内涵

森林康养本质上是通过健康养生使得人体的各个器官组织处于一个良好的运行状态，提高生命体的活力和健康程度，而人体的健康与先天禀赋、后天因素有很大关系。虽然基因作为人体的先天条件是难以改变的，但是后天因素对人体的影响同样不能忽视，即使先天禀赋很好，如果生存环境恶劣、生活习惯不好，仍然会导致诸多健康问题。因此，健康是先天禀赋与后天因素共同作用的结果。在一定程度上，后天的改善能够弥补先天的不足。森林康养主要通过后天因素改善人体健康，有效提高人体机能，助力人们在适宜的生存环境下获得更加强健的体魄，提高免疫力，从而减少疾病困扰。

2.1.1.3　生命科学对森林康养的指导意义

基因、分子观的生命科学相关理论为森林康养的发展奠定了坚实的微观基础和重要的科学依据。基因和分子是揭示人体健康奥秘的关键，借助现代生命科学技术，在微观层面解释人体生命活动是 21 世纪的伟大突破。传统养生理论作为一种理念和生活方式，更多是基于传统医学知识的经验总结，还缺乏生命科学的有力支撑，而基因和分子层面的生命科学研究与实践为森林康养提供了更多实验数据，使之成为一门独立的学科。

作为森林康养理论的重要组成部分，中医学也受到了来自分子生物学研究的显著影响。中医中的"治未病"和"治欲病"，更多地强调预防的重要性；而分子生物学在"治已病"方面发挥着积极作用，特别是在攻克遗传病、癌症、艾滋病等疑难病方面优势更加突出。因此，在森林康养及其产业发展过程中，通过分子生物学的应用并与之结合，可以帮助人们更加精准地实现森林康养的目标，并指导森林康养产业走向细分市场，推动森林康养产业走向成熟。

2.1.2　森林康养的生态学基础

2.1.2.1　相关生态学理论

（1）生态系统理论

生态系统是由生物群落和非生物因素组成的一个生态单元，是生态学的基本研究对象。森林康养中，通过研究森林生态系统的结构、功能、物质循环和能量流动等特征，可以深入了解森林生态系统的状况和变化（图 2-1）。通过对森林生态系统的分类和评估，可以对森林康养中所涉及的不同森林类型及其特征进行深入了解，针对不同的生态系统类型进行综合评估和策划，因地制宜进行森林康养方案设计。管理者可以通过对生态系统结构和功能的深入了解，制定合理的管理措施，提高森林生态系统的生产力和稳定性，为森林康养提供更好的生态基础。

（2）生物多样性原理

生物多样性是指各种各样的生物及其与环境形成的生态复合体总和以及它们的各种生态过程，包括遗传多样性、物种多样性、生态系统多样性和景观多样性。生态系统中的生物多样性的维持主要通过其内部的生态过程得以实现，生态过程对于维持生物多样性具有重要意义。同样地，生态系统的稳定性和高效性通过生态系统各组分之间及其与生存环境之间所形成的复杂关系来维持，强调各组分之间的相互协调关系。

生物多样性是森林与公共健康研究领域中评估森林质量的重要因素，同时也是维持生态系统稳定的基本条件及应对气候变化的基础。生物多样性能够提供许多生态系统服务，如空

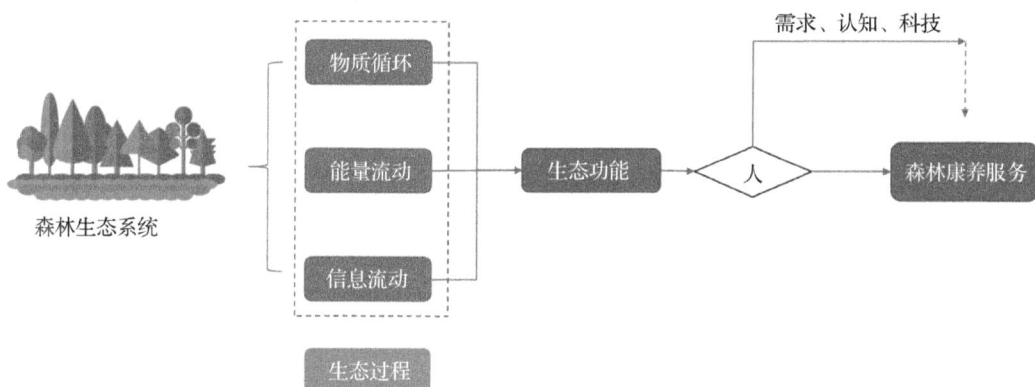

图 2-1　森林生态系统与森林康养关系

气净化、水源保护、自然药物等，这些服务对人类福祉有着重要的影响。全球生物多样性正在以前所未有的速度丧失，削弱了生态系统应对气候变化的能力，也对人类生存和发展构成了重大威胁。随着城市化程度的不断加深，栖息地破碎、动植物物种减少、气候异常等环境问题频发，城市人群精神压力增大、抑郁症患病率上升、人际关系淡漠和幸福感降低等诸多心理健康与社会健康问题同时显现。生物多样性不仅是适应环境变化的基础，也与人类健康紧密相关。

（3）生态关系

森林中的各种生物之间的相互关系是生态系统的基础，它们之间的相互作用形成了一个复杂的生态系统，包括生物之间的竞争、互惠、捕食等多种关系。森林中各种植物和动物之间的相互作用可以形成一个生态系统，提供各种资源和服务，如食物、氧气和水源。这些资源和服务对于人类的身心健康都非常重要。例如，通过呼吸森林中释放的氧气，可以提高身体的免疫力，降低压力水平。另外，森林中各种生物之间的相互作用可以创造出一种宁静

图 2-2　观察雀鹰飞翔

的氛围，有助于缓解焦虑和压力，提高身心健康。例如，观察鸟儿飞翔（图 2-2）、听树叶沙沙作响、感受清凉的森林气息，可以让人放松身心，缓解压力。通过观察不同生物之间的相互作用，人们可以了解到生物之间的相互依存关系，了解到自然界的脆弱性和重要性，从而更加珍惜和保护自然环境。

2.1.2.2　森林康养的生态学内涵

森林康养理论是对生态学理论和养生学理论的有机融合。森林康养不同于传统养生保健，它更注重人与生态环境的适应和融合，强调外部环境对人体的影响，通过在充沛的阳光、适宜的湿度和高度洁净的空气、优质的物产等良好的生态环境中生活，并辅以运动健

身、休闲度假、医药调节等一系列活动调养身心，从而实现人的健康长寿。森林康养离不开丰富多样的自然资源和健康的生态环境，生态失衡最终会威胁人类的自身健康和可持续发展。森林康养的生态学理论引导人们正确处理人与自然、资源以及环境的关系，正确处理经济社会发展和生态环境的关系，促进绿色、低碳、可持续发展。

2.1.2.3　生态学对森林康养的指导意义

随着人口的快速增长和人类活动对环境与资源的透支使用，环境污染、生态失衡等生态环境问题激增，生态危机全面爆发，人与自然关系严重恶化，森林康养理论迫切需要生态学理论的支撑，来调整人与自然、资源以及环境的关系，协调经济社会发展和生态环境的关系，促进人类社会可持续发展。生态学倡导可持续的发展观，重视树立非人类中心主义的新型生态伦理道德观，从而促进了资源节约型和环境友好型社会的建立。

2.2　森林康养相关理论

2.2.1　亲生命假说

亲生命假说理论是由美国生物学家 Wilson（1984）提出的，他认为人类在长期的进化过程中，在遗传上已经形成了偏好某些自然环境的机制，这些自然环境能够帮助人类获得更多的生存机会，躲避危险和获得食物。比如，水源不仅满足了人类生理上的需求，还可以躲避天敌，同时又可以吸引人类赖以生存的动植物。Balling 和 Falk（1982）认为原始人类的起源和大部分进化时间都发生在东非大草原，因此对某种自然景观的偏好也可能是人类生物遗传的一个部分。他们的研究发现当呈现 5 种不同的生态群落图片时，不管是美国白人还是非洲尼日利亚土著人，他们均压倒性地选择大草原作为最想居住的地方（Balling and Falk，1982）。也有研究者让来自 3 个不同国家的被试评估不同形态的树木图片的吸引程度，结果显示与稀树草原上的树木相同的树木图片均被 3 组被试评估为最具吸引力（Orians and Heerwagen，1992）。总的来说，人类偏好的环境特征包括开阔的视野、稀疏的树林和草地，而不是密集的树林、人造环境或者沙漠。

Orians 和 Heerwagen（1992）在亲生命性假设基础上进一步提出栖息地偏好理论（habitat selection theory），他们认为栖息地的选择是所有物种生存繁衍中非常重要的一步。在长期的环境适应过程中，人类已经在遗传上形成了对有助于生存的自然环境线索的偏好。因此，当人们处在适合栖息的环境中，他们会产生积极的心理反应，相反则会引起负面反应。由于人类开始城市生活的历史较短，因此，该理论推断只有自然环境而非城市环境才可能诱发人的积极反应。

另外，在大约 50 万年前的直立人和犬类动物就已经有关系，甚至在人类进入农耕定居生活之前，他们就已经和野生或驯养动物为伴。这种长期与动物的相处会诱发人类的身心反应。有研究显示人类与宠物的互动可以增加人体某些神经化学物质的分泌，进而达到放松身体，增强免疫系统功能的目的（张茂杨等，2015）。类似地，有研究者认为在接触与栖息地偏好匹配的自然环境时，也可能促发人体的某些神经化学物质和激素分泌，进而影响人类的免疫系统或心血管功能(Parsons et al.，1998)。

综上所述，亲生命性假设认为，人类越多参与到自然中，他们则越能与自己的进化本源建立联系，进而会变得更健康、更安乐(图 2-3)(Wilson，1984)。

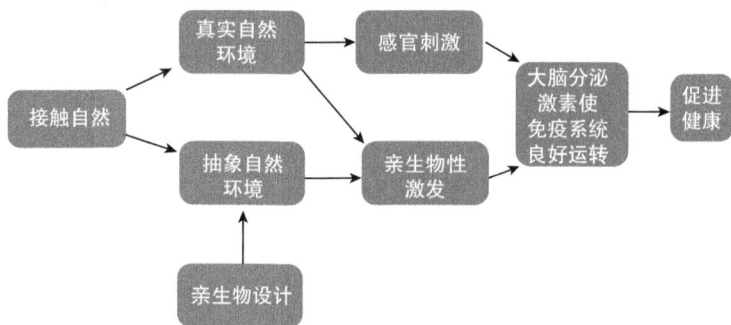

图 2-3 亲生物性促进健康原理

2.2.2 注意力恢复理论

注意力恢复理论从认知角度出发，关注自然对认知功能(特别是注意力)的恢复作用。研究学者认为人类有两种注意：有意注意(voluntary attention/hard attention) 和无意注意(involuntary attention/soft attention)(Kaplan et al.，1989)。有意注意一般指向特定的注意对象，需要努力和付出大量精力才能保持，特别是当个体从事一些无趣或不愿意做的任务，或长时间从事感兴趣的任务，都会动用这种注意。有意注意有助于人类维持工作和生存，但会造成神经中枢抑制机能的过度使用，从而产生疲劳感，导致注意力集中困难、情绪易于激动，进而在工作中容易出现错误。注意力恢复理论中的"恢复"就是指从有意注意的疲劳中恢复过来。与有意注意相反的是无意注意，它是指自动发生的、无须努力的，也不需要投入大量精力的注意。当人们处于无意注意模式时，他们的有意注意就可以得到休息和恢复(Taylor et al.，2009)。

该理论认为，由于人类的进化过程一直是在自然环境中进行的，对自然怀有与生俱来的向往，因此人们在自然环境中使用的注意，如观看云彩、树木、水中的鱼儿等，都以无意注意为主，而不是有意注意。人们可以通过观看自然景观(如观看森林或绿色景观的图像)(图 2-4)或身处自然之中(比如在树林里徒步)使得有意注意有机会得到恢复，进而会感到自己重新充满能量。这与我们的日常体验是一致的，当我们长期从事某个任务后会感到疲劳，这时到室外自然环境中看一看或走一走，即使什么事情都不做，我们都会有一种重新焕发生机的感觉，后续的工作也变得更有效率。

目前有很多研究支持注意恢复理论的观点。Berman 等(2008)通过实验的方式比较了自然环境和城市环境对注意的恢复作用，在注意力被损耗后，相对于接触城市条件组的被试(到闹市区散步或观看城市图片)，接触自然条件组的被试(到自然环境散步或观看自然图片)在后续注意力测试任务上有显著的提升。而 Berto(2005)在 3 个实验中采用类似的实验范式，检验观看自然风景图片、非自然风景图片或者几何图片对被试注意的恢复作用。结果显

图 2-4　华南热带季雨林

示，只有接触自然风景图片的被试在后测的注意力任务表现有所提高。Laumann 等（2003）让被试产生注意损耗后，接着让被试观看自然或城市环境的影片，随后以波斯纳注意定向测试（Posner's attention-orienting task）来检测注意力的恢复情况。在实验过程中同时测量被试的心脏搏动间隔作为自动唤起的指标。结果显示，被试在观看自然影片后，对于有效线索与无效线索的反应无差异。同时相比观看城市影片组的被试，观看自然影片的被试心率更低，即观看自然影片会降低自动唤起，从而造成更少的空间选择性注意损耗。

　　还有一些研究则直接考察实际居住环境对个体注意力品质影响。Tennessen 和 Cimprich（1995）发现，宿舍可以看到自然风景（如树林）的大学生在注意力任务上的表现显著优于看不到自然风景的学生。Taylor 等（2002）发现，能从家里看到更多自然风景的女孩，她们被父母评价为更加自律，在注意力集中程度、冲动抑制和延迟满足上的表现越好；但家里能看到自然风景的程度与男孩在这 3 种自律指标上的表现没有关联。研究者认为这可能与男孩一般很少在家里或家附近玩有关，他们猜测远距离的自然环境对男孩才会有更大的影响。

　　有关注意恢复理论的实证研究还关注自然环境对注意力缺陷（ADHD）人群的改善作用。Taylor 等（2001）让家长评估儿童在户外环境、人工建筑物或家中活动时 ADHD 症状。结果显示，在控制了活动类型后，绿色户外环境相比其他环境可以显著减少儿童的 ADHD 症状。在他们的另一项研究中，研究者让 17 名 7~12 岁被诊断为 ADHD 的儿童在市区公园、市中心和住宅区周围 3 种环境中各散步 20 min，每次散步前均对儿童的注意力进行损耗，在散步后让儿童完成数字回溯测验。研究发现，ADHD 儿童在公园散步后，数字回溯测验上的表现均优于其他两种处理，且效果与处方药哌甲酯（methylphenidate）的效果相当（Taylor et al.，2009）。

　　总的来说，注意力恢复理论假设无意注意能减少有意注意造成的能量和专注力损耗，进而能对有意注意疲劳起到恢复作用。但目前有关该理论的实证研究一般都是采用先损耗有意注意然后让被试接受自然/人造环境条件的处理来检验其有意注意的恢复。这些研究默认的前提假设是处于自然中的个体一定使用的是无意注意，但极少有研究直接验证处于自然条件下个体是否真的使用无意注意。同时，研究者倾向将无意注意和有意注意视为此消彼长的关系，但实际上有意注意的恢复不一定需要通过动用无意注意这一方式，也可能存在其他的机制，如接触自然环境能激活个体的积极情绪，也有可能对有意注意有恢复作用。

2.2.3　压力缓释理论

　　这个理论关注的是自然对人类情绪、生理和社会功能的作用。Ulrich 认为自然中包含 3 种能够激起人类积极情绪反应的元素，从而对生理、心理应激有重要的缓解作用(图 2-5)。第一种是无威胁性的风景元素(unthreatening landscapes)，这类元素不会被人类知觉为危险的，进而人类在这类自然景色面前的注意力会集中在整体景象上，而非景象的组成部分。第二种是绿色植物元素(vegetative elements)，如树、花园等。第三种是特定的自然景观(specific aspects of nature)，如平静而缓慢的流水、青翠的植被、花海或热带草原等特殊景观(Ulrich，1983)。Ulrich 认为人类对无威胁的自然环境的反应是即时的、无意识的，并且需要极少的认知资源来加工，因此当人们处于上述 3 种自然元素中时，能快速从应激中恢复体力，获得积极的情绪体验，从而较快从压力中恢复过来。这种机制是进化的结果，因为在特定自然元素下压力得以恢复的反应能力对原始人类具有积极的生存价值，在很多方面能帮助人类提高生存机会(Stigsdotter et al.，2011)。此外，由于人类的大部分历史都是在野外自然环境中进行，Ulrich 认为这种积极情绪和压力降低体验的关系仅限于无威胁性的自然环境中。但是对现代人来说，他们所保留的这种由无威胁性自然环境引起的压力缓释的进化机制是无法适应

无威胁性的
风景元素

特定的
自然景观

绿色植物
元素

图 2-5　复愈性环境

城市或人造建筑环境的，当个体处于城市或建筑环境中，他需要耗费更多的认知加工资源，需要更多的应对或适应努力，这种加工或适应需求可能导致个体的认知资源超过负荷，阻碍压力的恢复。

目前支持压力缓释理论的研究大部分是先诱发被试者压力，然后使其处于某些特定的自然情境，进而考察这种情境对他们的生理指标或主观报告的压力的影响。例如，Ulrich等（1991）通过视频诱发大学生的压力，接着考察观看 6 种不同的自然环境视频或城市交通视频对压力的恢复情况。他们让被试自我报告情绪状态并同时测量压力相关的生理指标，包括心动周期、肌张力、皮肤电阻和脉搏传导时间。结果显示，当被试观看自然风景视频，自我报告的压力水平和各项生理测量指标均得到快速而显著地恢复，但是观看城市环境视频却无法起到相同的效果。Gladwell 等（2012）也发现，对具有一定压力的被试，观看自然图片比观看城市图片更能增强他们的副交感神经系统活动。Park 等（2010）采用现场实验的方式，让被试按照要求造访森林（到树林里并坐下来）或进入城市环境（到城市商业中心并坐下来），同时测量他们自我报告的情绪体验和压力相关的生理指标变化。结果显示，相比于造访城市环境组，造访森林组被试的副交感神经活动更强，他们的唾液皮质醇、舒张压和脉搏率更低，同时他们自我报告的压力水平降低，并感到更有活力。还有研究发现甚至只是与自然有关的声音也具有恢复压力的效果，相比嘈杂的声音（各种车辆的喧闹声），自然声音（鸟鸣和流水声音）对压力导致的皮肤电导性和心率变异性均有显著的降低作用（Alvarsson et al.，2010）。他们认为自然声音之所以能缓解压力是因为它同样能恢复压力导致的交感神经系统激活。

另外一些研究考察了实际的自然环境对特殊人群的压力缓释作用，如监狱中的犯人和各类手术患者等（Kahn，1997）。有研究显示，从牢房里能看到附近农场或森林的犯人比那些只能看到监狱院子的犯人更少有头痛和消化系统问题，他们需要医疗健康服务也更少。有关牙科病人的研究显示，相比空白墙壁，当候诊室的墙壁上挂有自然风景图画时，病人的心率和自我报告的压力水平更低（Coss，1990）。同样，能够从病房窗户看到树的住院病人比只能看到砖墙的病人住院时间更短，服用更少的止痛片，出现更少的术后并发症，护士对他们的评估更为积极。而手术前让病人在病床上观看 3~6 min 的自然风景图片后，他们的收缩压比观看其他图片的病人有显著下降。此外，观看悬挂自然风景图画的心脏术后病人会比观看抽象画和白板的病人报告更少的术后焦虑和痛苦。还有研究显示工作环境接触自然能降低男性员工的压力和愤怒（Lottrup et al.，2013）。

2.2.4 森林康养的中医学理论

森林康养和中医都重视人与自然的关系，认为自然环境对人的健康有着重要的影响。因此，在森林康养中，可以运用中医的理念和方法，以达到身心健康的调节。中医的五行学说可以被应用于森林康养。中医认为自然界的五行（金、木、水、火、土）对人体健康有着重要的影响，每个季节、每个环境都有不同的五行属性，对应不同的脏腑和经络。在森林康养中，可以根据季节、地理环境等因素，安排不同的森林康养活动，使之与当地的五行属性相符合，以达到调节身体的效果。森林康养也可以运用中医的"气""血""津液"等概念。中医认为这些生命体征对身体健康有着重要的影响。在森林康养中，可以通过呼吸新鲜空气、接触大自然、饮用泉水等方式，摄取充足的气、血、津液，从而调节身体机能，提高免疫力，预防疾病。森林康养中的一些活动也与中医的一些疗法有着相似之处。例如，森林浴与中医的"林泉疗法"有着相似之处，都是利用自然环境中的负氧离子、芳香物质、矿物质等来调节身体的机能，促进身心健康；而森林药浴与中医的草药疗法有着相似之处，都是通过使用自然界的草药等天然物质来调节身体的机能，促进身体健康。

（1）中医学中的"治未病"思想在森林康养中的运用

早在《黄帝内经》时期，就提出了"治未病"的理念，以此为源，经过历代医家不断充实和完善，逐步形成了具有深刻内涵的理论体系。这一体系，把握了预防保健的三个主要环节，即"未病先防""既病防变"和"瘥后防复"。"未病先防"着眼于未雨绸缪，强身固本，是"治未病"的第一要义；"既病防变"着力于料在机先，阻截传变，防止疾病进一步发展；"瘥后防复"立足于扶助正气，强身健体，防止疾病复发。其核心，就在一个"防"字上，充分体现了"预防为主"的思想。按照中医对疾病的发生、发展的认识，特别强调要达到"防"的目的，就应当保养身体，培育正气，维护和提升整体功能，提高机体的抗邪能力。中医常说的"正气存内，邪不可干""精神内守，病安从来"等，就是这些思想的典型表达。历代医家都强调以养生为要务，认为养生保健是实现"治未病"的重要手段。从马王堆出土的导引图，到华佗的五禽戏，以及后世医家倡导的包括运动、饮食、情志调摄等系列养生方法，还有现在常用的冬病夏治的敷贴法、冬令进补的膏滋药、体质的辨识与干预等，都是"治未病"理念在预防保健中的具体应用。以"治未病"思想为核心的中医预防保健，是一种积极主动的生命观、健康观和方法论，重在从整体上动态把握，维护和提升人的健康状态。中医治未病思想源自中华文化中的忧患意识。《周易·系辞下》曰："安不忘危，存不忘亡。"注重矛盾转化的辩证哲学是中华文化的精髓所在，同理，未雨绸缪的治未病思想则是中医学的精髓所在。历经几千年的实践积累，中医学重养生、治未病的观念不仅形成了系统的理论，也积累了一套行之有效的方法，收到了"小方治大病"的实效。珍惜生命，保护健康，追求延年益寿，充分发挥防重于治的核心价值观的作用，总结推广治未病的特色优势，中医养生、治未病有着广阔的发展前景。

治未病是中医学的一个重要理论，指的是通过预防保健、调节身体平衡，从而防止疾病的发生。治未病思想可以在森林康养中得到很好的运用，通过自然疗法、身心调节、社交方式等多种手段来促进身心健康，预防疾病的发生。首先，森林康养可以作为一种自然疗法，通过与大自然亲近来促进身体健康。森林中空气清新、负氧离子含量高，有助于缓解压力、改善睡眠、增强免疫力等。因此，在森林康养中，可以通过呼吸、散步、放松等方式来促进身体健康，达到治未病的效果。其次，森林康养可以作为一种身心调节方式，通过舒缓情绪、减轻焦虑、增强心理素质来预防疾病的发生。在森林康养中，可以通过冥想、静坐、瑜伽等方式来舒缓情绪，缓解压力。同时，森林康养也可以提供一种亲近自然的体验，增强人与自然的联结感，有助于增强心理素质，预防心理疾病的发生。最后，森林康养还可以作为一种社交方式，通过与他人交流、互动来促进身心健康。在森林康养中，可以组织森林野营、森林拓展等活动，让参与者通过互动、协作来增强人际关系、缓解压力、预防心理疾病的发生。

(2) 中医学中的"天人合一"思想在森林康养中的运用

"天人合一"理念是中国传统哲学的核心思想，是中国传统文化的基本信念和主要基调，是中华民族传统的世界观和人生观。《灵枢·岁露论》："人与天地相参也，与日月相应也"，人类作为天地万物中的一个部分，与天地万物息息相通，人与天地和谐统一，主观与客观浑然一体。

中医学以人为研究对象，不是孤立地研究人体的生命活动，而是把人置于自然的动态时空中加以考察，放在自然环境和社会环境的大背景下进行研究，天地自然的变化决定了农作物的生长和收成，同样也决定了人体的生理功能的变化。《黄帝内经》一开始就将生存环境纳入考察研究的视野，认为人是大自然运动变化的产物，是宇宙时空的有机组成部分，人与天地万物是一个统一的不可分割的整体。天有三阴三阳、六气和五行的变化，人体也有三阴三阳、六气和五行的运动。而自然气候的变化，关系到阴阳六气和五行的运动，人体的生理活动和病理变化，取决于六经和五脏之气的协调。自然界阴阳五行的运动，与人体五脏六腑之气的运动是相互协调一致的。《素问·宝命全形论》曰："夫人生于地，悬命于天，天地合气，命之曰人。""天覆地载，万物悉备，莫过于人。人以天地之气生，四时之法成。"《素问·生气通天论》曰："天地之间，六合之内，其气九州九窍、五脏、十二节，皆通乎天气。"人处于天地"气交"之中，是天地自然界发展变化的产物，人的形态结构、生理功能是长期适应自然界环境的结果，在正常情况下，人体具有较好的自然抗病能力、自我调节能力和康复能力。这就是"天人一理""人身一小天地"以及"天人相应"和"人与天地相参"的"天人一体"观。

大自然不仅孕育了人类，而且为人类提供了赖以生存的基本条件。自然界的大气通过呼吸与人体内之气进行交换，人类赖此以维持生命。自然界还是人类的衣食父母，丰富的物产为人类提供了充足的食物来源。《素问·脏气法时论》曰："五谷为养，五果为助，五畜为益，五菜为充。"各种食物性质各异，人体消化吸收后各有所归。《素问·六节藏象论》曰："天食人以五气，地食人以五味。"五气即臊、焦、香、腥、腐，臊入肝，焦入心，香入脾，腥入肺，腐入肾；五味即酸、苦、甘、辛、咸，酸入肝，苦入心，甘入脾，辛入肺，咸入肾。五气五味进入人体，通过消化吸收后其中精微物质输送到全身以养五脏，从而保证了生理功能的正常发挥和生命过程的正常运行。

"天人合一"是中医学的重要思想，指的是人与自然、人与社会、人与自身三者之间的和谐关系。森林康养可以作为一种"天人合一"的体验，通过亲近自然来增强人与自然的联系感。森林中的自然景观、生态系统可以提供一种身临其境的自然体验，让人们感受到自然与人类之间的和谐关系。同时，在森林康养中，人们可以体验到自然的律动和变化，了解到自然规律和环境保护的重要性，从而促进人与自然的和谐关系。森林康养可以作为一种社交方式，通过与他人交流、互动来促进人与社会的和谐关系。在森林康养中，可以组织森林野营、森林拓展等活动，让参与者通过互动、协作来增强人际关系，促进社会和谐。森林康养还可以作为一种身心调节方式，通过与自身的和谐来促进身心健康。在森林康养中，可以通过冥想、静坐、瑜伽等方式来调节身心，提高自身的内在和谐，达到身心平衡的效果。

2.2.5　森林医学理论

森林医学是一种基于森林生态系统和生物多样性的医学模式。森林医学的理论基础主要包括森林生态系统健康理论、绿色空间健康理论、环境医学理论和植物化学理论。

（1）森林生态系统健康理论

森林生态系统的健康状况对人类健康有着重要的影响。森林生态系统的健康状况直接影响着大气、水、土壤和生物多样性等生态系统服务的提供，从而影响人类的健康。森林生态系统是一个复杂的生态系统，它由多种生物体和非生物因素组成。生态系统的复杂性决定了它的健康状况不仅仅取决于其中的某个生物种群，而是由整个生态系统内各种生物和非生物因素相互作用共同决定的。森林生态系统具有一定的弹性，即能够自我调节和自我修复的能力。生态系统的弹性取决于其中的生物多样性和物种互动。森林生态系统为人类提供了多种生态系统服务，包括提供清洁空气、水源保护、土壤保持和生物多样性保护等。这些生态系统服务对人类健康有着直接和间接的作用（图2-6）。例如，森林的空气中含有负氧离子等物质，可以与人体血液中的血小板结合，激活人体免疫细胞，增强身体的免疫功能。森林中的挥发性有机化合物，如 α-蒎烯、β-蒎烯等，也被证明对人体免疫系统产生保健作用。森林生态系统也可以吸收大量的二氧化碳和其他有害气体，改善空气质量，减少心血管疾病、肺癌等疾病的发生率。森林生态系统还可以净化水源，保护水质，减少水污染对人类健康的影响。森林中的土壤、水源和空气中存在着大量的微生物，这些微生物可以通过接触和呼吸进入人体，激活人体免疫细胞，增强人体免疫力。

调控病原体和带病媒介　　生态流　　多样性、异质性　　人类

图 2-6　森林生态系统与人类健康关系

（2）绿色空间健康理论

自然环境可以提供对身心健康有益的影响，如减轻压力、缓解疲劳、提高情绪、改善睡眠等。绿色空间包括森林、公园、花园等自然环境，这些环境对人类健康的积极作用被广泛研究和证实。绿色空间中的自然元素可以作为一种自然疗法，对人类健康产生积极影响。例如，森林浴可以减轻压力、提高免疫力和心理健康等。在绿色空间中散步、休息、冥想等行

为也有助于缓解精神紧张、焦虑和抑郁等情绪，促进身心健康。绿色空间可以促进社交互动和社区凝聚力，增加社区居民之间的互动和联系，促进社区的健康发展。例如，绿地、公园等绿色空间可以成为社区居民进行各种活动的场所，增加社区居民之间的交流和互动。

（3）环境医学理论

环境医学是研究环境因素对人类健康影响的学科，它包括环境污染、化学物质、辐射、气候变化等多个方面。在森林康养领域，环境医学主要研究森林中的环境因素对人体健康的影响。研究发现，森林中的环境因素可以对人体健康产生积极影响。漫步森林中，舒适的感受主要来源于环境对人体"五感"的刺激带来生理、心理的变化（图2-7）。视觉方面，蔚蓝天空的色彩、满眼的绿视、彩色的树叶或花朵、山影轮廓以及溪流、水中倒影等无不让人对景遐思、心旷神怡；嗅觉方面，包括α-蒎烯、柠檬烯、异戊二烯等萜烯类化合物的植物气体挥发性物质"芬多精"，素有植物杀菌素之称，协同空气负氧离子而被人体呼吸摄入后让人感觉神清气爽而充满能量，既有效提振精神、改善情绪，又纾解了郁闷，"森林浴"即由此而来，产生类似于"芳香疗法"的功效；听觉方面，森林中的风吹树叶声、流水声等自然声音可以激活人体听觉系统，减轻压力、焦虑和抑郁等情绪问题，改善睡眠质量；触觉方面，抚摸或绵软或粗糙的树干与树叶、脚踩松软的树叶感觉以及随风飘动的小草抚触脸颊等，生命的触动让人心生怜悯而欢喜；味觉方面，植物花、草、叶提供给人类食物，酸甜苦辣尽在其中，特别是食用药草植物，既带给人身体的治愈，也让人感受到生命的治愈。

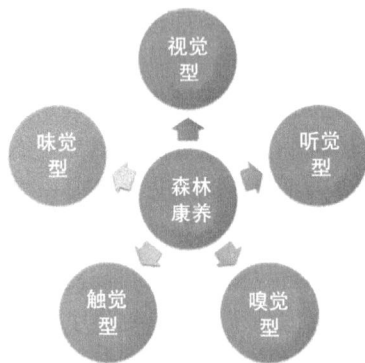

图 2-7 森林康养的"五感"体验

此外，环境医学研究也表明，森林中的身体活动和运动可以对人体健康产生积极影响。森林与地形总是分不开的，森林多数位于山体环境中，地形的起伏为运动疗法、地形疗法提供了良好的场所。在林间步道进行步行运动，对于心肺功能与自律神经具有很好的调节作用。而森林运动是与空旷的运动有所不同的，因为运动的同时吸入森林中特有的气体挥发物与高浓度负氧离子产生叠加效应，健康增益效果愈加突出。与此同时，身处森林中所感受的太阳辐射、冷空气、阴湿、低氧等环境刺激也有助于激发人体的适应反应，带来刺激或放松。

因此，环境医学的研究为我们深入理解森林康养的机理提供了理论基础，也有助于推动相关的康复技术和应用，提高人类健康水平，促进环境可持续发展。

（4）植物化学理论

植物化学是研究植物生物活性物质化学组成和作用机制的学科。在森林康养领域，植物化学理论主要探究森林中植物的生物活性成分对人体健康的影响。森林中的植物包含了大量的生物活性成分，如挥发油、鞣质、生物碱、黄酮类化合物、多糖等，它们具有抗氧化、消炎、抗菌、降血压、降血糖等多种生物活性，对人体健康具有重要的保健作用。例如，森林中的松树、柏树、冷杉等针叶树种释放的松脂、松针油等挥发油中含有丰富的单萜类和松节油等成分，具有杀菌、消炎、止痛等作用，对于预防和治疗呼吸系统疾病、皮肤病等具有显著的效果。森林中的银杏、核桃、红枣、人参等植物也含有丰富的多糖、黄酮类化合物等成分，具有调节免疫、提高抗氧化能力等功效。植物化学理论为我们深入理解森林康养的机理提供了理论基础，也为开发和利用森林中的生物资源提供了科学依据。

2.3　森林康养作用于人体的感知机理与途径

2.3.1　森林康养作用于人体的感知机理

随着中国经济社会平稳较快发展，人民生活水平显著提升，健康与养生养老服务需求快速释放。为适应这一需求，国务院于 2013 年先后出台了《关于加快发展养老服务业的若干意见》《关于促进健康服务业发展的若干意见》，2014 年国家发展和改革委员会与其他十部委联合发布了《关于加快推进健康与养老服务工程建设的通知》，康养产业的顶层设计逐渐成形。2015 年全国两会期间提出了"关于大力发展康养产业的提案"，重点强调"以生态环境为依托，以中医药服务为特色，鼓励自然环境优渥地区先行先试；以医疗资源为保障、以规范标准为基础，推进医疗机构和养老机构的融合，积极探索'医养结合'新路子、新标准"。该提案实质上强调了森林康养的理念，可见森林康养是康养产业中的更高形态与更高追求，是"开发第二次人口红利"的重要抓手。为了促进森林康养产业的发展，必须推动森林康养理论的建设，而森林康养理论基础的建设离不开其作用于人的感知机理的梳理。

2.3.1.1　人地协同原理

如何将森林与康养有机结合，将需要康养的人放在自然生态环境中，就是森林康养的重要内容。因此，森林康养的首要关注对象就是人与自然的关系，20 年前发展起来的人地协同论正是解决这一主题的最基本原理（李后墙等，1998）。

为了促进人与自然的和谐发展，在理论与实践之间架起桥梁，李后墙等于 1996 年提出了关于人与自然协调发展的一个数理模型——人地协同论（李后墙等，1996），目的是将人地关系模型化、定量化，以便更深入地研究人地系统中各种复杂作用与制约机制，为构建人地协调发展的科学基础作出贡献。

（1）人地协同论研究的对象

1992 年联合国召开世界环境与发展大会之后，可持续发展已成为世界各国共同议题。但是，正如威尔班克斯（Wilbanks）指出，可持续发展在概念上过于抽象，还不足以成为完善的理论基础，而地理学家却有可能帮助建立这种基础。要将可持续发展由发展战略变为发展理论，就要把可持续发展作为科学对象来研究，或如王铮（1995）提出的"把陆地系统作为科学对象来研究"。这就首先要研究这个系统中人地关系的机制，在此基础上进一步从管理角度做政策和控制研究。陆地系统中人地关系十分复杂，"自然—经济—社会—发展"可视作一个复杂的非线性动态系统，对这样的系统，按近代地理学创始人洪堡（Homboldt）用 Physical Geography 命名的地理学，或像物理学那样，去研究系统的"力"和"运动"将是困难的。对复杂的陆地系统，我们需要了解的是这个系统演化的方式，即动力系统的轨迹，了解系统演化是否趋近于某种目标，即动力系统是否存在稳定态等系统状态的时变行为。当然，也可把系统的状态变化视为一种物体的运动，而把状态变化的原因视作力，有了这样的理解，亦可称之为系统的动力学分析。学界也正是在这个意义下使用了 System Dynamics 的"系统动力学"这一译名。

系统动力学是以复杂大系统及其复合系统为研究对象，运用系统理论、反馈理论、决策理论、自组织理论等，分析系统内部结构与外部动态行为的关系，以及提出解决问题的对策的计算机仿真方法，其哲学观的核心是系统辩证论。从方法论来看，系统动力学的方法是结构方法、功能方法和历史方法的统一，其基础理论是反馈理论、控制理论、非线性系统、大系统理论、信息论和系统学。其主要工作步骤：①明确系统目标与问题；②因果关系分析（反馈环行为）；③建立系统动力学模型；④计算机仿真；⑤结果分析；⑥编写报告与政策建议。

陆地系统应具有自适应、自调整、自学习、自组织等系统功能，要求系统内部各要素之间必须协同、和谐。同时，这也要求人类改变思想观念与工作方法，对人地关系进行调整，对社会组织管理模式进行重构。在研究方法上，必须把"自然—经济—社会—发展"视为一个整体，把"资源开发——生产过程——环境效应"视为一个环圈，以人地关系为核心，以系统辩证论为指导，以整体管理为方向，以数理分析为手段，以非线性系统理论为依托，以物质—能量—信息在系统中的运动、交换、贮存为脉络，以整体优化为目标，才能描绘出思路清晰、路线合理、策略得当、操作可行、效果最佳的可持续的整体发展战略图。

人地协同论的科学基础是复杂非线性系统理论、陆地表层系统动力学，研究对象是社会与自然的交互作用、交界面性质及其演化规律。其具体研究内容包括：人地系统的结构、功能性质；人地系统的内在运作机制及优化方案；控制人地界面过程的普适原理；人地之间的反馈过程及其量化关系；人地界面稳定性判据，包括临界值、突变条件、产生自组织行为和混沌行为的条件；人地系统的动力学方程组的建立及数值模拟分析；人类社会、自然气候及环境生态动力学的复杂偏微分方程组及逆问题的研究；人地协同论的一般抽象理论及计算方法研究；人地系统的能动调控机理及方案设计；人地协同工程学、经济学、文化学、教育学、心理学、美学及哲学问题研究等。其中，关于人地系统优化运作机制的研究及人地系统的动力学方程组的建立是核心问题。

（2）人地协同论的主要原理

人地协同论涉及众多的原理。如系统辩证论中的差异协同律、协同和谐原理、层次转化律、结构质变律及整体优化律；协同学中的最大信息熵原理及伺服原理；广义系统论中的整体性原理、开放性原理、层次性原理、目的性原理、突变性原理等。其中，协同学中的伺服原理是人地协同论中最基本的原理之一。同时，以下 4 个原理也是值得重视的。

①能动调控原理　人地系统与一般系统最大的区别在于有人存在，人有主观能动性，可以按照客观规律调整自身与大自然的关系，从而达到同步协调、和谐相处。这属于自然控制论和模糊智能控制的范畴。

②约束优化原理　由于人地系统是一个时变随机系统，人地关系的优化是有条件限制

的，不同地域人与地的关系应有所区别。同时，人类要规范、控制、约束自己的行为才能达到优化的目的。

③主量支配原理 人地系统尽管复杂，涉及因素很多，但在临界点附近起关键作用的变量不多，可消除一些次要变量，筛选出关键的主变量，由主量支配整个系统，从而建立数学模型。

④关联性原理 人地系统的非线性反馈作用，导致人类与自然相互依存、彼此关联，这是人地关系可以调控的基础。如不同区域的自然灾害有因果关联性，同一地域的自然灾害有发生关联性，一次灾害中原发灾害和诱发灾害有成灾关联性。同时，人类活动与灾害产生也有关联性。根据这一原理，可对人地系统的未来行为作出有限预测。

2.3.1.2 形神转化原理

形，即形体，指由肌肉、血脉、筋骨、脏腑等组织器官组成的物质基础；神，指由情志、意识、思维等为载体组成的心理活动现象，以及延续生命活动的全部外在表现。形与神二者的辩证关系是相互影响、相互依存且密不可分的一个整体。神本于形而生，依附于形而存；形为神之基，神为形之主。形神转化原理就是物质与精神在一定条件下可以相互转化。

中国的道教亦强调形神俱妙，《抱朴子内篇·论仙》中有如下表述：丹家上乘，形神俱妙，若神虽有灵妙而形质早衰，则非丹道之正路。释家尚炼神证性，而弃形之粗鄙曰臭皮囊，讥道之留形住世为守尸鬼，实乃不知炼形之妙也。

考察心理与生理的对立统一、精神与物质的对立统一、本质与现象的对立统一是形神转化原理研究的核心内容。

森林康养的目的是实现形神共养，既要关注形体的保养，更要关心精神的滋养，追求形体健壮、精力充沛，二者相得益彰、相辅相成，促进身体和精神都得到统一均衡的发展。

森林康养的基本原理包括形神转化原理，形主要指物质基础，神主要指精神表象。森林康养的主体——康养人员追求的目标是形优而神爽，形与神形成正反馈，因生态环境美好而首先利于康养人员神爽，因神爽而潜移默化影响身体条件为基础的形优，形优而心情舒畅转化提升到更高层级的神爽，以此往复逐渐提升，实现形神相互转化递次提升，实现森林康养的核心诉求——质能互变。

质能互变原理可概括为质量和能量是等价的，它们是同一样东西的两种形式——能量是获释的质量，质量是等待获释的能量。美国著名的精神医师大卫·霍金斯博士（Dr. David R. Hawkins）指出，宇宙万物的本质是能量，人的精神与意识由能级分布决定，与频率标度值对应可划分 17 个能级，范围从 20 到 1 000。200 是一个人正负能量的分界点，高于 200 是正能量的人。低于 200 是负能量的人。高于 1 000 是"神"的意识或精神。能量越低，生命质量越差。能级超过 230 就能过上自信、顺意的生活。好的生态环境能增强意识能级。

2.3.1.3 心相一体原理

心态决定相貌，相貌是表情的凝固，相随心生。数学中的"莫比乌斯环"（图2-8）就是从内到外是同一面的有力证明。将普通长条纸带在接头处直接粘接形成的纸带环具有两个面（即双侧曲面），一个正面，一个反面，以纸带边缘为界两个面可以涂成不同的颜色。德

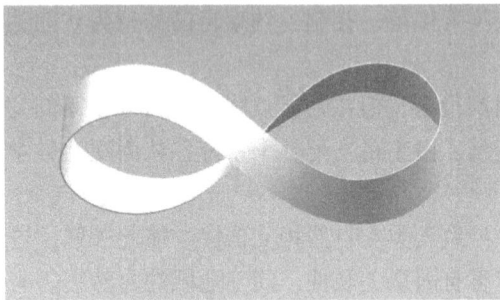

图 2-8　莫比乌斯环

国数学家莫比乌斯和约翰·李斯丁在 1858 年发现：将一根长条纸带的一端在接头处扭转 180°后，同另一端粘接在一起形成的纸带圈，具有魔术般的形质。而这样的纸带只有一个面(即单侧曲面)，一只小虫可以爬遍整个曲面而不必跨过它的边缘。这种纸带被称为"莫比乌斯带"(也就是说，它由一个曲面构成)。心相一体原理是指心态与外貌紧密相连，有机统一。

森林康养的基本原理在于营造良好的环境，为康养人员提供美好的环境氛围，调养康养人员平和、积极、乐观的心态，从而改变康养人员相貌，最终实现心相一体的终极目标。

五代、北宋年间，有个著名的道教学者陈希夷，就是传说中的"陈抟老祖"。他留下一篇传世之作，名《心相篇》，取"相由心生"之意。《心相篇》的第一句就是："心者貌之根，审心而善恶自见；行者心知表，观行而祸福可知。"因相和心是一体的，相上能做到，心就能做到，心要做到了，相上也会做到，心相不二。生态环境的影响必然表现在康养人员的心上、相上，生态环境的优劣先作用于心，后潜藏于行，最后外化于相，慢慢地通过相来转变其心，所以说，康养的相是性中之相。相由心生，心的变化可以影响相，相的变化也能在一定程度上影响心，心与相是一体化的互动关系。

为了提升生活品质，每一个人都需要康养，不同的年龄对康养的诉求有差异，康养可以在不同的环境中开展，而森林康养对康养人员的心和相均有明显的促进作用。森林康养促进康养人员心静、心宽、心平、心悦，进而对康养人员的行为习惯产生调化作用，进一步促使康养人员体格健壮、气质平和，最终实现康养人员延年益寿的梦想。

2.3.1.4　生物共存原理

生物共存原理是指各种生物之间是相互依存和关联的，共同构成生态系统。科学家证实"量子纠缠现象"：远隔万里的物质之间都能相互作用，并且没有时间差，被称为"幽灵般的远程效应"。森林康养理论充分借鉴了中外养生理论成果，强调人与自然"共生性"。老子曰："人法地，地法天，天法道，道法自然。"人是自然界的产物，也是自然界的一部分，人类生存离不开自然环境。以工业化和城市化为代表的人类文明越发达，人与自然的隔阂、人与自然的"剪刀差"就越大。森林康养就是强调回归自然，探索和获取"天"与"人"的亲和性，让人的生命体在自然健康的生态大环境中保持平衡和适应，远离城市喧嚣和污染，实现人与天地万物相互尊重、和谐相处、协调共生，追求身体健康、精神愉悦和心灵静谧，达到防治疾病、恢复健康、滋养生命的目的。

大自然中的同一生境里多种生物生活在一起，彼此间结成生态并相互作用，其中一方的存在对另一方的生存或繁殖起到促进或抑制作用，共生就是其中的一种交互作用关系。生物界中不仅存在环环相扣的食物链，而且也存在生物之间的相互依存、互惠互利的共生现象。共生又称互利共生，是两种生物相互助益地生存在一起，缺此失彼都不能生存的一类种间关系，是生物之间相互关系高度发展的表现形式。根据环境生态学的表述，共生又可依照物种之间的关联关系细分为寄生、互利共生、偏利共生、偏害共生等四类。寄生即一种生物寄附于另一种生物，利用被寄附的生物的养分生存。互利共生即共生的生物体成员彼此都得到好处。偏利共生为对其中一方生物体有益，却对另一方没有影响。偏害共生则对其中一方生物体有害，对其他共生的成员则没有影响。

森林康养强调人与动植物的互利共生关系，形成封闭的食物链或者环境生态链的小环境，物种与物种之间彼此依赖、和谐相处，实现物质与信息的广泛交流。生态环境优越的地区，植物与动物享受着洁净的空气、水、土壤条件，环境安静平和，动植物自然生长，生态链环环相扣，有序传递环境的舒适信息。在这种条件下就能形成人与环境的共生协调发展，对康养人员非常有利。

2.3.2　森林康养作用于人体的途径

大自然是人类的母亲，在人类数百万年漫长的生存进化史中，99.9%的时间是在自然中存在。当人们走进大自然，触花草树木、嗅泥土芬芳、听鸟鸣溪流、立广阔原野森林，似乎被特别地"唤醒"，压力与情感在大自然中得以舒缓与释放，生命的归属感油然而生。大自然有着非凡的疗愈力量，森林康养正是在这样的历史社会背景下兴起与发展的。

2.3.2.1　以植物为主体的自然环境作为空间媒介

森林是森林康养的媒介，也是开展森林康养的场所，是以植物为主体的自然环境，植物是营造健康生态环境的基础。森林康养依托的自然环境，其健康增益作用有赖于其中的植物生态功能的发挥，包括降温增湿、杀菌驱虫、固碳释氧以及增加空气中负氧离子浓度等。其中空气负氧离子对人体健康尤为重要，被称为"空气维生素和生长素"，具有清洁空气、杀菌和调节身体机能的作用。世界卫生组织明确指出：当空气负氧离子浓度在 1 000~1 500 个/cm³，即为清新空气；当负氧离子浓度在 10 000 个/cm³ 以上时，人会感到神清气爽、舒适惬意；当负氧离子浓度达到 100 000 个/cm³ 以上时，就能起到镇静、止喘、消除疲劳、调节神经等防病治病效果，对于患有哮喘、呼吸道慢性疾病的患者群体疗效明显。

空气负氧离子浓度与植物种类和组成息息相关，没有植物的城市居住区或空旷铺装广场，空气负氧离子浓度每立方厘米仅有几十到几百个；单纯草坪的空气负氧离子浓度在 1 000 个/cm³ 左右；复层结构的林、灌、草群落的城市绿地则视植物组成与配置模式的不同，空气负氧离子浓度在 2 000~10 000 个/cm³ 不等（任文春等，2015）。不同结构林分空气负氧离子浓度差异明显，其中乔灌混交林 > 灌木林 > 乔木林（周斌等，2011）。体量大、乔灌草自然生态系统完备的森林，其空气负氧离子浓度很容易达到 10 000 个/cm³ 以上，从这一意义上讲，森林具有更大的健康疗养潜力。因此，在进行康复景观建设时应尽可能采用复层群落配置，并注重空气负氧离子浓度高的树种。据研究，雪松、云杉等松柏科植物可产生更多空气负氧离子，杀菌、清洁空气效应更加明显。

2.3.2.2　以循证医学作为评价实施的基础

森林康养之所以能被大众普遍认可并接受，除了人们在森林里身体所获得的直观舒适感受外，还在于更多的益处被森林医学所证实。森林环境可以减轻压力，产生放松的效果，来自以下方面的医学佐证：①减弱交感神经活动、增强副交感神经活动，从而调节人体植物(自律)神经系统的平衡；②减少应激激素水平，如唾液中的皮质醇、尿液中肾上腺激素分泌等，稳定自主神经活动；③降低前额叶脑活动，缓和心理紧张；④调节血压、降低心跳速率，使人精神放松；⑤提高人体自然杀伤细胞活性和数量，增强免疫力；⑥增加抗癌蛋白数量等(李卿，2013)。此外，森林给人提供舒适的环境体验，包括光、热、声等都优于城市环境。森林康养通过三条途径发挥作用，分别是"森林——心理""森林——生理"以及"森林——生理——心理"，其中"森林——心理"可面向强迫症、更年期障碍及酒精依赖症等一些心理疾病；"森林——生理"面向哮喘、慢性闭塞性肺炎、过敏性肠炎等消化、呼吸系统慢性疾病；"森林——生理——心理"则针对一些与压力相关的疾病，例如，肥胖、高血压、高血脂及糖尿病等进行辅助改善与治疗。

由此可见，森林康养是以循证医学作为评价实施的基础，大多采用的是与释放压力或改善情绪相关的一些生理、心理指标，涉及反映中枢神经系统变化的指标，如脑波、脑电图；反映自律神经系统变化的指标，如血压、脉搏、心率等；反映内分泌系统变化的唾液、血液皮质醇指标，以及反映免疫系统变化的血液自然杀伤细胞活性、免疫相关细胞活素浓度指标等。

本章小结

森林康养理论基础包括多个学科领域，如心理学、中西医学、森林医学等多个学科领域的理论。人类大部分进化时间都是在自然环境中发生的，自然对人的身心健康、认知功能等方面都有积极作用；亲生命性假设认为，亲近自然是人类的天性，并且会使人变得更加健康和快乐；注意恢复理论认为，人处于自然中使用的无意注意能对有意注意疲劳起到恢复作用；压力恢复理论认为，接触自然能够激活人类的积极情绪，从而对压力有缓解作用。基于"治未病"和"天人合一"思想，将自然界的万物视为一个整体，强调人与自然的和谐关系。同时，森林生态系统健康理论、绿色空间健康理论、植物化学理论、环境医学理论等也为森林康养的理论框架进行了补充和完善。这些理论共同构成了森林康养的理论基础，为森林康养的实践提供了科学的指导和支持。

思考题

1. 森林康养理论的起源和发展历程是什么？它与哪些学科领域相关？
2. 森林环境要素对身心健康的影响机制是什么？
3. 森林康养理论如何应用于具体的实践中？
4. 森林康养理论的未来发展方向是什么？有哪些科学研究和实践需要开展？

推荐阅读书目

1. 南海龙，王小平，刘立军，等. 森林疗养漫谈Ⅱ[M]. 中国林业出版社，2018.
2. Wilson E O. Biophilia[M]. Harvard University Press，1984.
3. Kaplan R，Kaplan S. The Experience of Nature：A Psychological Perspective[M]. Cambridge University Press，1989.

第3章 森林康养环境要素与森林康养资源

森林在陆地生态系统中占据主体地位，在全球生态系统中起着决定性的作用，森林也是陆地生态系统中最复杂的生态系统，是人类和多种生物赖以生存和发展的物质基础。2022年3月30日，习近平总书记在参加首都义务植树活动时指出，森林是水库、钱库、粮库、碳库，生动形象地阐明了森林在国家生态安全和人类经济社会可持续发展中的基础性、战略性地位与作用。越来越多的证据也表明森林康养和定期锻炼、健康饮食一样对我们的健康至关重要。森林环境是森林康养活动进行的重要场所，森林生态系统可通过自身的调节作用改善空气质量并释放对人体具有保健功效的空气负离子和植物挥发物，森林植物有滞尘除污、杀菌降噪等净化作用，良好的森林环境有缓解焦虑、提高免疫功能、改善情绪、延长寿命等益处(杜丽君，2000)。这些得益于森林环境中能够影响森林康养效果的康养环境要素，如植物挥发物、空气负离子浓度、空气清洁度、人体舒适度、声级、光照强度、氧气含量等(郭伟等，2010)。这些环境条件的变化与森林康养效果有直接关系，是当前森林康养学研究的重点。

3.1 森林康养环境要素及其属性

森林是生态平衡的主要调节器，是实现自然生态系统和社会经济系统协调发展的重要纽带，在陆地生态系统中生物量储备最大、产量最高，可以使无机物变成有机物、太阳能转化为化学能，在生产者和消费者之间的物质循环和能量流动中扮演主要的角色，对保持生态系统的整体功能起着中枢和杠杆作用。随着社会的进步与发展，人们越来越认识到森林所具有的吸收二氧化碳、释放氧气、除尘、杀菌、净化污水、降低噪声、防风固沙、调节气候以及对有毒物质的指示监测等作用(图3-1)。于是越来越多的人开始到大自然中去感受森林的乐趣，去体会森林带给人体的各种益处。

3.1.1 森林的空气环境

空气环境是指周围的空气质量和大气环境条件，包括空气中的气体成分、颗粒物、气压、温度、湿度、风等因素。空气质量是空气环境的一个重要指标，影响人类健康和生态环境。森林空气是指森林内部的空气环境，包括氧气含量、二氧化碳含量、挥发性有机化合物含量、微生物含量等因素。森林内部的空气环境与森林生态系统的稳定性和功能密切相关，对森林生态系统的健康和生态平衡有着重要的影响。

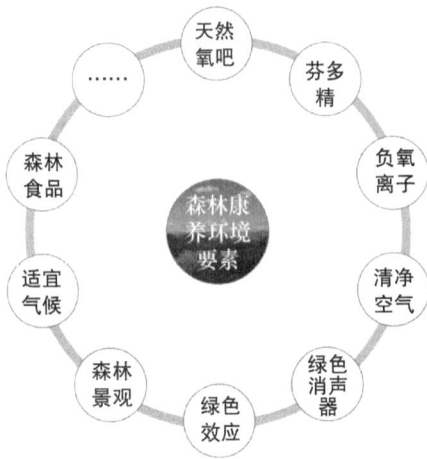

图 3-1　森林康养环境要素组成

3.1.1.1　碳氧平衡

森林内的植物通过光合作用吸收大气中的二氧化碳并释放氧气。不同类型的植被具有不同的光合作用和呼吸作用特征，从而影响其二氧化碳和氧气的交换，进而影响森林的碳氧平衡。例如，灌木和草本植物通常生长迅速，光合作用和呼吸作用也较快，能够快速吸收大气中的二氧化碳并固定碳，森林起到了碳汇的重要作用。针叶树寿命较长，光合作用速率较慢，但在其寿命期间持续进行光合作用和呼吸作用，对森林碳氧平衡产生积极影响。阔叶树生长期长，通常具有较大的叶面积，能够提高光合作用效率。不同的气候条件和海拔也会影响森林的碳氧平衡，因为它们涉及气候、植被和土壤等多个因素的交互作用。人类活动如森林的垦殖、城市化和工业化等会对森林植被产生影响，森林面积和植被数量减少会引起二氧化碳吸收的减少，从而导致气候变化。合理的森林管理可以促进植被的生长和二氧化碳的吸收，从而帮助维持森林的碳氧平衡。

3.1.1.2　清洁的空气

随着工矿企业的迅猛发展和人类生活用矿物燃料的剧增，受污染的空气中混杂着一定量的有毒有害气体，威胁着人类健康。森林环境中高大树木叶片上的褶皱、茸毛及从气孔中分泌出的黏性油脂、汁浆能黏结大量微尘，有明显的阻挡、过滤和吸附作用。一方面由于森林和树木的枝叶茂密，可以阻挡气流，降低风速，而使烟尘在大气中失去移动的动力而降落；另一方面，树木叶片有一个较强的蒸腾面，晴天要蒸腾大量水分，使树冠周围和森林表面保持较大湿度，使烟尘湿润而增加重量，加上湿润的树木叶片吸附能力增强，烟尘较容易降落吸附，雨天树木叶片的烟尘被雨水淋洗后，待雨停后又会重新吸附(图 3-2)。受污染的空气经过森林反复洗涤后，便变成清洁的空气。研究表明森林可以沉降大气悬浮物，森林环境中浓密的植物叶片可以降低风速，同时将细小的灰尘滞留在叶片上，减少空气中悬浮颗粒。空气中硫氧化合物、氮氧化合物等有害气体还能被森林中植物的叶片所过滤吸收(王琛，2010)。因此，森林中的空气纯净度比城市地区要高。

3.1.1.3　负氧离子

空气负离子又称负氧离子，是指获得 1 个或 1 个以上的电子带负电荷的氧气离子。空气主要成分是氮、氧、二氧化碳和水汽。氮占 78%，氧占 21%，二氧化碳占 0.03%，氮对电子无亲和力，只有氧和二氧化碳对电子有亲和力，但氧含量是二氧化碳含量的 700 倍，因此，空气中生成的负离子绝大多数是负氧离子，它是空气中的氧分子结合了自由电子而形成的。自然界中空气正、负离子既不断产生，又在不断消失，保持某种动态平衡状态。森林环境中较高浓度的空气负离子主要来源于空气电离，而森林环境为空气电离提供了天然有利的条件，主要包括以下几个方面：①森林中有大量溪流、跌水、瀑布，由于瀑布的喷筒效应及

图 3-2　森林中洁净的空气

其所受的重力作用，水自上而下高速运动，促使其水分子分解，产生负氧离子；②森林中植被茂密且群落层次不同，植物可以通过光合作用过程的光电效应产生负氧离子；③森林土壤具有良好的通气性和较高的渗透率，其表土由于植物根系的作用而具有良好的排水性，氧离子或氧离子团为主的负氧离子随着被植物根系和土壤中微生物的利用而释放出来至土壤空气中，通过交换增加负氧离子浓度；④森林表面起伏大，加上枝、干、叶的摩擦使空气中产生较多的负氧离子，同时森林空气的清洁度较高，能保存较多的负氧离子。

负氧离子受地理条件和海拔、土壤放射性物质的活动、气象条件和季节因素的影响，如距离地面越高，空气中的负氧离子就越多(雷巍娥，2016)。金琪等(2015)在湖北开展了春季影响负氧离子浓度的环境因素影响，发现负氧离子与空气中的细颗粒物呈负相关，与气温、气压、相对湿度、风速及日照等气象要素相关性较为复杂，降水和雷电天气有利于负氧离子浓度的增加。在日变化上，以夜间、早晚空气湿度大时空气负离子浓度较高，中午及下午空气湿度较小时空气负离子浓度较低(何平等，2015)。负氧离子浓度也会受到季节性的影响，一般情况下夏秋两季的负氧离子浓度含量要高于春、冬两季，夏季在一年中最高，冬季最低(王薇等，2013)。彭琳玉等(2020)通过观测九连山国家森林公园空气负氧离子浓度(图 3-3)，得到其与各气象要素之间的关系，表明：夏秋季及上午、傍晚是开展森林康养活动的最佳时间。

3.1.1.4　植物挥发物

森林的植物挥发物是指植物的花、叶、木材、根、芽等油性细胞在自然状态下释放出的，可对其他有机体产生影响的挥发性或非挥发性的气态有机物。植物挥发物是植物和树木分泌的天然化合物，其中一些植物挥发物用来保护自身免受细菌、昆虫和真菌的威胁，具有这类特征的植物挥发物又称芬多精(pythoncidere)、植物精气或植物杀菌素。植物精气的概

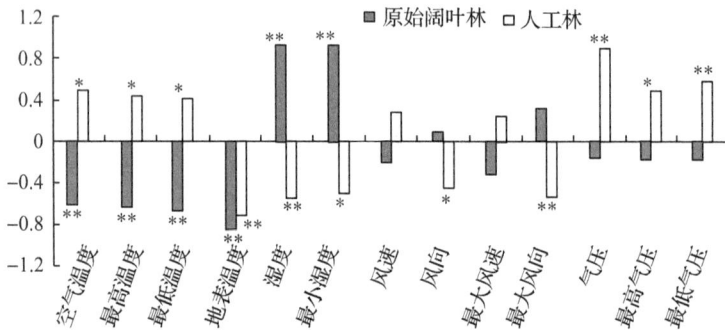

图 3-3 负氧离子浓度与各气象因素之间的相关分析

(引自彭琳玉等，2020)

＊显著相关；＊＊极显著相关

念是由中国学者首先提出来的。中南林业科技大学森林旅游研究中心的吴楚材教授在经过7年的系统研究后，认为森林挥发出来的气态物质相当丰富，具有保健疗养等多种功效，他将这类气态物质命名为"植物精气"，并将植物精气定义为："植物的器官或组织在自然状态下释放出的气态有机物。"（吴楚材等，2005）

日本也对萜类化合物生理功效进行了研究，发现植物组织在自然状态下释放出来的植物挥发物成分多达 440 种。对植物而言，植物挥发物可以为植物招来蜂、蝶，帮助传授花粉和传播种子；可以杀死细菌，进行自我保护。1928—1929 年，苏联的杜金研究了大蒜、洋葱、芥等植物的新鲜碎末散发出的挥发性物质，这些挥发性物质具有杀死葡萄球菌、链球菌等微生物的作用（谢慧玲等，1997）。杜金于 1942 年出版《植物杀菌素》，1944 年发表《植物杀菌素在生物学上的作用》，研究将高等植物分泌的对细菌、真菌及单细胞生物具有抑制、致死作用的物质称为"植物杀菌素"，文章还指出植物杀菌素在高等植物组织中普遍存在，并列举了一些杀菌素含量较高的树木种类，如松科、樟科、桃金娘科等。当植物检测到存在外界威胁时，会增加植物杀菌素的产量，以控制植物伤口被感染。Viljoen 等（2003）使用产自南非的药用香草植物精油进行抑菌试验，发现 1,8-桉叶油与樟脑能够抑制葡萄状球菌、白念珠菌等的生长与繁殖。Delaquis 等（2002）证实芫荽精油可以有效抑制细菌及酵母菌生长，Martin 等（1993）通过实验证明菊科植物分泌的 α-蒎烯、β-蒎烯、β-石竹烯具有显著祛痰、消炎、抗真菌的功效。Tirranenl 等（2001）研究发现莳萝、大蒜的挥发物在特定条件下可抑制微生物的生长。Farmer（1994）发现大量的醇、不饱和脂肪醛和酯类化合物存在于木本植物释放的挥发性有机物中，其中醛类物质对真菌、细菌具有杀灭作用，可抑制其生长，从而这些木本植物表现出抑菌的特性，具体来说，1 hm^2 的圆柏林一昼夜能够分泌 30~60 kg 的植物杀菌素，可灭杀结核、伤寒、痢疾等病菌。此外，植物挥发物能把悬浮在空气中的病原菌灭除，从而起到杀菌、净化空气的作用，如樟树、柏树、桉树、松树等释放的植物挥发物具有较强的杀菌能力，其中松脂、肉桂油、丁香酚等成分也能直接杀死细菌、真菌等微生物。森林植物中所含的杀菌成分多以萜烯类气态物质为主，主要包括单萜及倍半萜等挥发性芳香化合物。

3.1.2　森林的水环境

森林在水资源调节方面具有重要的作用。首先，森林植被和树木的根系可以过滤和净化雨水，防止泥沙和有害化学物质进入水体，从而维持水体的水质和生态系统的健康。例如，对四川乐山市沙湾区德胜钢铁公司附近的马尾松林、香樟林的大气降水、树干径流、穿透雨以及土壤渗透水的污染物离子浓度进行研究，结果显示马尾松林、香樟林群落的穿透雨和树干径流中污染物质含量显著高于大气降水，表明森林对大气污染物具有显著的截留作用（陶豫萍，2006）。其次，森林的植被和树木可以拦截雨水并通过蒸散作用释放大量水分到空气中，这会影响大气循环和气候，也可以减少径流和洪水的峰值，缓解洪水和干旱对水资源的破坏性影响。此外，森林还可以增加地下水和土壤储水量，提高水资源的可持续性。森林生态系统的林冠层、枯枝落叶层和土壤层具有特殊的结构和性质，可以改变降水和径流的化学成分。因此，森林是保护水资源的有效途径之一（图3-4）。

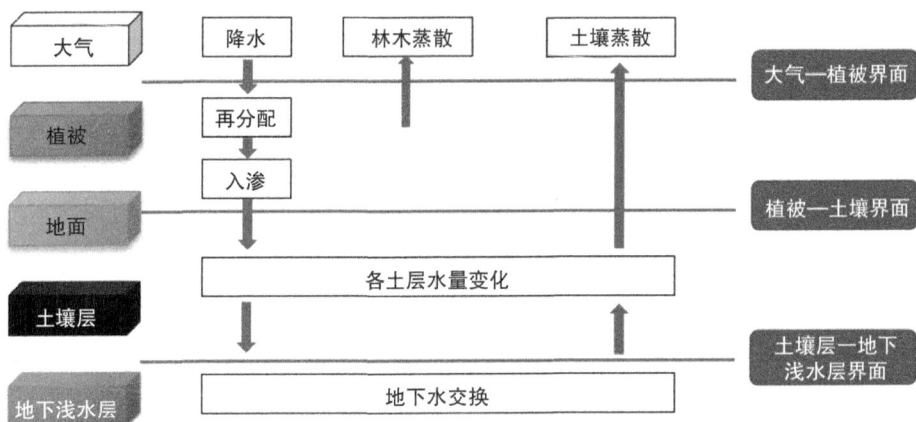

图 3-4　森林水分运移及界面作用示意

3.1.3　森林的土壤环境

森林土壤中有一种抗抑郁微生物——母牛分枝杆菌（*Mycobacterium vaccae*），它能刺激产生血清素，让人心情愉悦。Lowry 等（2007）在给老鼠注射了母牛分枝杆菌，并对它们进行一系列压力测试，研究表明，注射了细菌的老鼠表现出紧张行为比对照组少得多。他们发现，细菌激活了小鼠大脑中负责产生血清素（一种神经递质，当受损时，会导致抑郁）的神经元群，而被激活的神经元也与免疫反应有关，这表明免疫系统和情绪健康之间存在联系。进一步的实验显示，给老鼠注射甚至只是喂食母牛分枝杆菌，老鼠在迷宫中的速度远远快于对照组，这表明母牛分枝杆菌能显著提高大脑功能，并提升它们的情绪。2016 年，Lowry 继续测试了母牛分枝杆菌在减少小鼠焦虑方面的有效性实验。结果显示，注射了母牛分枝杆菌的小鼠很容易探索迷宫的开放部分，相比之下，对照组在封闭部分花了更多的时间，放弃了探索开放空间的潜在回报。母牛分枝杆菌还减少了应激小鼠常见的结肠炎症。森林土壤中还有一大类具有免疫调节功能的微生物，对抑郁、自闭等精神问题有预防作用。皇家马斯登的肿瘤学家 O'Brien（2004）给肺癌患者注射了土壤细菌，希望这可能有助于患者的免疫系统击退肺部的癌症。虽然它在对抗癌症方面没有取得成功，但显著改善了患者的生活质量。另外，一些接触土壤的活动，如泥浴、泥土游戏和泥土栽培等，可以通过呼吸、皮肤局部接触等途径将其传入体内，有效缓解压力和提升情绪。

3.1.4 森林的生物资源

森林的生物资源是森林资源中的一个组成部分，包括森林植物资源、森林动物资源、森林微生物资源，以及它们彼此联结在一起所形成的在森林生物系统范围内的整体资源，如森林生物系统所形成的景观资源、旅游资源、文化资源等。随着人类生活水平的提高和对自然资源认识的深入，森林康养资源的开发和利用受到了世界各国的广泛关注和高度重视。"回归自然""呼唤绿色"是现代人生活的主题，森林康养资源开发作为 21 世纪最具生命力的朝阳产业和绿色环保产业，已逐渐成为当今森林资源开发的主流方向，将为我国林业可持续发展注入强大的动力，并成为我国林业产业发展新的经济增长点。

森林环境中可运用于森林康养的资源植物有很多，不同的地区应根据当地植物情况开发特色的资源植物产品，如粮食植物、油料植物、蜜源植物、饮料植物、药用植物等（王慷林等，2018）。粮食植物是指森林植物体的某个部分（包括果实、种子、根、皮、叶、花等）含有较多淀粉、单糖、低聚糖或者蛋白质，能代替粮食食用的植物，如大枣、柿子、板栗、山杏等。又如魔芋、蕨、葛藤等林中植物的块茎、块根也可被加工成魔芋粉、蕨粉、葛粉等以供食用。我国森林粮食资源丰富，据报道共有 500 余种，现已查明的 120 多种，其中木本 100 多种。在全球范围内，大量树种提供了重要的食物和营养来源。许多树种的多个部分可以食用。例如，猴面包树是多用途热带树种，不仅果实能食用，叶子也可以食用。其果实富含丰富的维生素 C、A、B_1、B_2 和 B_6；其叶富含钙、蛋白质和铁（Mbora et al.，2008）。

油料植物是指森林植物体内（果实、种子或茎叶）含油脂 8% 或在现有条件下出油率达 80% 以上的植物。在中国，发展食用木本油料有着优越的自然和经济条件，我国是世界上木本油料种类最多、分布最广、栽培历史最悠久的国家。我国的绝大部分土地在北温带，南方小部分地区在热带，东部和南部的广大地区受海洋上的湿润气候影响，雨量充沛，适合植物的生长，从东北平原到南海之滨，从华北到天山脚下，都分布有适宜发展木本油料的树种。我国食用木本油料树种多，人工栽培的有 200 种以上，野生的有 50 多种。在南方，产量大、商品率高的有油茶、核桃、油橄榄、油棕、腰果等；在北方，有核桃、榛子、山杏、文冠果等。核桃和油棕分别素有"面包黄油树"和"世界油王"的美誉。

蜜源植物是指具有蜜腺，能分泌甜液并被蜜蜂采集、酿造成蜂蜜的森林植物，是养蜂生产的物质基础。我国是世界上最大的蜂产品生产和出口国，这得益于丰富的蜜源植物。我国森林蜜源植物资源可利用的达 9 857 种，分属于 110 科 394 属，比较知名的有 100 多种，而目前已被系统研究能生产大量商品蜜的只有 30 多种，其中较重要的有椴树、刺槐、胡枝子、山乌桕等。

饮料植物主要指利用森林植物的果、叶、花、汁液等为原料加工制成的天然饮料。这类饮料有以下优点：一是营养价值比传统水果高；二是风味独特；三是无污染；四是具有医疗价值。近年来，随着人们保健意识的增强和不同消费者的不同特殊需要，饮料的种类也发生了重大变化，碳酸饮料逐年下降，天然饮料呈上升趋势；特种饮料和保健饮料则是从无到有。我国的饮料资源丰富，加工成本低，目前发现的可作为饮料原料的树种有 100 种。

药用植物是指医学上用于防病、治病的植物。其植株的全部或一部分供药用或作为制药工业的原料。药用植物种类繁多，其药用部分各不相同，分为根、根茎、皮、叶、花、果实、种子、全草等类。有些药用植物为中国所特有，如人参、杜仲、银杏等。

动物是人类的"衣食父母"。《礼记·礼运第九》记载，"昔先王……食草木之食，鸟兽之肉，饮其血，茹其毛，未有麻丝，衣其羽皮"，在农牧业生产没有兴起以前，人类就依靠渔猎和采集野生植物果实为生。动物资源具有可再生性，更新有一定周期，利用动物资源不能超过其更新能力。不同地区有不同的动物资源，不同地区的动物资源数量和质量也是有差异的。动物资源按用途可分为食用、药用、工业、实验、益农林、观赏、珍稀保护动物等，如最常见的观赏昆虫、制作昆虫标本活动(图 3-5)。鸟类在精神文化的价值自古已被人们所认识，是音乐、美术、诗歌、童话以及舞蹈、民间故事等文化艺术创作的主要源泉。随着物质生活丰富，精神文化生活的需求也不断提高，鸟类是自然界中容易为人类所接近的动物，观赏自然状态下的野生鸟类，是近年来逐渐兴起的一项活动(图 3-6)。

图 3-5　制作昆虫标本

图 3-6　林中观鸟活动

3.2　森林康养环境要素与人类健康的关系

森林、树木及其生物多样性提供了多种有助于人类健康的产品和服务，包括药品、食品、洁净水和空气、树荫，抑或仅仅是一个绿色的空间，人们可以在其中运动和放松(Nilsson et al.，2010)。接触森林环境对人体具有积极的生理作用，如降低血压和脉搏、增强认知控制以及免疫力等。有研究表明，居住在离自然和生物多样性丰富的环境较近的人们体内的微生物群更加丰富，特应性过敏的情形也较少(Ruokolainen et al.，2015)。自然环境优劣影响人的寿命长短。在中国古籍医书中就有记载，如《素问·五常政大论》中的"高者其气寿，下者其气夭"指出：长寿的人多居住于空气清新、气候寒冷的高山地区，居住于空气污浊、气候炎热的低洼地区的人寿命一般较短，可见生态环境的优劣对人的健康有着至关重要的影响，而森林具有独特的自然资源能够增强人体免疫力、提升情绪、治疗心理疾病的作用，可以满足人们的健康需求。

3.2.1 森林环境对人类健康的积极作用

森林为人类提供了良好环境、景观和游憩场所，森林环境在复愈性环境中的地位逐步被肯定，森林环境和人体健康的关系逐渐成为相关领域和学者的研究热点。森林环境中有许多因素对人体健康有积极作用(图3-7)，如芬多精可以降低血压，改变自律神经活动，并提高免疫功能；空气负氧离子可以减轻抑郁症；自然景象可以减少交感神经活动，增加副交感神经活动；自然的声音可以增加副交感神经的激活，驱动免疫系统的行为，对健康有长期影响。同时，森林环境中空气污染低，对心肌炎症和呼吸系统相关疾病的康复疗养有积极影响。人类的免疫系统功能是强大多样的，环境因素对人体免疫的影响比其他因素如遗传因素要大得多，多个实验证明森林环境能够提高淋巴细胞中的自然杀伤细胞活性和细胞内抗癌蛋白的百分比(Jidong et al.，2012)，因此，长期在森林环境中活动有利于增强人体的免疫功能。

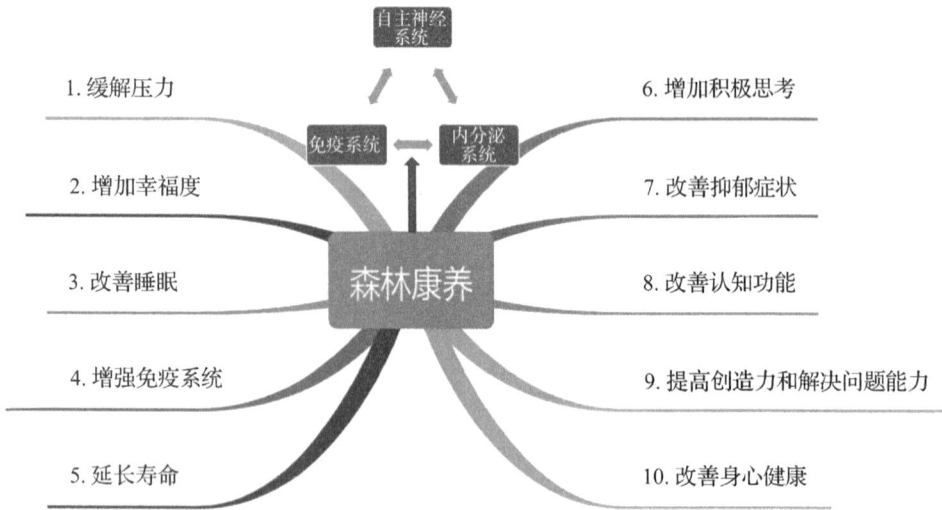

自主神经系统

免疫系统　内分泌系统

1. 缓解压力　　　　　　　　　　　6. 增加积极思考
2. 增加幸福度　　　　　　　　　　7. 改善抑郁症状
3. 改善睡眠　　　　森林康养　　　8. 改善认知功能
4. 增强免疫系统　　　　　　　　　9. 提高创造力和解决问题能力
5. 延长寿命　　　　　　　　　　　10. 改善身心健康

图 3-7　森林环境与人体健康关系

3.2.1.1　负氧离子与人体健康

负氧离子具有极佳的净化除尘，减少二手烟危害、改善预防呼吸道疾病、改善睡眠、抗氧化、防衰老、清除体内自由基、降低血液黏稠度的效果，在医学界享有"维他氧""空气维生素""长寿素"等美称(图3-8)。负氧离子可以提高记忆力，促进学习、增强运动耐力、维持良好的情绪，同时还能缓解不良气候反应、改善和调节人体高强度作业的紧张度(梅中海等，

2020)。世界卫生组织（WHO）规定了具体指标的清新空气中负氧离子含量，可按照其指标进行评定，按每立方厘米负氧离子的个数来划分大气中负氧离子浓度和与健康的关系（表 3-1）（王月容等，2017）。

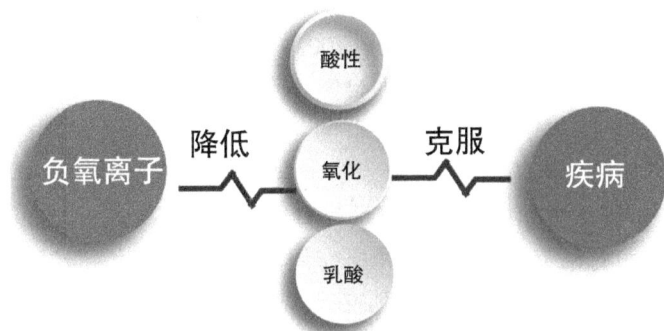

图 3-8　负氧离子与人体健康

表 3-1　不同负氧离子浓度对健康的影响

级别	负氧离子浓度/(个/cm³)	对健康的影响	级别	负氧离子浓度/(个/cm³)	对健康的影响
1	≤600	不利	5	1 500～1 800	相当有利
2	600～900	正常	6	1 800～2 100	很有利
3	900～1 200	较有利	7	≥2 100	极有利
4	1 200～1 500	有利			

当空气负离子浓度达到 700 个/cm³ 时，空气质量有利于人体健康（王洪俊，2004），当空气中负氧离子浓度超过 20 000 个/cm³ 时，则可达到治疗疾病的标准，如调节神经系统、促进新陈代谢，增强内脏和脑的氧化功能；改善呼吸道功能，调节人体循环系统作用过程；能够杀菌消毒，对人体的心血管系统有较好的保健作用；同时还能够有效缓解疼痛、降低血压、增加食欲等（Song et al.，2016）。通过监测森林康养基地空气负氧离子浓度，发现空气负氧离子浓度较高的林区空气质量越好，人们的心率、血压、血氧各类指标的积极变化程度也呈现增强的趋势（张玉旋等，2014）。还有研究表明：空气负氧离子浓度在针叶林中较其他森林类型的浓度较高，可能对人体恢复效果更好一些，如中老年患者在含有大量日本柏树的针叶林中漫步，漫步过程前后对其生理指标测量得到患者的平均收缩压由 140 mmHg 降到 123.9 mmHg，舒张压由 84.4 mmHg 降低到 76.6 mmHg。另外，患者的肾上腺素和血清皮质醇水平也降低了（Kaplan et al.，1989），由此可见森林中高浓度的负氧离子环境能改善人体心血管机能。

3.2.1.2　植物挥发物与人体健康

植物挥发性有机物对人体能够产生有益影响，一般具有抑菌、杀菌、解除疲劳、调节精神、祛病保健等功效（李洪远等，2015）。森林挥发物的保健功能是森林康养学理论中关键的一环。人类利用植物释放的气体来消毒、治病，实际上已有几千年的历史，在我国一些古代医书中，早就有花香能治病的记载。早在 4 000～5 000 年前，埃及人就开始用香料消毒防腐。人们很早就已经意识到植物具有杀菌作用，并常在外科手术中使用植物汁液作为消毒剂(吴楚材和郑群明，2005)。研究表明，植物挥发物中的单萜类和倍半萜类化合物是起到康养保健作用的关键物质(吴楚材和郑群明，2005)。单萜类和倍半萜类化合物具有调节人体神经平衡，促进人体免疫蛋白合成，增加自然杀伤细胞数量，增强森林康养群体抵抗力，预防恶性肿瘤发生等诸多功效(吴楚材和郑群明，2005；粟娟等，2005)。东京日本医学院的李卿博士和他的团队将自然杀伤(NK)细胞置于含植物挥发物的环境中孵育 5～7 d，发现在此期结束时，NK 细胞活性和抗癌蛋白数量都有所增加(Li et al.，2009)。植物挥发物还能放松人类心理状态，对调节心理疾病有积极作用。日本精神病学部门的一项涉及 12 名抑郁症患者的研究表明，植物杀菌素 D-柠檬烯在改善精神障碍患者的情绪和确保情绪健康方面比抗抑郁药更有效(Komori et al.，1995)。有的植物挥发物还对咳嗽、哮喘、慢性气管炎等多种呼吸道疾病有显著疗效(高岩，2005)。森林植物释放的乙醇、有机酸、酮、醛、醚等有机物可以起到杀菌消毒的作用(图 3-9)(杜丽君，2000)。在森林康养基地中应根据不同植物挥发物成分的差别和人们保健康复的不同需求，设置不同的区域，分别选择不同的植物进行配置栽培，形成特殊的森林大气环境(图 3-9)。

图 3-9　植物森林大气环境

3.2.1.3　清洁的空气与人体健康

世界上超过 90% 的人口生活在空气污染超过世界卫生组织准则上限的地方(WHO，2016)，据估计，每年有 700 万人死于空气污染中的细小颗粒(WHO，2018)。森林可以吸收大气中的有害气体，为森林康养提供良好的场所。许多树木具有吸收大气中有毒气体的能力，使大气中有害气体的浓度降低，避免其积累到有害程度。大气中的二氧化硫大部分降落到大地，其中小部分被雨水溶解进入地面土壤中，剩余部分主要靠植物表面吸收，空气中露出自然表面的生物或非生物都有吸收二氧化硫的能力，且阔叶树比针叶树能吸收更多的二氧化硫。另外，植物吸收氟化氢的能力也很强，对氯气也有一定的吸收和积累能力。此外，如夹竹桃、桑树能吸收汞气体而减少空气中汞的含量，榆树、刺槐等能吸收一定量的铅蒸汽(李志强，2014)。可见，在大气净化方面，树木和森林具有特殊重要意义。

同时，林木还具有杀菌作用，森林植物的芽、叶、花、果分泌出的挥发性物质，能杀死细菌、真菌和原生动物，对人类有一定保健作用，为森林浴等活动营造良好环境。松林就具有保健功能，松树的针叶细长，数量多，针叶和松脂氧化后放出臭氧，并挥发出具有保健功能的植物挥发物，可杀死白喉、结核、痢疾等病原菌。稀薄的臭氧具有清新的感受，使人轻松愉快，植物挥发物对肺病也有一定治疗作用。因此，许多疗养医院都建在松林之中或者建在松树分布较多的地区。树木能分泌出杀伤力很强的杀菌素，杀死空气中的病菌和微生物，对人类有一定保健作用。对不同环境空气中含菌量做过测定：在人群流动的公园为 1 000 个/m³，街道闹市区为 30 000~40 000 个/m³，而在林区仅有 55 个/m³。

3.2.1.4　洁净的水资源与人体健康

森林中的植物、根系、腐殖质等有机物质可以吸附和过滤水中的污染物，降低水中有害物质的含量。减少通过水传播的疾病，对于人类健康有积极的影响。例如，来自森林中的自然水源，如山泉、溪流、湖泊等，这些水源的水质通常比城市中的自来水更为清洁、纯净，可以为身体提供更好的水质，有助于身体健康和养生。森林中的水环境还可以为森林康养提供各种休闲娱乐活动的机会，如漂流、钓鱼、划船、荡秋千等。这些活动可以让人们在自然环境中放松身心，增强身体素质，提高生活质量。另外，森林中的水环境是自然景观中不可或缺的一部分，如湖光山色、溪流飞瀑、瀑布奇观等。这些景观可以为森林康养增添自然之美，让人们在森林康养中得到心灵的滋养和放松(图 3-10)。

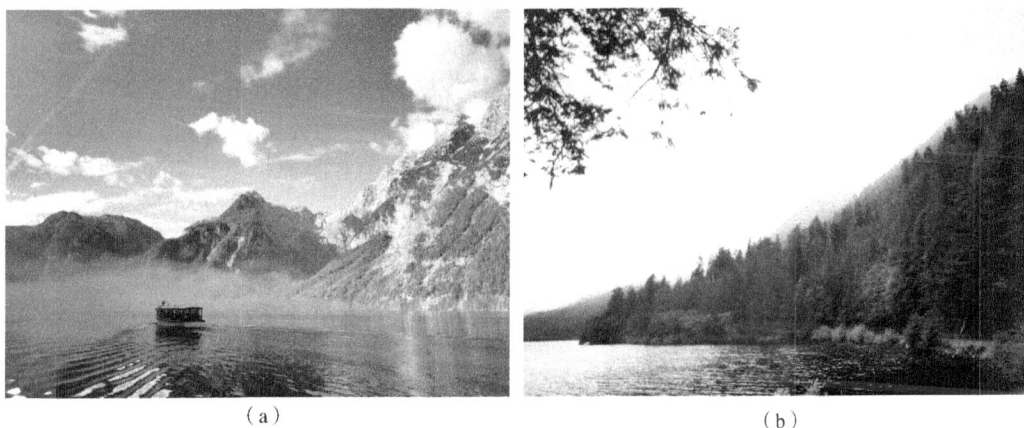

（a）　　　　　　　　　　（b）

图 3-10　洁净的水资源
（a）德国的国王湖　（b）美国西雅图的新月湖

3.2.1.5　自然之声与人体健康

随着现代工业及城市生活的发展，噪声问题日趋严重，它会影响人们的工作、学习和休息，并对人体产生不良影响。城市噪声被认为是现代城市生活的最大污染源之一，世界卫生组织将欧洲每年数千人的死亡归因于高水平背景噪声导致的心脏病发作和中风。长时间的噪声不仅会导致听觉器官"特异性"病变，使其损伤；它还作用于全身系统，特别是中枢神经系统、心血管系统，容易造成失眠等神经衰弱症状，以及冠心病、胃肠消化功能障碍等。在德国一项对 2 000 名男性的研究中，超过 50 dB 的环境噪声与高血压增加 20% 有关；在对居住在波恩机场附近的近 100 万人进行的抽样调查中，暴露在 46 dB 以上噪声中的女性接受高血压药物治疗的可能性是暴露在 46 dB 以下噪声中的女性的两倍（Clark et al.，2006）。森林则是天然的消声器，林木有阻隔、减少噪声的作用。噪声投射到树冠上，一部分被树叶向多方向不规则反射而减弱，小而密的枝叶对其分散反射和过滤声波的作用越大；另一部分由于会造成树叶振动而使声音消耗，因此，树冠是减少噪声的主要因素。据中国林业科学研究院、北京市园林绿化局研究表明，不同乔木落叶树种绿化带相对减噪率达 21%~11.6%，个别落叶乔木、灌木及草皮带相对减噪率为 8%~11%。一条 40 m 宽的林带，可降低噪声 10~15 dB，因此，森林被人们称为天然隔音墙（袁玲等，2009）。另外，在森林中存在很多自然的声音，包括风吹林木、虫鸣鸟叫及雨打枝叶之声。对人类来说，三种最舒缓的声音是风声、水声和鸟鸣声。人们对天籁的偏好可能也有进化的基础，我们将清晨的鸟鸣与警觉和安全联系在一起，将流水与干净的淡水源联系在一起。当紧张的参与者暴露在自然声音中时，皮质醇水平下降，心率变异性增加（Alvarsson et al.，2010）。

3.2.1.6 森林小气候与人体健康

森林能够通过遮挡和反射太阳辐射、蒸散降温等作用调节小气候，从而改善人体舒适度（图 3-11）。虽然森林的这种小气候效应会随着当地气象因素、海拔、森林覆盖率、郁闭度、绿化树种及其生长状况和季节的不同而有所变化，但一般来说，覆盖率高、郁闭度大、树种叶面积总和大、长势好、林地层次结构明显的森林，其改善小气候的效应明显。森林环境可以有效降低紫外线对人体皮肤的伤害，减少皮肤中因太阳直射而产生的色素沉着，并能有效地调节干热地区的环境温湿度水平，降低人体皮肤温度。茂密的森林就像炎热夏季中的一把天然"遮阳伞"，挡住了阳光的直接照射，使地面变得较为凉爽。森林又像寒冷冬天里的一道天然屏障，挡风避寒，使林下的气候相比四无遮挡的开阔地带更为暖和。据林区气象观测资料显示，其夏季的平均气温比周围无林地区低 2~3 ℃，冬季的平均气温又比周围无林地区高 1~2 ℃，因此，林区有冬暖夏凉的特点。在整个周年中，森林的冷却作用强于保

（a）   （b）

图 3-11　宜人的气候

（a）贵州苗寨　（b）北京平谷罗营

温作用。森林能降低每日最高温度，且提高每日最低温度，在夏季尤其作用显著；森林在冬季有增温作用，有利于植物抵御低温环境，帮助森林动物越冬。夏季森林内空气垂直温差变化减少，上升气流速度减弱，可削弱形成雹灾的条件。

3.2.1.7　自然光照与人体健康

自然光照在促进和保持身心健康方面具有积极作用。紫外线能够激活皮肤中黑色素细胞使其产生深色色素的细胞——释放内啡肽，这是一种使人感觉良好的化学物质。同时适度的紫外线照射还诱导对人体有一定的健康益处，如可能降低高血压和心血管疾病的发病率，并且大部分维生素 D 需从阳光照射中获取，对人体健康极其重要。虽然维生素 D 存在于某些食物中，但大部分维生素 D 仍依赖阳光。维生素 D 缺乏会引发多种健康问题，如包括疲劳、骨骼和背部疼痛以及抑郁等。尽管所需的阳光因年龄、皮肤类型和饮食而异，但世界卫生组织建议每周数次，每次 10~30 min 的阳光照射，以维持健康的血液水平。许多抗抑郁药通过提高大脑神经元中的血清素水平来发挥作用，阳光也被发现具有类似的效果。一项涉及 101 名健康男性的澳大利亚研究发现，他们大脑中血清素水平的增加与他们暴露在阳光下直接相关。当参与者暴露在不同程度的阳光下时，放置在参与者颈内静脉中的导管将对血清素进行评估。研究发现，大脑产生血清素的速度与明亮阳光的持续时间直接相关，并随着亮度的增加而迅速上升（Lambert et al.，2002）。

另外，森林绿色环境，不仅给大地带来秀丽多姿的景观，而且能通过人的各种感官作用于中枢神经系统，调节和改善人体的机能，给人以宁静、舒适、生机勃勃、精神振奋的感觉，进而增进人体健康。人们通常将绿色面积占视域面积的百分比称为绿视率。一般认为，绿视率达到 25% 以上时能对眼睛起到较好的保护作用。森林通常具有很高的绿视率（图 3-12），森林绿色环境还有助于缓解视疲劳，改善视力状况。与城市建筑相比，森林对光的反射程度明显要低，仅为建筑墙体的 10%~15%，强光辐射污染是现代城市人视网膜疾病和老年性白内障的重要原因，而森林环境可使疲劳视神经得到逐步恢复，并能显著提高视力，有效预防近视。此外，绿色森林环境可以使人体的紧张情绪得到稳定，使血流减慢，呼吸均匀，并有利于减轻心脏病和心脑血管病的危害。

3.2.2　森林环境对人类健康的有害影响

与大自然的直接接触可以帮助人们改善整体健康和体能，但是森林环境中也会存在多种不利因素，可能会对人体造成危害。例如，森林中的二氧化碳、臭氧、硫化物等可能会对人体的呼吸道和心血管系统产生不良影响。同时，森林中存在许多致敏因素，如植物花粉和霉菌孢子、昆虫叮咬和蜇伤，以及蚊子、蜱虫等传播疾病。植物花粉和霉菌孢子是主要的过敏原之一，这些致敏因子可能引起过敏性疾病，如过敏性鼻炎、哮喘、荨麻疹等。这些微小的颗粒物质会随着季节和天气变化而释放，通常在春季和夏季更加常见。它们可能会引起呼吸道疾病等；一些昆虫的叮咬和蜇伤也可能引起过敏反应，如蜜蜂、黄蜂、蚊子、蜱虫等，它们的叮咬或蜇伤可能会引起皮肤瘙痒、肿胀等。此外，森林中的一些植物，如毒藤和荨麻，其汁液可能导致接触性皮炎或过敏性皮炎；还有一些植物、昆虫和其他生物可能会产生毒

图 3-12　森林绿视环境

素，如毒蛇的毒液、有毒植物，这些毒素可能会对人体造成严重伤害。森林中存在一些传染疾病的媒介物，如蚊子、蜱虫等，可能会传播疟疾、莱姆病等疾病。因此，在享受森林环境的美妙时光时，也要注意防范森林中的各种危害，确保自身的健康和安全。

3.2.2.1　有毒的植物

在森林中，存在着许多有毒的植物，包括毒蕈、毒草、毒树、毒藤等。这些植物的毒素可能会对人类和动物造成不同程度的伤害，从皮肤刺激、呕吐、腹泻到严重的神经毒性和致死作用。毒蕈类植物如鹅膏菌、鸟巢菌、鹿花菌、白蛋巢菌等，含有神经毒素或肝毒素，误食可能会导致中毒和死亡。毒草类植物如卫矛、贯众、水银花、豆蔻等，它们的果实、叶子、根部或花朵中含有毒素，接触皮肤或误食可能会引起过敏反应或中毒。毒树类植物如欧洲槭、红豆杉、黑果枸杞、天竺桂等，它们的树皮、根部、叶子、果实等部位都含有毒素，误食或接触可能会引起中毒。毒藤类植物如皂角、紫背天葵、三叶旋花、毒葛等，它们的叶子、果实、根部等部位含有毒素，误食或接触可能会引起中毒和过敏反应。其他的有毒植物，如曼陀罗、报春花等，它们的叶子、果实、花朵等部位含有神经毒素或肝毒素，误食可能会导致中毒和死亡。因此，在森林中了解植物的毒性并注意防护是非常重要的，同时采摘野生浆果或草药时也需注意不要误食有毒植物。

3.2.2.2　危险的昆虫

在森林中，有许多昆虫具有咬或刺的功能，与人体接触会导致身体伤害和过敏反应，或感染它们在消化道中传播的病原微生物。对人体健康有潜在危险的昆虫可以分为以下几种：①为了吸食脊椎动物的血液而咬人的物种（主要是双翅目昆虫，如蚊子、黑蝇、虻蝇）；②蜇人的昆虫，作为防御反应，昆虫用刺将毒液引入入侵者的体内（主要是膜翅目，如蜜蜂和黄蜂）；③覆盖着保护性毒毛的昆虫，这些毒毛可以很容易地打破、插入皮肤，甚至是被受害者吸入和摄入(主要是鳞翅目,如毛蛾和毛虫);④在体内产生干扰性毒液的昆虫,刺激或毒害敌人(主要是一些甲虫)。森林环境中最危险的昆虫包括蜱虫、蚊子、蜜蜂和黄蜂、飞蛾、蜘蛛、跳蚤,以及长有刺毛或刺的飞蛾。

(1)蜱虫

蜱虫是一类节肢动物蛛形纲的生物,它们除了可以咬伤人体皮肤并吸血外,还会传播多种疾病,对人体健康会造成不良影响。这些疾病包括莱姆病、重症热带病、森林脑炎、斑疹伤寒等。其中,莱姆病是最为常见的疾病之一,它能够引起皮肤瘙痒、发热、头痛、肌肉和关节疼痛等症状。此外,蜱虫的唾液中含有多种蛋白质,可能引起人体过敏反应,如皮肤发红、瘙痒等。如果人体被某些蜱虫咬伤并被吸血量过多,还可能导致宿主贫血。另外,有些蜱虫体内或唾液中含有毒素,误食或被咬伤可能会对人体造成伤害。

(2)蚊子

蚊子是森林中常见的一种昆虫,它们通过吸食人类或动物的血液来获取营养。在吸血的过程中,蚊子可能会传播疾病,如疟疾、丝虫病、黄热病、登革热等。这些疾病都是由蚊子叮咬传播的,严重时甚至会威胁到人体的生命安全。此外,蚊子的叮咬还会引起皮肤瘙痒和红肿,甚至引发过敏反应。尤其是对于过敏体质的人来说,蚊子叮咬可能会导致严重的过敏反应,如呼吸困难、呕吐、皮肤瘙痒等症状。

(3)蜜蜂和黄蜂

蜜蜂和黄蜂属于膜翅目昆虫,它们会蜇人并释放毒液,导致疼痛、肿胀和过敏反应。有些人对蜜蜂和黄蜂的毒素过敏,可能会出现严重的过敏反应,包括呼吸困难、喉咙肿胀、昏迷甚至死亡。此外,被蜜蜂或黄蜂蜇伤后,也可能还会发生继发性感染。

(4)蜘蛛

大多数蜘蛛不会主动攻击人类,只有在自我防卫或感觉受到威胁时才会咬人。尽管大多数蜘蛛的咬伤只会导致局部疼痛和轻微的肿胀,但某些种类的蜘蛛咬伤却可能导致更为严重的后果。世界上有一些毒性较强的蜘蛛,如黑寡妇蜘蛛和褐隐蛛,它们的毒素可以导致剧烈的疼痛、肌肉痉挛、头晕、恶心、呕吐等症状,并可能对心脏和呼吸系统造成影响。在极端情况下,这些蜘蛛的咬伤可能会导致严重的过敏反应和死亡。

(5)跳蚤

跳蚤是一种非常小的昆虫,通常生活在哺乳动物或鸟类的毛发或羽毛中。当人们接触到受感染的哺乳动物或鸟类时,跳蚤可能会寄生在人体上并咬人,从而对人体健康造成影响。跳蚤的咬痕可能会导致皮肤瘙痒和皮肤炎症,有些人甚至可能会出现过敏反应。此外,跳蚤还可能携带病原体,如细菌和病毒,这些病原体可能会引起传染病,例如,黑死病和斑疹伤寒等。

(6)飞蛾

森林中的一些飞蛾可能会对人类健康造成负面影响。其中一些飞蛾具有刺毛或刺,接触时可能会引起皮肤刺痛、过敏反应或中毒。例如,毛蛾属的飞蛾具有细小的毛发,这些毛发含有刺激性物质,接触后可能会引起皮疹、水疱、瘙痒、发热等过敏反应。还有一些飞蛾的幼虫也可能含有毒素，误食或接触它们可能会导致中毒症状，如腹泻、呕吐、头晕、发热等。

3.2.2.3 恐怖的蛇

蛇喜欢有树林的地方、草场或岩石坡地，它们经常躲在石头和枯树下，或天气晴朗时在温暖的石头表面休息。然而，大多数蛇并不会主动攻击人类。蛇的威胁因种类和环境而异，当它们感到威胁时，可能会采取自卫行为，例如当人体被毒蛇咬伤，若未及时救治，致使毒液在体内扩散，往往会引发中毒、休克或死亡。不同地区的毒蛇种类和毒性有所不同，在进入蛇栖息的环境前，人们需要了解当地的毒蛇种类并学会识别它们。除了毒蛇，一些非毒蛇种类也可能会攻击人类，如金环蛇和巨蟒等。此外，蛇的粪便和尿液也可能含有病原体，例如，寄生虫、细菌和病毒，可能会导致感染疾病。总的来说，尽管蛇对人类的健康存在潜在威胁，但只要采取适当的预防措施，风险可以降至最低。

3.2.2.4 携带病原体的哺乳动物

尽管森林哺乳动物可以携带大量不同类群的人类病原体，包括病毒、细菌、原生动物、扁虫和线虫，但通常它们不会直接通过简单的接触传播给人类，而需要额外的传播媒介，例如，前面提到的蜱虫（如莱姆病、重症热带病、森林脑炎）；或者通过食用受感染的肉类（如由线虫引起的旋毛虫病）传播。例如，狂犬病是一种由病毒引起的疾病，通过被感染的犬科动物（如狐狸、狼、狗）的唾液传播给人类。在森林中接触这些动物的粪便和尿液可能会引起感染。鼠疫是一种由细菌引起的疾病，通过被感染诸如老鼠等啮齿动物（身上）的跳蚤传播给人类。在森林中接触被感染的啮齿动物或其粪便和尿液可能会导致感染。布鲁氏菌病是一种由细菌引起的疾病，会因与被感染的牛、羊等动物接触而感染。如果人们在森林中与这些动物接触导致感染，需要及时送医治疗，否则可能导致严重的并发症乃至死亡。因此，人们在森林中应采取必要的预防措施，避免与野生动物接触，避免接触其粪便和尿液，同时使用适当的个人防护装备。一旦感染了上述任何一种疾病，应立即寻求医疗帮助。

3.3 森林康养资源

3.3.1 森林康养资源的定义

森林康养资源是森林康养的基础和前提。对于森林康养资源的定义，不同的学者观点也有所不同。《森林康养基地总体规划导则》（LY/T 2935—2018）将森林康养资源定义为凡能使到访者放松身心、调节身体机能、增进（维持）身心健康的自然界森林、湿地生态系统和人文景观等各种资源。《中国森林认证 自然保护地森林康养》（LY/T 3245—2020）则认为森林康养资源是森林环境中的自然景观、空气负离子、植物精气、高质量空气、优质水源、宜人气候、林副产品等具有康养身心作用的所有生物和非生物资源。《贵州省康养基地规划技术规程》（DB52/T 1197—2017）则定义森林康养资源为森林环境中有益于人类健康并对心理产生积极影响，可以为森林康养开发利用，并可产生经济效益、社会效益和生态效益的森林景观、生态环境、森林食材等各种要素的总和。从以上各种定义可以看出，森林康养资源的定义主要分成两类：一类是广义的范畴，它涵盖范围较广，不仅包括森林还包括湿地以及人文景观等；另一类主要是依托森林资源或森林环境。综上，本书将森林康养资源定义如下：森林康养资源是指以森林和自然环境为基础，为人们提供康养、休闲、旅游等服务的资源。这些资源包括森林景观、野生动物、水源、空气、泥土、草本植物、木本植物等自然资源，以及森林康养旅游设施、休闲娱乐活动等人工资源。森林康养资源是人们获取身心健康、放松身心、增进体验、提升生活质量的重要资源。

3.3.2　森林康养资源的类型

根据森林康养资源的定义，森林康养资源可以分为生物资源、非生物自然环境资源以及人文景观资源三大类。其中，生物资源又可分为康养林(森林生态系统)、动物资源和微生物资源；非生物自然环境资源又可分为水(湿地)资源、土地资源、空气质量、含量以及声音环境等；人文景观资源主要包括历史古迹、古今建筑、社会风情等。

森林康养生物资源主要包括森林中的植物、动物、微生物等各种生物资源。森林植物资源是指森林中的各种植物资源，包括树木、草本植物、野花、野果等，它们对人类的生存和发展有着重要的作用。首先，森林植物资源提供了一个独特的森林环境，使人们可以在这种环境下进行各种健康养生活动，例如，森林浴、野外露营、植物观赏等，这些活动可以促进身心健康。其次，森林植物资源具有多样性和复杂性，人们可以在森林中观察到各种植物的生长、开花、结果等过程，这些过程可以带给人们乐趣和兴奋感。另外，森林植物资源还可以提供一定的营养价值，如一些野果实、草药等可以作为健康食品和药材，对人体健康有益。森林植物资源还可以释放出有益的挥发性有机物和帮助产生空气负氧离子，这些物质可以改善空气质量，增强人体免疫力和调节心情。因此，森林植物资源的多样性、环境和营养价值为森林康养提供了丰富的资源和条件，人们可以在森林中进行各种健康活动，有助于提高身心健康水平。

森林动物资源同样对森林康养有着重要的促进作用。森林动物资源包括野生动物、鸟类、昆虫等各种生物。森林动物资源为人们提供了独特的森林体验，人们可以在观察、接触、饲养等过程中感受到自然的美妙和生命的力量，从而改善情绪和调节心理状态。另外，森林动物资源的声音、形态、行为等都有着特殊的魅力，吸引人们在森林中进行探索和观察，增加了人们对森林的好奇心和热情。森林动物资源的存在和活动可以促进森林生态系统的平衡和稳定，保护和维持了森林生态环境，从而为人类提供一个良好的生存、生产和生活空间。总之，森林动物资源的存在和多样性为森林康养提供了丰富的资源，为人们在森林中观察和接触各种生物，增强身心健康水平提供便利条件。同时，人们在森林康养活动中，也会提升认识，保护森林动物资源，杜绝过度捕猎、破坏生态平衡等行为，维护森林生态系统的稳定和健康。

森林微生物资源主要包括细菌、真菌、病毒、原生动物等各种微生物，它们是森林生态系统中非常重要的组成部分。森林微生物资源对森林康养的促进作用主要表现在以下几个方面：第一，森林微生物资源参与了森林的物质循环和能量转化过程，促进了森林生态系统的平衡和稳定，保障了森林生态系统的功能和服务。第二，森林微生物资源能够分解有机物质、吸收养分，促进了森林植物的生长和繁殖。例如，一些真菌能够分解枯落叶片和木质素，释放出养分供植物吸收，同时还能帮助植物吸收和利用土壤中的养分。第三，森林微生物资源能够保持土壤的肥力和帮助水分维持，提高了森林土壤的质量和抗旱能力，从而保护森林的生态环境。第四，森林微生物资源能够分解和降解有害物质。例如，一些细菌和真菌能够降解农药和有机污染物，从而减少了人类对森林环境的污染和破坏。总之，森林微生物资源是森林生态系统中至关重要的组成部分，它们对人们的森林康养活动开展有着重要的促进作用。人们应该清醒地认识到保护和利用好森林微生物资源，促进森林生态系统的平衡和稳定，可以为人类提供一个良好的生存和生活空间。

森林景观资源包含森林中自然景观和人工景观，如森林、溪流、湖泊、瀑布、峡谷、峰峦、林间小径、庭院等。这些景观具有观赏、休闲、游览和心灵愉悦的功能。森林是最基本的森林康养景观资源，是一种由大面积树木组成的生态系统，能够提供清新的空气和平衡的生态环境。森林中的溪流清澈幽静，水质纯净，流水声也具有极好的放松效果，是森林康养中常见的景观资源之一。森林中的深层瀑布层层叠叠，水流汹涌澎湃，能够营造出宏伟壮观的氛围，让人感受到大自然的神秘和力量。森林中的山峰高耸入云，云雾缭绕，能够让人感受到壮观的自然景观，也是户外登山爱好者的探险天堂。森林中的道路蜿蜒曲折，被茂密的林木环绕，让人感受到自然与人类的和谐共处。森林中的自然生态区域，如湿地、草地、花海等，不仅能够提供丰富的生态资源，还能够营造出多彩的自然景观。

森林文化资源包括了与森林相关的历史、艺术、信仰、文学、科学和旅游等方面的文化元素和资源。这些资源不仅为森林康养注入更多文化元素，还能让人们在欣赏自然美景的同时，更深刻地感受历史文化的沉淀和传承。在森林康养活动中，人们能够了解森林的历史和地质演化过程，以及近距离接触森林中的动植物等，领略森林的美丽与神秘。此外，人们还能够了解当地的民俗文化，感受其独特魅力，通过森林摄影、绘画、音乐、书法等方式表达对森林的感悟，欣赏以森林为主题的文学作品，如诗歌、小说、散文等。

3.3.3 森林康养资源评价

森林康养资源评价是对森林康养资源质量和价值的评估。森林康养资源的评价需要综合考虑森林康养资源的不同方面，包括生态环境、景观美学、文化遗产和康养功能等。其中，生态环境因素是评价森林康养资源的基础，包括森林植被类型、生物多样性、水土保持、空气质量等；景观美学因素则主要考虑森林的自然景观和文化景观，包括森林的地貌、地形、气候等自然要素以及森林文化、历史、民俗等人文要素；文化遗产方面主要评价森林资源的历史价值、文化遗产和传统知识的保存和传承等；康养功能方面则主要考虑森林的气候环境对生物活动、运动休闲、精神愉悦、健康保健等方面的影响，以及森林康养产品的市场需求和客户评价等。因此，对森林康养资源的评价需要综合考虑各方面的因素，以期得出一个全面客观的评价结果。评价森林康养资源的方法和技术包括定量评价和定性评价两种方法。定量评价主要采用统计学方法对各项指标进行测定和分析，得出具体的评价结果。而定性评价主要采用专家咨询、问卷调查等方法，对森林康养资源的各项指标进行综合评估，得出相应的评价结果。除了定量评价和定性评价两种方法，评价森林康养资源的方法和技术还包括一些其他的手段。例如，采用遥感技术和地理信息系统分析森林覆盖率、植被类型、生态系统服务价值等指标；采用生态系统评估方法综合分析森林生态系统的状况、功能、服务等；采用生态足迹方法评价森林康养对生态系统的影响，等等。此外，评价森林康养资源还需要考虑不同评价指标的权重和影响因素。评价结果的可靠性和科学性需要基于全面的数据收集和分析。综合各种评价手段，可以更加全面、客观、科学地评估森林康养资源的潜力和实际价值，为相关政策制定和决策提供参考。

3.3.4　森林康养资源开发利用

森林康养资源的开发利用是促进经济增长和提高人民生活水平的重要途径，也是实现生态文明建设目标的必要手段。通过开发和利用森林康养资源，可以为旅游业、康养产业、医疗健康等多个领域带来显著的经济效益和就业机会，同时也为当地居民提供了多种收入来源。此外，森林康养资源的开发利用还有助于提高公众对自然环境的认识和增强保护意识，推动生态文明建设和美丽中国建设，促进社会文明进步。

森林康养资源有多种开发利用方式，包括以下几种：第一是森林康养旅游，它通过开展户外旅游、徒步旅行、露营、登山等活动，利用森林的自然风光和生态环境，为游客提供身心康养和休闲娱乐的机会。第二是森林健康养生，通过利用森林的自然环境和生物资源，提供休闲康养、养生保健、疗养治疗等服务，为人们提供身心康养和健康治疗的机会。第三是森林产业旅游，它将森林产业与旅游相结合，开展采摘、观光、体验、购物等活动，为游客提供了解森林产业和当地文化的机会。而森林康养资源中的植被和野生动植物还可以开发出各种生态产品，例如，蜂蜜、茶饮、森林食品、中药材等，通过销售可以为当地带来经济效益。第四是森林教育旅游，利用森林的自然环境和资源，开展生态教育、环保教育、文化教育等活动，提高公众对森林生态环境和森林文化的认识和保护意识。第五是森林康养养生，利用森林植物和动物的生物活性物质，开展中药材种植、养殖、深加工等活动，生产保健品、保健食品等产品，为人们提供健康养生的机会。此外，森林康养资源还可以提供健康养生的空间和条件，例如，森林疗法、森林徒步、瑜伽、太极拳等健身活动，让人们在自然环境中得到身心的放松和修复，增强身体健康和免疫力。第六是森林文化旅游，利用森林的文化资源，开展文化体验、文化展览、文化交流等活动，提高公众对森林文化的认识和理解。由此可见，森林康养资源的开发利用方式多种多样，需要根据当地森林资源的实际情况和社会需求，选择合适的方式加以开发利用，实现经济社会可持续发展和多种效益的发挥。

森林康养资源的开发利用需要遵循可持续发展的原则，加强生态环境保护，保持生态系统的稳定性和完整性，防止环境破坏和资源过度开发。同时，也需要加强对旅游和康养从业人员的培训和管理，提高服务质量，确保游客和居民的安全和健康。只有在生态保护和经济发展的双重要求下，才能实现森林康养资源的可持续开发和利用，从而为社会带来经济效益和环境效益，为公众带来更多公众享受的生态福祉。

3.3.5 森林康养资源保护与管理

对森林康养资源的保护不仅是维护森林生态系统的稳定性，还是保障人们获得优质生态旅游和康养服务的重要途径。随着现代社会工作生活压力的增加，越来越多的人开始关注身心健康问题，森林康养资源的重要性逐渐被认识到。因此，加强森林康养资源的保护，有助于提升其市场竞争力和社会认知度，为推动森林旅游康养产业的发展打下坚实基础。同时，保护森林康养资源也有利于促进森林生态系统的恢复和生态环境的改善，实现经济社会可持续发展的目标。

森林康养资源保护可以通过多种途径实现，包括加强森林生态系统保护、合理开发利用森林康养资源、加强宣传教育和管理，以及建立相关法律法规。加强森林生态系统保护包括防治森林火灾、保护野生动物、加强水土保持等措施，以提高森林康养资源的生态环境质量和保障其生态系统服务功能。同时，要避免过度采伐、乱伐和滥伐等行为，减少人类对自然生态环境的干扰，促进生态系统的自然恢复。

合理开发利用森林康养资源也是很重要的手段。应在保护生态系统的前提下，避免过度开发和确保资源的可持续利用和发展。例如，在开发森林康养旅游时，需要采用绿色环保的方式，并遵守可持续发展原则，确保森林康养资源的保护和利用相协调，提高资源的经济价值和社会效益。

加强宣传教育和管理也是保护森林康养资源的重要手段。通过加强对森林康养资源的宣传教育和管理工作，可以提高公众对资源的认知和保护意识，并建立科学的管理制度和监测评估体系，对不合规的行为进行惩罚和制止。同时，积极做好森林康养资源管理，制定全面安全管理措施，确保游客的安全和健康，避免意外事故和安全隐患的发生。

建立相关法律法规，加强对森林康养资源的行政监管和公众监督，加强对违法破坏森林康养资源行为的处罚和制裁，激励公众参与森林资源保护监督也是非常必要的。总之，保护森林康养资源需要各方积极参与和全面合作。只有加强全面保护，才能维护森林生态系统的稳定和提高森林康养资源的价值，更好地为人们提供森林康养服务。

管理森林康养资源是一个系统性的过程，包括有效地保护、维护和利用。其目的是实现森林康养资源的可持续发展，确保其对环境、经济和社会的多重效益发挥。具体而言，管理森林康养资源需要从以下几个方面进行考虑：第一，需要科学评估和规划资源，以制定有效的保护和利用措施。第二，必须加强保护，以确保森林生态系统的稳定性和完整性。第三，需要制定有效的利用策略，以提高资源的利用效率和经济效益。第四，应加强监管和管理，培训从业人员，提高森林康养服务质量和安全保障水平。第五，需要进行科学研究和技术创新，以提高资源利用效率。高新技术的应用可以提高资源的保护水平和利用效率，例如，采用无人机、人工智能、大数据等技术监测森林康养资源。同时，需要注意新技术应用对森林生态系统的影响，避免对环境造成不良影响。总之，管理森林康养资源是一个多方参与的综合性过程，需要政府、企业、社会组织和公众共同参与，采取综合性的管理措施，实现森林康养资源的可持续发展和利用。

3.3.6　森林康养资源发展趋势

　　森林康养资源的未来发展趋势和方向十分广阔，其中最为重要的方向包括：提高森林康养资源的品质、提升服务水平和扩大市场规模。首先，通过建立科学的生态保护体系和生态旅游管理制度，加强对森林康养资源的保护和管理，提高森林康养资源的品质和服务水平，增强其吸引力和竞争力，从而实现森林康养资源的可持续发展。其次，利用互联网技术和现代科技手段，开发新型森林康养资源，如线上森林康养、数字森林康养等，以满足不同人群的需求。同时，通过跨界合作，将森林康养与健康养生、自然教育等相结合，形成全新的森林康养产业链，拓宽市场规模。最后，建立森林康养资源利用和管理的公共平台，集中整合各方资源，推动森林康养资源的共享和系统开发，实现资源的最大化利用和生态效益的最大化发挥。

本章小结

　　森林景观、气候、水体、空气、土壤等森林康养环境要素为森林康养资源提供了重要的基础支持，是森林康养资源能否得以开发利用的关键因素之一。森林康养资源的发展需要建立在森林康养环境要素的保护和利用基础之上。同时，森林康养资源的开发利用也能促进森林康养环境要素的保护和改善。因此，在森林康养资源的开发利用过程中，需要注重对森林康养环境要素的保护和合理利用，同时加强对森林康养资源的开发和创新，提高森林康养资源的品质和服务水平，实现可持续发展和生态效益的最大化。

思考题

　　1. 森林康养环境要素是指什么？它们对人们的健康有何影响？

　　2. 森林康养环境要素可以对人们的身心健康产生哪些积极影响？它们可以缓解哪些疾病或症状？

　　3. 浅析森林环境对人体健康是否只有好处，没有坏处。

　　4. 森林康养资源的开发和保护如何平衡？如何确保人们可以充分利用这些资源，同时不破坏生态环境？

　　5. 如何提高人们对森林康养资源的认知和重视？政府、社会组织和个人可以采取哪些措施来提高森林康养资源的认知和利用率？

　　6. 在未来，森林康养资源的发展和应用将面临哪些挑战？人们如何应对这些挑战？

推荐阅读书目

　　1. 上原严. 森林疗养学[M]. 科学出版社, 2019.

　　2. 李卿. 森林医学[M]. 科学出版社, 2013.

　　3. 南海龙. 森林疗养漫谈[M]. 中国林业出版社, 2019.

　　4. 肖文发, 骆有庆. 森林生态与环境研究：贺庆棠科技文集[M]. 中国林业出版社, 2007.

　　5. 李冬. 森林环境[M]. 中国林业出版社, 2022.

第4章　森林文化与森林康养

森林是陆地生态系统的主体，对陆地生态系统乃至整个地球的环境起着非常重要的作用。人类文明与森林有着千丝万缕的联系。人类在森林中迎来了文明的第一缕曙光，并在森林的伴随下繁衍发展至今。森林孕育和造就了人类文明，同时人类文明也改变和影响着森林的环境与生态。从某种意义上说，人类文明的发展史就是人与森林、人与自然关系发展变化的历史。森林文化是人类在长期的社会实践中，不断认识、调整人与森林、人与自然相互关系的必然产物，是二者相互作用、相互融合的结晶。森林文化历史悠久，博大精深，且与时俱进，其在人类文明的进程中具有重要的地位和作用。当今世界，森林与人类的和谐与否，关乎森林的命运、生态文明社会的建设以及人类的生存与未来。思考和探究这一全球普遍关注的战略问题，具有重大而深远的意义。

4.1　森林文化的概念

4.1.1　森林文化的含义与类型

4.1.1.1　森林文化含义

目前，学界对森林文化的概念有多种不同的表述。

森林文化是指以森林为背景的一种文化现象和精神表述。森林文化与一般文化定义一样，包括广义和狭义两个概念。广义的森林文化概念指物质层面，即森林文化的背景或载体，如森林树木、茶果药竹、公园园林、花坛草坪等自然和社会现象，这是森林文化的基础和前提。离开这一基础和前提，亦无所谓森林文化。狭义概念指精神层面，即森林文化的内涵，如科学理论、审美价值、伦理道德、哲学启示等。简而言之是指森林理念、精神，这是森林文化的核心。没有森林精神，也就取消了森林文化。森林文化因森林理念、森林精神而存在(苏祖荣等，2004)。

森林文化是指人类对森林的敬畏、崇拜与认识，是建立在对森林认识及感恩的朴素感情基础上，反映人与森林的关系。包括技术领域的森林文化与艺术领域的森林文化两大部分。技术领域的森林文化包括合理利用森林的技术(如造林技术、培育技术、采伐技术)、相关法律法规、森林计划制度、森林利用习惯等，以及各地在传统风土习俗中形成的森林观和回归自然等适应自然思想。艺术领域的森林文化是指反映人对森林的情感、感性的具体作品，如诗歌、绘画、雕刻、建筑、音乐、文学等艺术作品的总称，其中包括森林美学的内容。中国历代有关森林的诗歌、小说，画家笔下的山水、草木、飞禽走兽，宫廷与民居建筑，园林艺术、家具及工艺雕刻等都属于艺术领域的森林文化(黄云鹏等,2014)。

森林文化是指人们在长期社会实践中,人与森林、人与自然之间所建立的相互依存、相互作用、相互融合的关系,以及由此而创造的物质文化与精神文化的总和。森林文化是人们不断认识、调整人与森林、人与自然相互关系的必然产物,是森林的人格化和人格的森林化的真实体现(蔡登谷,2011)。

笔者认为,简言来说,森林文化就是关于森林与人类关系的文化。具体来说,森林文化是一种以森林为背景或载体的文化现象与文化形式。它是人们关于森林与自然的价值观念、思维方式、生活方式、行为规范、科学技术、艺术文化、审美情趣等的总和。森林文化是一种社会与历史现象,是人们不断认识调整人与森林、人与自然相互关系的必然产物和积淀,是人们对森林与自然感性认知的升华。森林文化以人与森林自然的相互依存、相互作用和相互融合为宗旨理念,以创造人与森林自然和谐共生的"天人合一"愿景为最高追求境界。

4.1.1.2　森林文化的类型

从不同的角度划分,森林文化有多种类型。从内涵上划分,可分为森林物质文化、森林精神文化、森林制度文化、森林行为文化。

(1)森林物质文化

森林物质文化是森林物质生产方式、生产技术及其产品物品的总和,是可见可触的、有物质实体的文化,是森林文化最基本的组成,主要满足人们的衣食住行等物质(生理)层面需求。不同的森林生态系统承载着不同的森林物质文化。

森林物质文化的核心是有关森林及林业的科学技术,如造林技术、培育技术、采伐技术、加工生产技术等,以及根据这些技术开发和衍生出的产业、产品等。这些技术、产业及产品构成了森林产业文化,它是森林物质文化最主要的物态化表现形式。森林产业文化是在工业社会及市场经济运行下迅猛发展起来的。进入工业文明社会,在市场经济背景下,大众对森林及其产品和服务的需求不断扩大提升,促使林业行业不断优质提高森林培育技术和森林服务与经营水平,以生产更丰富多样的林产品,提供更全面优质的森林生态服务,由此催生了一系列森林产业,如林木种苗业、古树产业、杨树产业、林机制造业、林化产业等,同时也促进了很多传统产业的重组整合、转型升级,如木材运输业、木材加工业、竹木家具业、茶产业、园林产业、花卉产业、林副产品产业等。这些产业有各自产、供、销完整的产业链条,以及各自的文化特点和内涵,同时它们又彼此相通,并共同构成了蔚为壮观的森林产业文化体系。森林物质文化还包括建造制造的实体或设施,如园林、竹木建筑、木质家具以及用竹木藤草制作的工艺品等。

(2)森林精神文化

森林精神文化是关于森林及林业的理论学说、价值观念、精神意蕴、思维方式、审美情趣、艺术创作、宗教礼规仪式、风俗习惯以及生活与消费方式等的总和,是森林文化的核心部分,主要表现和满足人们心理层面的情感及需求。其具体包括有关森林与林业的科学理论,如森林保护学、水土保持学、森林生态工程学、森林多功能理论、近自然林业理论、林业分工论、可持续林业、生态林业、农用林业、环境林业等,包括有关人与森林关系的哲学思想与理念，如森林哲学、森林伦理学、森林美学等，包括有关森林的人文社会科学及审美文化，如森林社会学、森林文化学、茶文化、树木文化、花卉文化、森林动物文化、森林公园文化、自然保护区文化、森林旅游文化、森林康养文化等，包括森林文学与森林艺术等。

森林精神文化是在人类与森林和谐共生、相互作用的社会实践和意识活动中产生的。一方面，人的精神情感融入森林，森林被人格化；另一方面，森林的生物特性及内涵又影响着人的思维意识，渗入人的精神情感中，启迪涵养着人的品德情操，从而使人格森林化、自然化。

森林精神是森林精神文化的最高表达，是指森林生态系统所包含和传达出的精神意蕴，主要包括独立固守自律精神、坚韧顽强精神、包容协作精神、和谐奉献精神等。

①独立固守自律精神　森林树木以高大伟岸、挺拔直立的外观，显示出独立自我、不卑不亢、积极向上的精神品格；以庞大的根系深深扎根于故土，以护卫生命、支撑生长的特性，给人以矢志不移、坚守信心、不随波逐流、不忘初心的感悟。

②坚韧顽强精神　森林树木在大自然中饱经风吹雨打、严寒酷暑而依然安然怡然、从容不迫、生机勃勃，给人坚定毅力、宠辱不惊、顽强拼搏的启迪。

③包容协作精神　森林生态系统包孕万物、繁衍生息，彰显出博大包容的胸怀；同时万物又相互依存融合、相互作用、共生共荣，涵养人们无私无畏，团结协作的情操。

④和谐奉献精神　森林树木顺天应时，适地而生，平衡生态，容纳万物、庇护人类的作为，体现了森林与天地人之间和谐共生的道德品质和责任担当精神。

美好的森林精神，赋予了森林文化以灵魂，使之更加充满魅力。

（3）森林制度文化

森林制度文化是关于森林管理的各种法律法规、制度条例、政策办法及乡规民约等社会规范。迄今为止，中国已公布了10多部法律，如《中华人民共和国森林法》《中华人民共和国野生动物保护法》《中华人民共和国种子法》《中华人民共和国防沙治沙法》《中华人民共和国水土保持法》《中华人民共和国环境保护法》《中华人民共和国农村土地承包法》等。还颁布了10多部条例，如《中华人民共和国陆地野生动物保护实施条例》《中华人民共和国基本农田保护条例》《中华人民共和国自然保护区条例》《风景名胜区管理条例》等。其次，2008年国家实施了集体林权制度改革，依法将集体林地经营权和林木所有权承包给农户，确立了农民作为林地承包经营的主体地位。2010年，又实行了土地流转制度，进一步优化了森林制度文化。在此，许多林区的村委会、村民组还制定了护林育林及造林的公约。至此，在中国林业生产和生态建设领域，形成了完备的法律法规和政策体系，森林制度文化也因此得到不断提升和完善。

（4）森林行为文化

森林行为文化是关于森林的风俗习惯、为保护森林生态及环境而开展的活动、实施的措施以及森林生产建设等的总和，它是一种社会的、集体的行为，具有鲜明的民族性和地域特色。

中国开展实施了一系列切合实际情况的、具有鲜明中国特点的森林行为文化活动、实践及工程：

其一，确立每年的 3 月 12 日为中国植树节，国务院《关于开展全民义务植树运动的实施办法》规定全民植树造林的义务。国家领导人身体力行，带头植树造林，以身示范。

其二，实施建设和保护森林及生态环境的工程，如天然林资源保护工程、"三北"防护林建设工程、京津风沙源治理工程、野生动植物保护及自然保护区建设工程等。

其三，实施退耕还林还草工程。

其四，进行林区生产建设与经营，如林木采伐、林木养护与管理、森林观光旅游等。

其五，设立、建设自然保护区和国家公园等。

其六，建设城市森林及城市绿道等。

此外，森林行为文化还包括与森林有关的民俗民风，如中国民间的植树造林传统风俗习惯：在村边、房屋、墓地等地方种植"风水树"；种植出生树，生女儿种杉树，即"女儿杉"，生儿子种杉树或柏树，称为"带崽林"。再如，一些少数民族地区至今仍流传着很多表现森林生活与生产的歌舞，湘西土家族的茅古斯舞、挥手舞等。

森林文化还可以从其他角度划分，具体如下：

从演进历程上划分，可分为树种森林文化与产业森林文化。树种森林文化是以同类树种为特征的不同形态文化，如竹文化、松文化、茶文化等，它们是森林文化最初的表现方式和基本组成，是农业社会里最主要的森林文化形态。进入工业社会后，传统的树种文化进行了整合重组，体现出明显的产业经济及经营特征，遂发展为产业森林文化，如竹文化产业、花文化产业、园林文化产业等。

从地域与民族上划分，可分为地域森林文化与民族森林文化。地域森林文化是指以山区或林区为背景的森林文化，也称本土文化或山岳文化。地域森林文化有着明显的地域地理特征，如巴蜀竹乡森林文化、大兴安岭红松森林文化等。有的地域森林文化是以某一少数民族为依据对象和主体，包含该民族的衣食住行、宗教仪式、风俗民情、行为习惯等，展现出一幅全景式的山区、林区社会生活风俗画，这便是民族森林文化。因为有着不同的森林生态背景和地理环境以及历史文化，所以民族森林文化体现出迥异的内涵与风格风貌。

从分布范围上划分，可分为城市森林文化与乡村森林文化。城市森林文化是以城市为主体的森林文化，承担着城市居民同自然的联系。其不仅担负着森林生态服务功能，为市民提供着清新的空气、舒适的气候等自然福祉，还发挥着人文及艺术审美作用，包括提供着优美的森林景观，体现着城市的生态审美文化，改善着市民的生态文化和生存状况等。乡村森林文化是相对城市而言的，指乡村山区、林区（山地丘陵）的森林文化，包括山乡、山庄、山寨、平原以及沿海乡村的森林文化。乡村森林文化具有本土性、民间性和民族性等特征。乡村森林文化展示着丰富多彩的山乡森林图画、乡村生活图画、民族风俗图画以及边塞风情图画等。

从显性与隐性上划分，可分为外在森林文化与内在森林文化。外在森林文化是显性的物质性的森林文化形态，包括树木花草、园林、茶果、木竹材料等。外在森林文化是森林文化的前提和基础，同时又以活生生的森林生态系统承载着森林文化的内涵，以花叶、茎干和树木真实记录着人类文化的一切信息。内在森林文化是内在隐性的非物质的森林文化形态，即森林文化的内涵，包括森林生态系统及林木花卉等中蕴含的森林理念、森林哲学、森林审美、森林价值、森林精神、森林文学和艺术创作等，是森林文化的血脉、核心与灵魂。

从传播方式上看，森林文化包含口传和非物质森林文化。口传和非物质森林文化是一种本土森林文化或民间森林文化。它是由大众或民间艺人创作的文学艺术、发明创造的制造技术、制作的工艺品、服装服饰、日常生活中形成的礼节风俗等的总和。其表现形式极为丰富，不胜枚举，主要包括流传于山区林区的山歌、民谣、林谣、神话传说、绘画、歌舞、音乐、曲艺、木乐器及竹乐器的演奏与制作工艺、竹木雕刻、根雕、草编、剪纸等民间工艺以及风土民情等。口传和非物质森林文化通过口传身授、世代相传的方式保存流传下来，是一种活态生动的、内涵丰富的文化形态，是应该珍惜和亟待抢救保护的森林文化形态。

4.1.2 森林文化的内涵

4.1.2.1 森林文化的理论基础

森林哲学、森林伦理学、森林美学是森林文化的理论形态，是森林文化体系的基石和灵魂，决定着森林文化体系的构建与发展方向。

(1)森林哲学

森林哲学是关于森林的哲学理念，其重点思考并回答：森林是什么、如何认识森林、森林在自然生态系统中的地位、森林与人类的关系、森林的价值等问题。这些问题分别归属于森林本体论、森林认识论和森林价值论。

①森林本体论内涵　森林是人类的摇篮，是人类文明之母。

②森林认识论内涵　森林在自然界中占有重要地位，是陆地生态系统的主体，有着最丰富、最稳定和最完善的服务功能，在生物世界和非生物世界之间的能量和物质交换转化中，扮演着其他生态系统无法替代的角色。森林对人类的关系最直接、影响最大，为人类和地球生物系统提供庇护所、碳储库、基因库、资源库、蓄水库、能量库等。人类是自然生态系统中的一部分，受自然法则的约束，人类的享受只能在环境承载的能力许可范围之内。人类与其他生命形式相互依存、相互制约，不可分离，要平等对待地球生命共同体的成员。人类不再是自然的征服者，而要承担与自然利益攸关的消费者、建设者和管理者的角色。人类要尊重顺应、遵守并维护自然生态有机体的完整性，要与自然和谐共处，达到"天人合一"。

③森林价值论内涵　森林生态系统不仅具有巨大的生态价值，为地球生态系统提供着强有力的支撑，同时还具有很高的经济价值，以及伦理价值、审美价值和精神价值等。

(2)森林伦理学

森林伦理学是生态伦理学的分支，主要从伦理的角度研究人与森林的道德关系，即人对森林及其存在物应持的态度、负有的责任和义务。森林伦理学主张人类要走出"人类中心主义"的误区，倡导人类要尊重自然、敬畏森林、善待和保护森林，与自然界所有存在物和谐相处、平等相待，这样做也是善待和保护人类自己。森林伦理学主张人类要充分认识大自然的非工具性价值(维护生态系统稳定完整有序的价值)和意义。森林是人类的摇篮，为人类的生存和发展提供着不可缺少的环境和资源，因此人类必须尊重生态规律，与自然共存，遵循生态道德规范。

（3）森林美学

森林美学是从审美的角度研究森林美及森林美的创造，即研究如何用审美的眼光观察和享受森林美，以及如何用美的法则保护和建造森林美。森林美具有自然美的一切特征，又有自身的特殊性。森林美包括形态美、色彩美、音韵美和意境美。森林美具有气势磅礴、和谐共生、应时空而变、大德无言等特征。欣赏感悟森林美，不仅能带给人感官的享受陶醉，还可以使人怡情养性、陶冶情操，提高精神境界（图4-1）。

图 4-1　森林审美熏陶功能
（a）梅枝绽粉韵　（b）雅鲁藏布江畔翠影　（c）额济纳胡杨金秋绮景　（d）吉林雾凇玉树琼枝

创造森林美要以人们对森林风景的审美要求、美的法则为依据，要遵循森林有机体的生长发育规律，要考虑森林的生态效益、经济效益、社会效益等因素。

开展森林审美教育，可以提高大众感受欣赏森林美的能力，培养他们对森林、自然的热爱情感，丰富精神世界，陶冶情操，净化心灵，增强保护森林及其生态系统的自觉性。

4.1.2.2　森林文化的本质与特征

森林文化以森林为背景，以人与森林、人与自然的协调发展为理念及目标，所以其本质上是一种生态文化。

森林文化具有生态性、民族性与多样性、地域性、人文性与审美性、时代性与创新性、影响性与渗透力、约束性与规范力等特征。

（1）生态性

生态性是指生态功能、生态理念、生态目标、生态责任及生态行为规范，这是森林文化最基本和显著的特征。森林文化的主体之一是森林，而森林本身就是一种生命、一个生态系统，具有多种生态服务功能。森林文化的宗旨和目标是要维护好森林生态系统，促进其可持续发展，同时促进人与森林的和谐共生。为此森林文化担负着培养人们的生态意识、生态情感、生态思维以及生态的生产生活方式的重任，在大众心理中形成普遍的生态价值观，在社会上形成自觉的生态行为规范。这就使得以森林为载体的森林文化，带有了生态性的特征。

（2）民族性与多样性

民族性与多样性是指不同民族在认识和利用森林过程中，表现出不同的森林背景和文化品位。由于各个民族处于不同的山地森林环境和历史文化背景，所以其在宗教、风俗习惯、审美情趣、生产和生活方式等方面，便自然会产生差异性和个性化。例如，在世界范围的森林文化中，都存在对树木的敬畏崇拜的神话等，但表现出东西方森林文化的区别。在西方森林文化中，树木被认为是一种不可理解的超越自然的物体，可以连接天堂、人间和地域，因而被赋予了神的光环；而东方的中国，则更看重树木的物质价值和审美价值，多表现出现实性的人文色彩。森林文化的民族性也造就了其多样性与丰富性。

（3）地域性

地域性是指不同地理和气候下的地域特征和差异。中国地域辽阔，地形复杂，气温差异大，因此森林及生物类型多样，森林文化更是多姿多彩。如南方广为流传的是椰树文化、榕文化、杉文化、竹文化、茶文化、梅花文化、猿文化等，而北方以红松文化、白桦文化、柳文化、槐文化、桃文化、枣文化、虎文化等著称。鄂温克族、鄂伦春族还创造了树皮文化、兽皮文化、驯鹿文化和狩猎文化等。

（4）人文性与审美性

人文性与审美性是指人文内涵和艺术创作。具体表现：其一，对人在森林生态系统中的地位、作用及需求等的关注考量，充满人文关怀；对人与森林、人与生命万物之间关系的思考探究，充满尊重平等、友善关爱的伦理情怀和人文思想，如"物无贵贱""物我同等""天地与我并生，而万物与我为一"等。其二，森林生态系统中的山水泉石，尤其是森林动植物被附会和寄寓了人类的思想品德情感，带有浓厚的人文及艺术色彩。这些都说明森林已经不只是客观的物质，早已成为我国一个文化符号。在中国传统森林文化中，历经千百年来民间文化习俗的濡染和积淀，以及通过"君子比德""香草美人"等比拟象征的文学艺术创作加工，很多动植物都成为富含人文精神和艺术审美的象征物。例如，松柏表征人格的坚韧不拔精神，竹子被寄寓虚心劲节、刚直不阿的情操，梅花象征傲霜斗雪的品格，仙鹤代表超凡高洁脱俗、吉祥长寿，等等。

（5）时代性与创新性

时代性与创新性是指与时俱进和传承弘扬。森林文化不是一成不变的，而是随着人们对其认识和利用的深入以及对其产生新的需求，而不断地改变更新自我，以适应社会的需求，以保持森林文化的延续，在时代中传承，在传承中完善和发掘创新，在完善发掘和创新中进步发展。随着我国社会主义新时代的发展，森林文化的内涵和外延都在不断充实更新，产生了城市森林文化、森林公园文化、森林自然保护区文化和森林康养文化等形态，以及森林美学、森林哲学、森林伦理学、森林文化学等森林内在文化形态。

（6）影响性与渗透力

影响性与渗透力是指对人们思想意识的引导教育，对社会和生活的改变。森林文化早已无处不在、无时不有，与人们的生产和生活息息相通。它不知不觉地渗透融合进了社会的政治、经济、文化、教育、艺术创作及休闲娱乐等领域中，潜移默化、日积月累地改变着社会的生产和生活，涵养着人们的生态文化修养。

（7）约束性与规范力

约束性与规范力是指监督、管理及指导、纠正。治理社会需要法律法规，更需要文化的约束规范。先进的森林文化能够引导社会经济和文化发展，并监督和匡正经济社会过程中出现的问题。可持续发展的底层支撑是森林文化。

此外，森林文化还具有独立性与统一性、亲和力与吸引力等特征。正是因为森林文化具有如此丰厚的优势，才使之成为人类走进生态文明新时代的必然选择和强大动力。

4.1.2.3 中国森林文化的表现形式

（1）享誉世界的园林文化

中国素有"东方园林之母"的美誉，在园林创作上达到了很高的造诣。中国人造园遵循"虽由人作，宛自天开"的原则，既道法自然，又不拘泥于自然。其运用借景、聚景、障景、引景、对景等造景手法，将森林及大自然的草木、泉石、峰峦收纳于咫尺空间，创造出自然与人工巧妙结合的生命体，并赋予园林以含蓄和诗意之美。

在长期的发展过程当中，由于各种因素，中国园林形成了不同的风格和流派。以造园风格为例，南方以"秀"取胜，如苏州园林、杭州园林等；北方以"雄"著称，如北京皇家园林；而地处江淮的扬派园林、徽派园林，则以"秀"与"雄"两者兼得而闻名于世。

中国园林与森林及其文化有着千丝万缕的内在联系。大自然的树木花鸟、峰峦泉石等赋予园林之灵魂，影响了不同地域的园林风格和流派。同时，人们又从方寸间的园林中，产生置身于名山大川、古木丛林的惬意，从山水树木花草以及楼台亭阁的错落组合之中，感受回归自然、拥抱森林的乐趣。

（2）雅俗共赏的茶文化

中国是茶的故乡，是世界上最早种植茶、利用茶的国家。中国也是茶文化的发祥地，其源于晋代，盛于唐代，至今已有1 700多年的历史。中国茶文化博大精深，有广义和狭义之分。广义的茶文化是指在整个茶叶发展历程中有关物质和精神财富的总和，包括茶树栽培、茶叶制作、茶道、茶艺、茶史、茶诗文、茶专著等。唐代"茶圣"陆羽撰写了世界第一部茶叶专著《茶经》。狭义的茶文化则是专指其精神财富。

茶道与茶艺是茶文化的核心。中国茶道汲取儒、佛、道三教文化中的精华，讲究"和、静、怡、真"四谛。"和"是中国茶道的哲学思想核心，是茶道的灵魂；"静"是中国茶道修习的不二法门，"怡"是中国茶道实践中的心灵感受，"真"是中国茶道的终极追求。中国茶艺是在茶道精神指导下的茶事实践，有广义、狭义之分。广义的茶艺是研究茶叶生产、制造、经营和饮用的方法以及探讨茶叶的原理、原则，以达到物质和精神全面满足的学问。狭义的茶艺是如何泡好一壶茶的技艺，以及如何享受品鉴一杯茶的艺术。茶艺讲究人、茶、水、器、境、艺六个要素，这六个要素齐头并进，才能使茶艺在种茶、制茶、赏茶、泡茶、敬茶、品茶等一系列茶事活动中，"以艺示道"，弘扬茶德，表达茶理，揭示茶文化的深刻内涵，达到尽善尽美的境界。中国饮茶的最高境界是在茶事活动中融入哲理、伦理、道德——以茶为物质媒介去沟通自然、参禅悟道，品味人生；通过品茗，内省自性、陶冶情操、完善自我，得到人格上的洗礼和精神上的享受。中国茶文化的特征表现为雅俗共赏。其雅，可与琴棋书画相伴；其俗，可进茶馆饭庄及寻常百姓之家。今天日本的"茶道"、韩国的"茶礼"等茶文化及风俗，均源于中国的茶文化。

茶文化不仅是精神的，也是物质的，具有经济价值和社会效益。种茶、采茶、制茶、茶叶运输与销售、采茶（茶园）观光，以及茶艺表演和体验等一系列环节和茶事，构成了蔚为壮观的茶文化产业。中国茶文化产业历史悠久，源于先秦，盛于唐代，明清达到高峰，绵延至今。当今中国茶文化产业有了更广泛深入的发展，不仅创造着更大的经济效益和文化效益，而且彰显出新的意义和价值。例如，一些偏远和贫困地区或乡村，根据当地适宜的地理气候条件，通过大力发展茶文化产业，开辟出一条全面振兴乡村之路。

（3）独树一帜的竹文化

竹子是生长最快的植物之一，有旺盛的繁殖力，又被称为"世界第二大森林"，因此竹文化是森林文化的重要组成部分。中国是竹子的故乡，并且形成了内涵丰富而独特的竹文化。竹子的实用价值极高，中国栽培和利用竹子的历史距今已有1万年之久。人们种竹、食竹，用竹子建筑房屋和园林，用竹子制作生产工具、家具、文房用具等生活器物，用竹子进行装饰以及制作丝竹乐器、工艺品和竹盆景等。竹子青翠秀逸，风姿洒脱，历代的艺术家们爱竹、赏竹、咏竹、画竹，以竹抒情。竹子气势挺拔、气质超凡，虚心有节、宁弯不折、刚柔相济，为人们所敬佩、学习，人们以竹养德，"君子比竹"。竹子在中国人的眼中、心中早已不是植物学意义上的植物，而是人格的象征，是人文的自然。竹文化沉淀着中华民族的情感、观念、思维和理想等深厚的文化底蕴。

当今竹产业蓬勃发展，形成了众多的领域。竹食品、竹工艺、竹建筑、竹家具及器物、竹乐器、竹纤维制品、竹园林、竹盆景等，不仅彰显出竹文化的博大精深，而且也推动着竹产业经济的发展以及乡村农民的脱贫致富。

（4）赏心悦目的花文化

花，大自然的美丽精灵，很早就融入了人类的生活和文化中。中国是世界上花卉种类最丰富的国家之一，也是花卉栽培的主要发源地。花卉与中国人的物质生产与精神生活息息相关，人们爱花、种花、食花、赏花、咏花，借花明志，以花传情，创造了异彩纷呈的花文化，从古至今流传下了众多花卉名著，如《群芳谱》《广群芳谱》《菊谱》《兰谱》《洛阳牡丹记》《扬州芍药谱》《瓶花谱》《盆景》《花经》《花镜》等。

花文化包括花卉栽培与生产，涵盖了花卉食品、花卉药品、养生保健品，以及赏花及花事活动(如花市、花展、花节等)。此外，花文化还包括了与花有关的风俗，如用花来表达敬意、示爱、祝寿、祝贺、祭祀、庆典、外事活动等，以及花与文学、绘画、雕刻等艺术的关联，花与音乐、园林、花卉盆景、插花，以及香花或芳香疗法等。

中国传统花文化的最大特征是赋予花以美好的寓意与高尚的道德品格，即将花人文化、人格化。花文化的本质是花与人文精神结合，其最高境界是人花相融，心物相通。"传情每向馨香得，不语还应彼此知。只欲栏边安枕席，夜深闲共说相思。"(唐·薛涛《牡丹》)"幸有微吟可相狎，不须檀板共金樽。"(宋·林逋《山园小梅》)

花文化不仅带给人们精神上的愉悦陶冶，还促进了花卉产业的蓬勃发展，如鲜花栽培、鲜花食品、花露或花饮品、用花卉研发出的药品及保健品、由鲜花提炼制成的香水及精油，等等，这些都是鲜花带给人们的实实在在的享受。当今，随着人们生活水平从小康走向富裕，花卉产业前所未有的发展，花文化得到更广泛深入的传承弘扬，必将促进人们物质和精神文化生活品质的极大提高，创造更美好的生活。

除此之外，森林文化还有其他表现形式，诸如树木文化、动物昆虫文化、森林食品文化、森林公园文化、自然保护区文化、森林旅游文化、森林康养文化、森林绘画文化与森林摄影文化等，多姿多彩，美不胜数。

4.1.3　森林文化与人类发展

中国有着丰富的森林资源，承载着悠久而丰富的森林文化。森林文化是以森林为背景或载体的文化现象与文化形式，是人们不断认识、调整人与森林、人与自然相互关系的必然产物。森林文化以人与森林、自然的协调发展为宗旨理念，以"天人合一"为目标及最高追求境界，森林文化是生态文化的主体，具有生态性、地域性、人文性与审美性等特征。森林文化具有庞大复杂的体系，概括来说其包括森林物质文化、森林精神文化、森林制度文化和森林行为文化。森林文化无处不在，已深深地融入了人们的衣食住行，渗透到社会的生产、生活、分配和消费各个领域，影响并改变人类的思维方式、价值观、政策制度的制定以及行为规范等，成为推动人类文明进程的强大动力(图 4-2)。尤其在当今全面落实科学发展观，构建人与自然和谐共生社会，"降碳减排"绿色发展，促进整个社会生产和生活方式转变，推进生态文明建设中，森林文化发挥着愈加重要的作用。

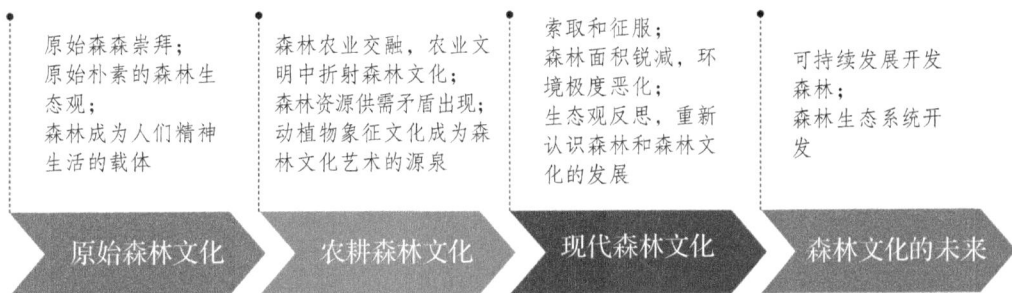

原始森森崇拜；
原始朴素的森林生态观；
森林成为人们精神生活的载体

森林农业交融，农业文明中折射森林文化；
森林资源供需矛盾出现；
动植物象征文化成为森林文化艺术的源泉

索取和征服；
森林面积锐减，环境极度恶化；
生态观反思，重新认识森林和森林文化的发展

可持续发展开发森林；
森林生态系统开发

原始森林文化　　农耕森林文化　　现代森林文化　　森林文化的未来

图 4-2　森林文化的沿革

森林文化在社会及人类文明进程中具有重要的地位和作用。森林文化作为一个完整的有机体和建设生态文明的重要载体，以其丰富的思想内涵、鲜明的民族特色和充满生机活力的表现形式，以及从哲学、文学、美学、民俗和诸多文化载体与产业的发展等多个方面，融入了人们的衣食住行，渗透到生产、生活、分配和消费各个领域，影响并改变人类的思维方式、价值观、制度约定与制定、行为规范等，成为推动人类文明进程的强大动力。

第一，提高生态道德素质。森林文化能唤起人们的生态保护意识，激发保护生态的责任感，提高崇尚自然森林、热爱生态的道德情操，唤起关爱生物、善待生命的道德良知，培养勤俭节约的传统美德以及绿色的生活方式等，树立起对自然的正确价值观、促进道德义务与良好生态习惯的养成、道德义务感、参与意识等，养成良好的"生态德行"。

第二，推动和谐生态社会建设。和谐与生态文明是检验人类社会发展水平的重要标志，森林文化是构建和谐社会及生态文明的文化基础。森林文化以和谐为价值观，是和谐文化。它强调既要发展社会经济，也要保护好生态环境；既要实现人与自然的协调发展、共存共荣，同时也注重人与人、人与社会的协调与和谐。森林文化以人为本，是注重公正平等、共建共享的文化。它强调森林资源的生态效益为全社会共同享用，森林的经营管理权要体现公众民意；它主张建设公平正义、健康有序的生态驱动机制和良好的生态政策环境等。因此，加强森林文化建设可以促使全民全社会的广泛平等参与、公平互惠合作，共同建设一个和谐发展且富有人文情怀的社会，同时还可以建设一个关注保护森林、亲近森林、回归自然、享受绿色生活的生态文明社会。

第三，促进林业的提升和生态产业建设的发展。进入21世纪，国家确定了林业发展的战略思想和目标，即走以生态建设为主的林业可持续发展道路，建立以森林植被为主体的国土生态安全体系，建设山川秀美的生态文明社会，从根本上改变过去传统的以采伐及木材加工生产为主的粗放模式。为此不仅要依托和实施一系列规模空前的林业生态建设工程，诸如退耕还林（草）、植树造林、天然林资源保护、"三北"和沿海防护林建设、石漠化治理和中幼龄林抚育等工程，还要充分发挥森林文化的强大力量和作用，如弘扬传统的树种文化等，大力开发生物材料、生物能源等可再生资源和生态产品（如竹碳纤维等），以加快林业产业结构与产业布局的调整；弘扬竹文化、茶文化、花卉文化等，提高竹木、茶叶、花卉、森林食品等传统产业的产业化水平，加快产业转型升级；弘扬园林文化、城市森林文化、乡村森林文化、地域及民族森林文化等，大力开发城市林业、乡村林业、森林公园、森林旅游、森林康养等业态的服务空间，大力发展绿色生态产业，并不断提升其品质。总之，通过建设和弘扬森林文化，能更科学合理地发展现代林业，促使其持续地发挥出巨大的生态效益、经济效益和社会效益，以满足人们和社会不断增长的物质、精神与生态文化生活的需求。

第四，促进经济社会的可持续发展。森林文化的核心是人与自然、森林的和谐共荣，其主要表现为人类经济社会与环境资源的和谐发展、可持续发展。

(1)森林文化的哲学思想、科学理论学说以及人文社会科学的理念等，为促进经济社会的可持续发展提供精神源泉和正确指导

森林文化一个总的哲学思想理念是，森林的可持续经营是人类社会可持续发展的重要生态基础和条件，所以人们必须尊重森林规律和生态道德规范，与自然和谐相处，才能共存共荣。此外，森林文化还倡导人与人之间的代内与代际平等，倡导经济社会发展和生活质量提高不应超出森林和自然的承载能力；倡导人们追求崇尚自然、理性健康的生活方式，以及有利于环保与身心健康的绿色、节制的消费方式等。这些思想理念是经济社会可持续发展的精神支撑。现代林学通过长期对社会及经济可持续发展的思考与研究，产生了很多理论学说。如"可持续林业"理论（既满足目前需要，又不损害未来世界的需要），"新林业"理论（既能永续生产木材和林产品，又能持久发挥保护生物多样性及改善生态环境等多种效益），"生态林业"理论（由中国学者提出，以现代生态学、生态经济学原理为指导，运用系统工程方法和先进的科学技术成就，充分利用当地的自然条件和自然资源，通过生态与经济的良性循环，在促进森林产品发展的同时，为人类生存和发展创造最佳状态的环境，也就是同步发挥森林的生态、经济和社会效益）等。还有"和谐化"理论、"森林多功能"理论、"林业分工论"、"近自然林业"理论、"环境林业"理论等。这些理论学说是经济社会健康发展的智力指引。另外，在森林人文社会科学方面，如森林美学、园林学、城市林学、森林旅游学、森林人类学、森林社会学、森林文化学、森林风俗学、森林遗产学、森林康养学等，也为经济社会的可持续发展提供文化支撑。

(2)森林科学技术文化，为经济社会的可持续发展保驾护航

近几十年来，森林科技文化得到长足发展，其中的造林技术、培育技术、森林生态工程学、森林气象学、森林土壤学、水土保持学、环境林学、环境生物学、环境工程学等，在促使森林生态环境与经济社会协调发展上，提供着强大的技术动力。

(3)森林制度文化为经济社会的可持续发展提供有力保障

森林制度文化要求把经济及社会的可持续发展体现在政策、立法中，建立与之相适应的政策、法规和道德规范。《中华人民共和国森林法》《中华人民共和国环境保护法》《中华人民共和国陆地野生动物保护实施条例》《中华人民共和国自然保护区条例》《中华人民共和国基本农田保护条例》，以及村委会、村民组的育林护林公约和家族的造林护林家规等，这些法律法规及乡规民约等，全方位系统地保障着经济社会的可持续发展。

(4)森林行为文化使经济及社会的可持续发展得以贯彻落实

全民义务植树造林、退耕还林与退牧还草工程、防沙治沙工程、天然林资源保护工程、国家森林公园建设、自然保护区建设、城市森林建设等举措的实施，无疑都会促使经济及社会的发展取得健康生态和持续的实效。

4.2　森林文化与森林康养

森林康养是以森林为依托和根基、以身心健康及怡情养性为目的一种环境友好、资源节

约型的养生方式和生活方式。其对社会生态文明建设、林业行业转型升级，以及人们生活质量的提升、精神文化素养的提高等都有深远的意义。森林康养属于森林文化范畴，是森林文化又一新的表现形态，二者紧密相连，相辅相成。森林文化是森林康养发展的文化基础与支撑，森林康养为森林文化的发展注入时代的内涵。

4.2.1 森林文化是森林康养发展的基础与支撑

4.2.1.1 森林康养的发展离不开森林物质文化的坚实基础和有力支撑

森林康养养什么？首要的是养身，即调养身体亚健康的状态，或大病后的康复疗愈等，而这就需要众多专业的森林科学技术文化的支撑。

第一，森林养身首要的是养身的环境，即要有适宜的森林环境或森林康养基地(属于森林物质文化)。要考察环境、建设和管理好康养基地，就需要森林树木学、森林栽培学、森林环境与生态学等学科的理论知识来研究什么树种，以及具有哪些元素和指标的森林环境对人体健康有益，如何培育康养林或建设及养护好森林康养基地等。

第二，森林养生还需要医药的调理和治疗，而这尤其离不开森林药材(属于森林物质文化)和传统森林医学理论与方法的介入。森林素有"药用宝库"之美称，其中很多森林动物、植物及其具有芳香气味的花草树木等，其皮、根、茎、叶、花、果等都可入药，能防治很多常见病。例如，菊花的花、根、苗、叶均可入药。花，疏风清热、解毒明目，主治头痛、眩晕、风火赤眼、心胸烦热等；根，利水，主治疔肿；苗，清肝明目，主治头风眩晕、目翳等；叶，去烦热、明目、利五脏，主治疮、痈疽、赤眼、泪出等。绿萼梅的花、叶、梗、根、果皆可入药，可疏肝和胃、化痰解毒，主治郁闷心烦、肝胃气痛等。

第三，森林养生还需要饮食调养，因此不可缺少森林食品文化的辅助。森林食品是指以森林动植物为原料而采集食用，或经过加工开发出的各类食品，包括森林粮食、森林蔬菜、森林水果、森林油料、森林菌类、森林药材、森林昆虫、森林肉食、森林蜜源、森林饮料、森林矿泉水等。现在中国已经开发出的森林食品有山野菜、竹笋、浆果、干果、食药用菌、人参、天然药食植物、林蛙、山鸡、山猪、鹿、蜂、蚕、茶、矿泉水等十几个大类产品。这些森林食品不仅美味而且具有人体所需的丰富营养，可使人强身健体、延年益寿。无疑，这些种类的森林食品均属于森林物质文化的范畴。

第四，森林养身还需要运动健身，因此还需要森林运动文化大显身手。森林运动的内容和类型五花八门，既包括中国传统的武术、太极、道家养生术、佛家禅修、瑜伽，又包含现代的徒步、长跑、健美操等。而这些运动方法形式都离不开必要的设施设备及场地场馆等，这些显然也都归属于森林物质文化。

4.2.1.2 森林康养的发展不可或缺森林精神文化的坚实基础和有力支撑

森林康养的作用和目的不仅只在于养身，还可养心、养性(养情)、养德。养心即调养人健康和积极向上的心理及愉悦的情绪；养性(养情)即涵养人的生活情趣；提升文化修养和审美品位；养德即陶冶人的道德品质操守，净化心灵。而要发挥这些功能、实现这些目标，自然要依赖于森林文化中的软文化——森林精神文化，即森林人文及艺术审美文化的有力支撑。这主要表现在设计康养体验课程或为受众提供康养服务时，需要注入和应用相关的森林文化内容。

第一，在设计和提供"养心"（心理健康）类康养体验服务时，可侧重引入香花疗法、森林文学、森林歌舞音乐等森林精神文化。

"香花疗法"是中医养生学和中医康复学的一个重要方法。与中医药学上以花入药为防病治病不同，其主要是利用正在生长和开放的鲜花，根据具体病情而选择相应的品种，或盆栽于室内，让病人密切接触；或种植于庭院花园，使患者于其中流连漫步、观赏、弈棋或看书等，从而发挥鲜花治病康复的作用，这与外国的"园艺疗法"颇为相近。香花疗法的一大作用是悦目怡心，即可调节人的多种负面情绪和消极心理，所谓"看花解闷"。不同的消极情绪和问题，可对症地选用不同的香花疗法处方治疗调养。例如，情绪不乐、郁郁寡欢，可用解郁方，即可选用牡丹花、芍药花、桃花、迎春花，或梅花、兰花、茉莉花、桂花，或凌霄花、山栀花、紫罗兰、郁金香等来开导疏解。再如，烦躁易怒、性急失眠，可用宁神方，即可用合欢花、百合花、水仙，或莲花、兰花、茉莉花等平复安抚。而感情脆弱、意志不坚、多疑不决，可用定志方，即用梅花、菊花、迎春花，或水仙花、山茶花等调理疗养。

森林文学是以森林为背景和题材，描绘森林环境、咏赞森林景观及动植物，反映人与森林相依共存关系及其生活，表现人们对森林的认知、思考和情感的一类文学，森林文学是森林精神文化的重要内容。森林文学包括与森林、林业、园林及山水自然有关的诗词歌赋等文学作品，诸如中国传统的吟咏树木花卉及鸟兽的咏物诗、田园诗、山水诗以及山水游记等。文学具有精神疗愈的作用，徜徉在文学世界中可以使人放松心情，减缓焦虑、紧张和压力等负面情绪，涵养健康的心态。所以，在设计和提供"养心"类康养体验课程时，也不应忽视和轻视森林文学的重要作用，可恰当注入森林诗文阅读与欣赏的体验内容。

第二，在设计和提供"养性（养情）"（文化审美）类体验服务时，可侧重引入森林文学、插花、茶艺、森林绘画等森林精神文化。

文学最大的功能是怡情养性，提高文化及艺术审美水平。森林文学中的传统田园诗、山水诗以及吟咏树木花卉和鸟兽的诗歌等，对涵养人的生活志趣、品位以及艺术审美修养等，发挥着不可小觑的作用。"方宅十余亩，草屋八九间。榆柳荫后檐，桃李罗堂前。暧暧远人村，依依墟里烟。狗吠深巷中，鸡鸣桑树颠。户庭无尘杂，虚室有余闲。"陶渊明在这首《归园田居》中所描写的淳朴自在惬意的田园生活、抒发的闲适淡泊的情怀，都潜移默化地濡染着人们质朴自然的生活情趣和清心寡欲的品质。"行到水穷处，坐看云起时"，唐·王维《终南别业》诗中这一脍炙人口的诗句中蕴含的超然物外、徜徉山水之间而悠然自得的情趣，千百年来深深地滋养着中国人的内心世界。

吟咏树木花卉的诗歌，则有助于提高人们对花草树木的艺术审美修养与自然审美情怀。"冷烛无烟绿蜡干，芳心犹卷怯春寒。一缄书札藏何事，会被东风暗拆看。"（唐·钱珝《未展芭蕉》）诗人把未展的芭蕉想象成翠脂凝绿的蜡烛，又从料峭春寒中蜷缩着蕉心的芭蕉，联想到了少女，把蕉心比喻成芳心未展、含情脉脉的少女；最后又翻出新意，把未展芭蕉想象成深藏着美好情愫的密封的少女的书札，严守着内心的秘密。然而随着寒气的消逝、芳春的到来，和煦的东风总会暗暗拆开"书札"，使美好的情愫呈露在无边的春色之中。诗人在芭蕉的身上发现了含情不展的少女的感情与气质，把自然之美与少女之美巧妙地联系在一起，既极富情思，又充满艺术魅力，给人以艺术美的感染和享受。"秾丽最宜新著雨，娇饶全在欲开时"，唐·郑谷《海棠》中这两句诗句，教我们如何去欣赏海棠花的美丽。海棠花最为楚楚动人的容貌，当是沐浴春雨后，花瓣缀满晶莹的雨珠，而最为妖娆的时刻则是含苞待放之时。

插花是以具有观赏价值的花材为素材，经过一定的技术处理和艺术加工，而形成具有自然美和意境美的一门造型艺术。中国传统插花艺术承载了 3 000 多年历史人文的变迁沿革，其形成受儒、释、道以及诗词、歌赋、书法等文化的滋养，吸取了绘画、园林、盆景、雕塑等艺术的精华，包含浓厚的文化底蕴、独特的表现形式和审美情趣，具有很高的史学价值、民俗学价值、文化价值及艺术价值等。所以在进行插花康养体验时，会极大地陶冶人的生活情趣，提升艺术审美品位，丰厚历史文化修养。

"茶可雅心"，饮茶是一种物质享受和精神陶冶。尤其是茶艺，它是集音乐、舞蹈、饮食、服饰、戏曲、建筑、书法、绘画及人文精神于一体的、适宜舞台或室内表演的茶叶冲泡和品饮艺术，是一门综合性的生活艺术，富有形式美、动作美、结构美、环境美和神韵美。所以观赏茶艺表演能使人放松身心、心情愉悦，改变平庸刻板、枯燥乏味的生活，增加生活的乐趣和诗意。茶艺表演重在发现美、展示美、享受美、感悟美，所以通过修习茶艺或参与体验茶艺表演，能够激发感情和艺术的想象力、创造力，去追求真善美，构建诗意的生活方式，提升艺术审美修养。

第三，在设计和提供"养德"（道德品质情操）类体验服务时，可侧重引入茶道茶德、传统花卉文化、传统竹木文化等森林精神文化。

茶道是在操作茶艺过程中所追求、所体现的精神境界和道德风尚，与人生处世哲学相关，是人们的茶行为准则，亦称茶德。茶德修行讲究高洁、清廉、勤俭、讲德、敬天爱民、乐于助人、和睦相处等。所以，茶道是修炼道德品质的一种方式，在提供康养体验服务中引入茶艺体验操作，可通过沏茶、赏茶、闻茶、饮茶来学习礼法、澡雪心性、彻悟人生、完善自身道德品质修养。

传统花卉树木具有丰厚的人文内涵，被寄予了美好的情感和品德人格及理想追求，使它们的自然美具有了社会意义，对它们的审美也从简单和纯客观的观赏，凝聚升华到道德情操涵养的高度。中国素有"竹子王国"的美誉，竹子的自然生物特性与中国传统文化审美趣味与伦理道德、理想人格等，形成了富有神韵的关联和契合，于是竹子被赋予深厚的美学和伦理学含义及价值。竹子四季常青不败、清秀优美，象征清净淡泊；挺拔直立、竹梢高耸，比喻有凌云之志、高尚不俗；中空带节、竹质坚韧，象征虚心自持、刚直不阿、有气节；弯曲而不折，象征不畏强暴、柔中有刚等。"竹本固，固以树德……竹性直，直以立身……竹心空，空以体道……竹节贞，贞以立志。"（唐·白居易《养竹记》）"可使食无肉，不可使居无竹。无肉令人瘦，无竹令人俗。人瘦尚可肥，士俗不可医。"（宋·苏轼《于潜僧绿筠轩》）

梅花以其清雅幽香、凌寒早放、枝干遒劲的生物学特征，象征着冰清玉洁、坚韧不拔、高雅的操守，观梅可驱走俗念，涵养高标逸韵。正如陆游笔下所写："驿外断桥边，寂寞开无主。已是黄昏独自愁，更著风和雨。无意苦争春，一任群芳妒。零落成泥碾作尘，只有香如故。"

与竹和梅为"岁寒三友"的松，其本性特征是四季常青，经冬不凋，苍劲挺立，故被赋予了坚贞不屈、不畏强暴等高尚情操和奋发向上的精神，观松可感受长者的高风亮节。"亭亭山上松，瑟瑟谷中风。风声一何盛，松枝一何劲！冰霜正惨凄，终岁常端正。岂不罹凝寒，松柏有本性。"（三国魏·刘祯《赠从弟·松》）

古代吟咏花卉树木的诗文均具有丰厚的人文内涵，因此在开展"养德"类服务体验时，可适当注入诗文词，无疑有助于访客内省自性、美心修德、提升自我境界。

4.2.2　森林康养为森林文化的发展注入时代的内涵

森林文化不是一成不变的，而是随着时代潮流和社会实践的发展，以及人们需求的变化，不断与时俱进的。森林文化从农耕文明时期的树种文化、竹简文化、茶文化、花卉文化、园林文化等形态；经过长期的发展到工业文明时期，又产生了新的文化形态，如城市森林文化、森林公园文化、森林旅游文化、自然保护区文化等；而发展到今天的生态文明阶段，则又诞生了森林康养这一社会文化热潮和追求。也可以说，森林康养是森林文化发展到生态文明阶段出现的产物，是时代的必然，它为森林文化增添了新鲜的血液，丰富了森林文化的内涵。

（1）注入时尚观念与文化内涵

进入 21 世纪，生态文明方兴未艾，人们的思想观念及价值追求因此也打上了鲜明的时代烙印。对人性的本真、人生的意义、生活的品质和精神的体验等的追求，都空前未有得强烈。其具体表现在人们更加渴望回归森林自然，欣赏森林美景，返璞归真，"久在樊笼里，复得返自然。"（东晋·陶渊明《归园田居》）人们更加渴望健康及运动，远离都市的各种污染，呼吸清新的空气，到大自然中强健体魄，延年益寿。人们更加希望轻松闲适、快乐美好的高品质生活与新奇多彩的文化活动。人们对森林、生态、自然审美、健康、运动、休闲娱乐、高品质和丰富多彩的精神生活等的诉求都寄托在森林康养之中，而森林康养也担负起义不容辞的职责使命，为森林文化注入了新时代的理念与追求，并将人类与森林生态系统更加紧密地联系在一起（图 4-3）。

（a）　　　　　　　　　　　　　　　（b）

图 4-3　森林康养与森林文化

（a）朱雀国家森林公园森林游戏　（b）北京门头沟京西林场

（2）注入思想理论内涵

森林康养为森林文化的发展注入了富有时代特征的表现形式。首先，森林康养本身就是森林文化的一个新的表现形式；其次，由森林康养衍生出诸多新的森林文化形态，诸如森林康养心理学、森林康养西医学、森林康养中医学、森林康养运动与康复学、森林康养生态学、森林康养植物学、森林康养景观学、森林康养服务设计学、森林康养经济学、森林康养运营与管理学等。这些学科极大地丰富了森林文化的思想理论体系，使其焕发出时代的生机和价值，同时也使森林生态系统的潜能得以更大程度地发挥和利用。

（3）注入科学技术内涵

毫无疑问，森林康养的运营和管理离不开大数据、人工智能等高新技术，而这些先进科技的融入则极大地增强了森林文化的科学技术内涵，以及科技与人文的融合，并强有力地保障着森林康养运营的高效及其管理水平的提升。

总之，森林康养的产生和发展，将人类文明与森林生态系统更加紧密地联系在一起，使我们更加深刻地认识到森林生态系统的不可或缺和无可替代，同时更加清晰地看到在反哺森林、建设森林和更好地利用森林，以及在解决生态环境与社会、与经济的可持续发展等方面，森林文化具有巨大潜能和价值。

本章小结

本章主要探讨了森林文化的内涵、与人类社会发展的关系及森林文化与森林康养二者相互影响相互促进等内容。森林是人类的摇篮，是文明的发祥地和催化剂，森林造就了人类辉煌灿烂的物质文明与精神文明。森林文化是人们对森林与自然感性认知的升华，是人类在长期的社会实践中所创造的与森林有关的物质财富和精神财富的总和。中国森林精神文化源远流长，林林总总，博大精深，森林文化以人与森林、自然的协调发展为宗旨理念，以"天人合一"为目标及最高追求境界，故其本质是生态文化，并且是生态文化的主体，所以森林文化在当今推进生态文明建设中，必将发挥着重要的作用。森林康养是森林文化与生态文明发展的产物，是森林文化又一新的表现形态，二者紧密相连，相辅相成。总之，从人类社会发展的进程来看，人类文明与森林生态系统愈加紧密地联系在一起，并荣辱与共。今天，人类将自身的生存发展与前途命运托付于森林生态系统，而森林生态系统也因此得以前所未有地被人类珍重保护与科学合理地开发建设，进而焕发出其巨大的作用、效益与无穷的魅力。

思考题

1. 试联系社会实际，思考、分析森林生态系统有哪些文化服务功能。

2. 试联系实际，思考森林文化的价值，并探究其对森林康养有何作用。

3. 试结合时代发展，思考、探究森林康养与生态文明建设、经济社会高质量发展有机衔接。

推荐阅读书目

1. 李霞，余荣卓. 森林文化［M］. 中国林业出版社，2018.

2. 黄云鹏，等. 森林文化［M］. 中国林业出版社，2014.

3. 蔡登谷. 森林文化与生态文明［M］. 中国林业出版社，2011.

4. 孙进己，干志耿. 文明论——人类文明的形成发展与前景［M］. 人民出版社，2011.

第5章 森林环境与心理健康

《全国林下经济发展指南(2021—2030 年)》中指出"因地制宜开展保健养生、康复疗养、健康养老、休闲游憩、健身运动、健康教育等森林康养服务",表明了国家对开发森林康养服务的重视。需要明确的是,满足消费者的需求是开发森林康养服务的重点,促进消费者的身心健康恢复是开发森林康养服务的最终目标。然而,什么样的森林康养服务更符合消费者的需求,森林环境如何影响心理健康?本章内容从心理学角度出发,阐述森林环境对心理健康的影响。由于心理学知识体系庞大复杂,本章只选取了与森林环境相关的理论及研究结果等,确保与本书主题紧密联系。

5.1 森林环境与认知

认知(cognition)是个体认识客观世界的信息加工活动,包括感觉、知觉、注意、记忆、思维和问题解决等(彭聃龄,2012)。暴露于森林环境有助于减少认知疲劳,恢复损耗的注意资源,提升记忆功能,提高创造力以及解决问题的能力(Berman et al.,2012;刘爱维,2021;宋旸,2021)。

5.1.1 感觉

人们对客观世界的认识常常从认识事物的一些简单属性开始,包括形状、声音、颜色、气味和质感等。例如,当我们看到一棵树,我们如何认识它呢?用眼睛看,我们知道这棵树很高;用手触摸,知道它的质感很硬;用鼻子闻,我们感受到一股清香。我们的头脑接收和加工了这些属性,进而认识了这些属性,这就是感觉(sensation)。因此,感觉也可以说是人脑对事物的个别属性的认识,包括视觉、听觉、触觉、嗅觉和味觉等(彭聃龄,2012)。

5.1.1.1 视觉

人们所获得的信息绝大部分来自视觉感受,环境中聚集了由颜色、色彩对比度、光线明暗度和线条结构等原始特征构成的各种信息,视觉系统区分并识别这些信息从而形成特定的感觉(李江婧等,2010)。日常生活中,人们更倾向于较为鲜亮的颜色,红、橙、黄色具有暖感,给人和谐、温馨、温暖的感觉,蓝绿色常给人一种宁静、凉爽、深远的感觉,而灰色给人们带来一定的攻击性和支配性。森林的绿色覆盖度为 90%,在森林中行走时,对视觉产生冲击的大部分是绿色,绿色可吸收的太阳辐射约占可见光的 60%,因此森林能够营造柔和的光环境,让人们具有清晰的视觉感受,使烦躁不安和焦虑紧张的状态逐渐趋于平静。

另外，人们一般沿"点划式"轨迹对客观事物进行扫描，"点"是对局部内容进行停顿和注视，"划"是对整体内容进行快速地浏览。缺乏停顿点的景观，即元素单一的景观，如茫无边际的沙漠、一望无际的林海等，通常很快引起人们的视觉疲劳，继而对景色产生厌倦。林海中的亭台楼阁、草原上的蒙古包往往激发人们的兴趣，引起注视（图5-1）。所以，应在森林中加入更多的元素，如花、草、湖和建筑等，丰富视觉感受。

（a） （b）

图5-1 两类森林景观对比

（a）一望无际的森林 （b）林海中的亭台楼阁

5.1.1.2 听觉

外界声波通过介质传到外耳道，再传到鼓膜，鼓膜振动，通过听小骨传到内耳，刺激耳蜗内的纤毛细胞而产生神经冲动，神经冲动沿着听觉神经传到大脑皮层的听觉中枢，形成听觉。声音包括噪声和悦耳两大类型，不管是哪种类型的声音都与人类的心理健康密切关联。根据《声环境质量标准》（GB 3096—2008），对于居住区的声环境最低要求为夜间50 dB，昼间60 dB。如果长期暴露在60 dB以上的环境中，人们将无法正常活动，导致记忆力下降、注意力分散、睡眠质量下降等，表现出较为烦躁、焦虑、紧张的情绪。相对而言，自然界中小溪的流水声，清脆的鸟鸣声、沙沙的落叶声等，大多数比较悦耳，能够让人产生愉悦的心情。另外，即使同样在森林中，有鸟叫、小溪等大自然声音的森林比没有声音的森林更有益于心理健康。

5.1.1.3 触觉

触觉通过嵌入皮肤的温度感受器和嵌入关节、肌肉、肌腱的机械感受器感知信息（Schaible et al.，2009）。在触摸物体时，人们对物体的触觉和主观评价会同时出现。当人们对于某物体感兴趣时，会不自觉地去摸一摸，形成触觉感受。尤其是儿童，喜欢"到处摸"，摸石头、栏杆、花卉。创造安全又可触摸的森林环境，有利于儿童身心的健康发展。不同物品、相同物品但粗糙程度不同，或是物体压力、纹理、振动等不同，触摸后可能会产生不同的心理效应。触摸木材会给人一种放松的感觉；触摸金属会引起压力反应；触摸动物可以增加人们的社会互动、降低压力、减轻疼痛感、减少焦虑等，提高幸福感。不管是触摸哪种物体，都会刺激触觉神经产生不一样的感受。可以利用森林中特有的资源制造不同的触觉刺激，比如用森林中的石头、沙子和掉落的果实等铺成步道，赤脚体验不同材质对脚的刺激。

5.1.1.4　嗅觉

气味是由环境中某种物体释放出的挥发性分子通过扩散作用散布开来的，这些扩散的小分子或者微粒可以刺激嗅觉系统，并且被鼻腔中的嗅觉感受器检测和辨别到。当带有气味的分子和嗅觉受体结合时，传导功能就会启动，嗅觉信息借助嗅觉神经传递至大脑皮层，感受到具有不同属性的气味。嗅觉信息可以增强人们对环境的体验，加深记忆。当我们思念家乡，我们会想起妈妈身上的香味、妈妈做饭的味道、某个饭馆特色菜的味道、以及春日的花香、下雨天的泥土芳香等。大自然中充满了来自花草、树木、动物及腐殖质散发的气味，不同物质散发的气味具有不同的效果，当人们闻到树木、鲜花或者泥土的气味时会产生愉悦的感觉，但当我们闻到腐殖质的味道时会有恶心的感觉。大多数情况下，植物散发的气味能够挥发在空气中，人体吸入后作用于局部或者全身，促进机体身心平衡，缓解抑郁和焦虑，对人们的心理健康有促进作用(郝秀乔等，2019)。

5.1.1.5　味觉

我们吃东西时，食物经过我们口腔而引发酸甜苦辣咸等感觉信息，人们对味道作出主观判断后根据个人喜好决定该食物的摄入量，引发调节机制产生饥饿感或者饱腹感。一般情况下，人们在饥饿状态下吃食物会产生愉快的感觉，随着摄入更多食物，饱腹感逐渐出现，愉快的感觉也会渐渐变弱。另外，不同味道的食物带给人的主观感受不同，大多数人喜欢甜味，厌恶苦味。近年来，健康食品及其味道受到广大消费者的关注，绿色有机食品、天然食品对人体健康更有益处。由于此类食品的味道比一般食品更特别，使消费者在食用时感觉更好，产生舒适、安全的感觉(Davies et al.，1995)。

5.1.1.6　其他感觉

动觉，又称运动感觉，反映身体各部分的位置、运动以及肌肉的紧张程度，与肌肉组织、肌腱和关节活动有关(彭聃龄，2012)。森林环境中，经常铺设汀步(图 5-2)，人们在大小、形状、高低不一的石板上行走时，往往需要不停地改变方向、步幅和身体姿态，产生不断变化的动觉，如果在此过程中设置特殊的景观，形成动觉和视觉结合的感觉模式，更加引起人们的积极感受。

人对温度和气流也很敏感，"暖风熏得游人醉"是人们对春日天气转暖时的感觉。森林环境中，在夏日为人们提供阴凉场所，在冬季为人们提供避寒场所，消除过热或过冷的温度和气流引起的消极感受。

人们从不同的感觉通道里接收视觉、听觉、嗅觉、味觉和触觉等信息，并迅速地将其感知为一个统一的整体，形成了对周围环境的总体评价，即使其中一方面的感受不舒服，也会影响整体评价，因此森林环境中应该照顾到人们的各种感受(刘强等，2008)。

图 5-2　汀步

5.1.2 知觉

实际生活中，我们不仅要认识事物的个别属性，也要认识事物的整体。知觉（perception）是客观事物直接作用于感官而在头脑中产生的对事物的整体认识（彭聃龄，2012）。知觉以感觉到的信息为基础，但是与感觉有所不同。比如，我们吃了一口苹果，感觉到酸酸的，得到苹果还没熟透的结论，"酸"是感觉，而"没熟"是知觉。感觉是人们与生俱来的，而知觉需要借助个人的知识和经验，是后天的。心理学家对知觉进行了大量的研究，在理论上给出了不同角度的解释。我们主要介绍格式塔知觉理论、概率知觉理论和生态知觉理论。

5.1.2.1 格式塔知觉理论

格式塔知觉理论于1912年兴起于德国，主要代表人物有韦特海默（M. Wertheimer）、考夫卡（K. Koffka）和科勒（W. Köhler），认为组织倾向是人类与生俱来的，能够在视觉环境中组织排列事物的位置，知觉出环境的整体与连续。

图 5-3 两可图形
（彭聃龄，2012）

首先，人在知觉客观世界时，总是有选择地把少数事物当成知觉的对象，把其他事物当成知觉的背景，以便更清晰地感知一定的事物与对象。例如，鲁宾（Rubin，1915）的两可图形（图5-3），如果把黑色部分作为知觉对象，白色部分就会成为知觉的背景，我们会看到一只杯子；相反，如果把白色部分作为知觉对象，黑色部分就会成为知觉的背景，我们会看到两个面对面的侧脸。在森林环境中明确区分知觉背景和对象，突出知觉对象，即主题内容，可以使人们在不经意间发现所要观察的对象。如果知觉的对象和背景混乱，会导致观众的忽略和无视，若强制观众集中注意，则容易产生视觉疲劳，令人感到厌烦，造成消极的视觉感受。但这并不绝对，应视具体情况而定，有时候万紫千红、琳琅满目和火树银花的场面也能带来愉悦的视觉感受。

其次，格式塔心理学认为，当我们自然而然地进行观察时，知觉能控制多个刺激，使它们形成有机整体的倾向。当森林环境中按照下列图形组织的原则设计时，人们更容易将各元素整合成一个图形，有助于形成知觉。

（1）邻近性

在其他条件相同时，空间上彼此接近的物体容易组成图形。在图5-4（a）中，左侧长方形的纵向距离大于横向距离，我们更倾向于认为是三列长方形；右侧长方形的纵向距离小于横向距离，我们更倾向于认为三行长方形。

（2）相似性

相似的物体更容易组成一个图形。在图5-4（b）中，我们更倾向于认为是三列"△"形和两列"O"形组成的图形，而不是三排不同形状组成的图形。

（3）对称性

对称的物体容易组成图形，如图5-4（c）所示。

（4）良好连续

在图 5-4（d）的左侧，具有良好连续的几条线段，容易组成图形。而在右侧，图形的良好连续压倒了图形的相似性。正方形与圆点由于良好连续组合在一起，而不连续的另一个圆点被分开了。

（5）共同命运

当物体中的某些成分按共同方向运动或变化时，我们会把它看成一个图形，在图 5-4（e）中，我们看到一个英文字母"V"。

（6）封闭

封闭的线段容易组成图形，如图 5-4（f）所示。

（7）线条朝向

在图 5-4（g）中，两种箭头图案相同，但方向不同，容易区分。

（8）简单性

具有简单结构的物体，容易组成图形。在图 5-4（h）中，我们看到一个长方形和一个三角形，而不是一个复杂的 11 边图形。

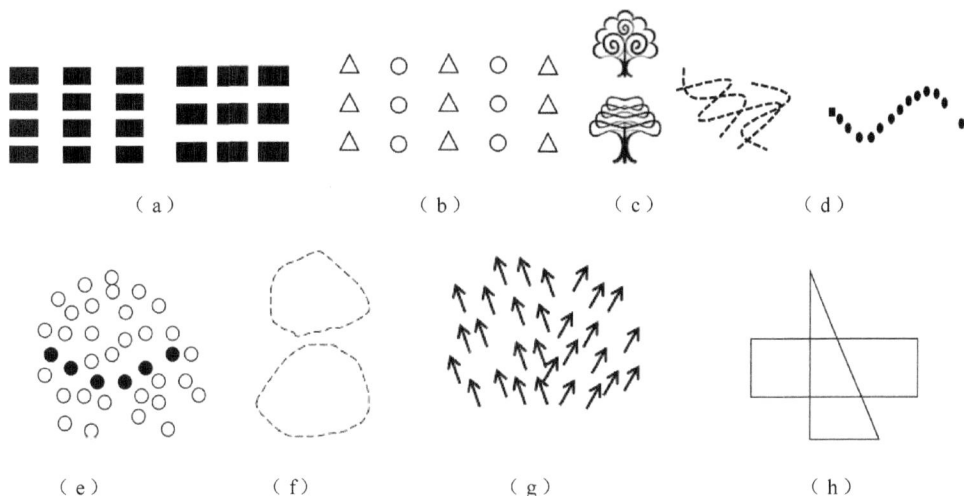

图 5-4　图形的组织原则（彭聃龄，2012）

（a）邻近性图形　（b）相似性图形　（c）对称性图形　（d）良好连续图形
（e）共同命运图形　（f）封闭性图形　（g）线条朝向图形　（h）简单性图形

5.1.2.2　概率知觉理论

格式塔知觉理论主要强调视知觉的直觉作用，而布伦斯维克（Egon Brun-swik）提出的概率知觉理论更强调实践经验。概率知觉理论认为环境知觉是人主动解释由环境刺激引起的感觉输入过程，然而环境提供给我们的感觉信息往往是复杂的，容易使人产生误解。例如，缪勒-莱耶错觉，也称箭形错觉。如图 5-5 所示，图中有两条水平线，你是否认为上面这条水平线比下面这条长？但事实上，两

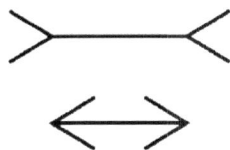

图 5-5　缪勒-莱耶错觉
（彭聃龄，2012）

条线段的长度是相等的。在森林环境的设计中可适当运用人们的错觉，如在森林的前景中种体积较大的树，而在后景中种体积较小的树，借以形成更深更远的错觉，使森林显得比实际更大。

5.1.2.3 生态知觉理论

生态知觉理论由吉布森(J. Gibson)提出，与概率知觉理论相反，该理论强调机体先天的本能和环境所提供信息的准确性，强调人类的生存适应。人们根据需要建造的环境通常具有特定的功能，但是使用者通常具有敏感的生态知觉，可以迅速发现环境中存在的其他潜在功能。例如，人们会选择一块相对平滑和干净的石头就座，会选择空间大小合适的洞穴藏身或避风雨。所以，环境一旦建成，环境的功能将远比预定的功能丰富。森林环境中存在可以观赏、可以休憩、可以攀爬的设计。儿童在发现潜在功能方面比大人更敏感，因为他们尚未成年，也未完成社会化过程，保留着比成人更为敏锐的生态知觉。

5.1.3 注意

注意(attention)是心理活动对一定对象的指向与集中(彭聃龄，2012)。人们在学习或工作时，会把心理活动或意识指向和集中在某一事物上。例如，此时此刻的你正在认真地看这本书，窗外有一只小鸟飞过，你也不会看到。

森林环境中，什么刺激物更容易引起人的注意呢？首先，与其他刺激物形成鲜明对比的刺激物更容易引起注意，如绿草丛中的红花比绿草丛中的青蛙更引人注意；其次，运动和变化的对象比静止的对象更引人注意，如与一条静止不动的鱼相比，一条在水中游动的鱼更能引起人们的注意；最后，千篇一律的事物很难吸引和维持人的注意，而新颖的事物很容易引起人们的注意。

在城市中，人们的生活节奏越来越快，复杂的生活环境容易引起注意疲劳，而森林环境有助于注意力的恢复(Taylor et al.，2009)。注意力恢复理论对其进行了解释。20世纪80年代，环境心理学家卡普兰(Kaplan)夫妇从认知视角提出了"注意力恢复理论"，该理论将注意分为定向注意、定向注意疲劳和自发注意三种。定向注意指个体对某一事件或事物保持关注，定向注意期间个体需要付出大量努力，需要有意识地控制，并且排除其他事物的干扰，因此较长时间的定向注意会产生定向注意疲劳。定向注意疲劳指当个体从事一些高强度工作之后，体会到的一种精神被耗尽的感觉。"自发注意"，与定向注意相反，指人们对某种事物产生自动的、不需要投入大量精力的注意，比如窗外突然有一声鸟叫，我们不自觉地扭头看，有助于促进定向注意疲劳恢复的环境称为恢复性环境。自然环境具有远离性、丰富性、吸引性、相容性，有助于定向注意疲劳恢复。

远离是指远离繁杂的工作和学习环境，投入欣赏的环境中，分为3个层面：远离工作和学习的环境中令自己不舒服的事物；远离日常工作和学习的环境；暂时停止思考如何完成任务或实现目标。同时满足这3个层面则最有可能达到远离性的效果。森林、湖泊、高山、河流等都是能产生远离性的地方，但是对于很多城市居民来说，这些地方是不可以随时到达的。因此，城市环境中的那些方便进入的自然环境对恢复注意疲劳来说是一种非常重要的资源，即使是规模较小的环境也可能具有非常重要的价值。丰富性指环境中各要素之间要连贯。一望无际的森林不具备丰富性，因为没有充足的内容让人观赏和体验。丰富性不一定需要大片的土地，即使是相对较小的区域也可以具有丰富感。吸引性指环境具有能够引人注意并让人产生兴趣的魅力，如微风中摇曳的树叶、变幻无穷的云彩等。相容性指能够令人融入其中的环境。自然环境具有较高的相容性。人类的行为倾向与自然环境之间似乎有一种天然的共鸣，人们在自然环境中轻松自在，并且与自然环境有关的许多人类行为模式都是充满趣味的，如登山、观赏花草树木等。

5.1.4　其他

5.1.4.1　记忆

记忆(memory)是在头脑中积累和保存个体经验的心理过程。研究证明，森林环境可以减少记忆障碍、改善记忆功能。与人工环境中的学习效果相比，学生们在拥有大量自然元素的环境中学习的效果更好，说明自然元素有助于提升记忆力(Holden et al.，2014)。另外，对于抑郁症患者来说，工作记忆受损，这些患者如果在自然环境中或者森林等绿地环境中暴露一段时间，可以提高短期记忆力(指按固定顺序逐一地呈现一系列刺激以后能够立刻正确再现刺激物的量)，改善了抑郁症的症状(Berman et al.，2012)。

5.1.4.2　思维

思维(thinking)是借助语言、表象或动作实现的、对客观事物的概括和间接的认识(彭聃龄，2012)。日常生活中，我们用思维学习知识，解决问题。反刍思维是对负性事件或负性情绪的反复思考(Ehring，2021)。研究表明，人们在自然环境中散步 1.5 h 后，自我报告的反刍思维减少，但在人工建造的环境中散步没有得到这样的结果(Bratman et al.，2015)。

5.1.4.3　创造力

创造力(creativity)是指人们应用新颖的方式解决问题，并能产生新的、有社会价值的产品的心理过程。研究证明，暴露在自然中有助于提高创造力。研究者带领被试者徒步旅行，沉浸在大自然中，与多媒体脱节 4 d 之后，被试者在创造力和解决问题任务上的表现提高了50%(Atchley et al.，2012)。

5.2　森林环境与情绪情感

情绪(emotion)是个体对外界刺激主观的有意识的体验和感受，当外界刺激满足个体需要时表现出高兴，外界刺激未满足个体需要时表现出伤心，情绪具有情景性、激动性和暂时性，往往随着情景的改变和需要的满足而减弱或消失(彭聃龄，2012)。情感(feeling)，如我们对祖国的热爱、对自然环境的欣赏等，指有稳定的、深刻的、持久的感情(彭聃龄，2012)。人非草木，孰能无情? 在生活中，我们会遇到得失、荣辱、顺逆等各式各样的情境，有时候会感受到满意、兴奋、高兴，也有时会感受到难过、失落、厌恶等，这些都是情绪和情感的外在表现。本节内容阐述了森林环境对人情绪和情感的影响。

5.2.1 情绪

环境心理学家梅拉比安和拉塞尔(Mehrabian and Russel)提出影响情绪的"三因子论",包含正向/负向、控制/屈从、唤醒/睡眠 3 个独立的维度。

5.2.1.1 正向和负向

情绪可以分为正向情绪和负向情绪。正向情绪如愉悦、快乐、开心等,一般对人的行为和发展具有推动作用;负向情绪如焦虑、恐惧等,一般对人的健康和行为产生负面的影响。自然环境有助于人们释放压力,缓解疲劳,减少紧张和焦虑情绪,使人趋于平静、放松的精神状态,表现出更多积极的情绪,无论是真实自然场景还是模拟自然场景,都有同样的效果(Ulrich,1981;修淑秋等,2021;Ulrich et al.,1991)。因此,有必要在工作、学习、医院环境中融入自然景观,促进积极情绪。

不同自然环境的可进入性、面积大小,以及活动的时长会影响居民压力缓解的程度(Woo et al.,2009)。居住地越靠近自然环境,居民所感知的压力越低;居住地附近绿地面积越大,居民受到压力较大生活事件的影响越小;居民在自然环境中进行户外运动的时间越长,自身承受压力的能力越大。另外,自然环境对人们情绪的正向作用不受人们活动类型的限制,在森林中步行和静坐对情绪的影响结果是一致的(龚梦柯等,2017)。无论是步行活动后还是静坐后,人们的紧张、疲劳、困惑、抑郁以及情绪紊乱降低,活力感增加。

当然,森林环境对人的积极影响并不是绝对的,在特定的环境中也会产生负向情绪。当我们在与他人沟通交流时,如被他人盯住不停地上下打量,会感觉不自在。树皮上类似于眼睛的疤痕有时也会引起类似的反应,如北京种植较多的毛白杨的树皮,在黄昏或月光下也常使敏感者觉得不安。另外,人们对蛇、蜘蛛的体纹或外形也有天生的警觉和畏惧反应。与追求快乐相比,摆脱恐惧、获得安全感是更重要、更基本的生存需要,是获得正向情绪的首要前提。

5.2.1.2 控制和屈从

控制—屈从是影响人们快乐或不快乐的重要因素。当我们处于屈从状态时,即感受到自己的自由受到限制时,会产生负向情绪。在任何情况下,我们都希望自己能够控制外界信息,提高掌握力和主动性,从而减少负面情绪。在视、听、触、嗅、味等各种感觉中,视觉是最敏感的,也能获得更丰富的信息。因此,人们喜欢视线清晰开阔、背后有安全庇护的环境。根据此现象,英国的 Appleton(1996)提出了瞭望—庇护理论,人们在自然环境中具有"猎人"和"猎物"两种身份,自己希望时刻观察到他人,但是却不希望他人时刻观察到自己。因为人们希望通过视觉迅速地获得丰富的信息,获得控制感,同时又避免过度暴露自己的信息,以降低屈从感。

5.2.1.3 唤醒和睡眠

唤醒和睡眠维度决定了情绪的强度,唤醒水平越高,说明情绪越激烈;睡眠水平越高,说明情绪越微弱。柏莱恩(Berlyne)的相关研究表明,当自然环境中具有不确定性时,会激发人们的唤醒水平,提高人们的探索兴趣。然而,在达到一定程度之后,不确定性的不断增强,以及唤醒水平的不断提高,人们探索自然环境的兴趣和积极评价会下降。

综上，自然环境中的不确定性和人们对自然环境的情感评价之间的关系呈现出倒"U"形(图 5-6)。没有任何挑战的环境比较枯燥，人们很难维持兴趣，而充满挑战的环境也会超过观察者的理解力和应变能力，引起负面情绪，丧失探索欲望。因此，具有适度不定性的环境是维持兴趣、诱发探索动机的最佳环境，也是人们所偏爱的环境。基于自然环境的相关结果也表明了适度的重要性。环境的绿视率并不是越高越好，在绿视率处于中等水平时可能具有最佳的恢复效益；当种植的花卉覆盖率为 27% 时，林地最具吸引力；种植结构密度中等，形式

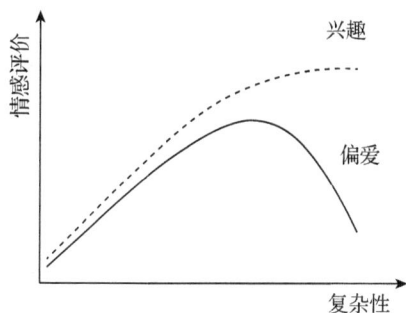

图 5-6　复杂性、唤醒与情感评价
(彭聃龄, 2012)

自然的林地具有最佳的恢复效果证明了这一观点的准确性(Hoyle et al., 2017)。因此，自然环境的设计要综合考虑人们的唤醒和睡眠程度，提供适当的刺激，达到最佳唤醒状态，提高自然环境愉悦身心的作用。

5.2.2　情感

5.2.2.1　自然联结

自然联结(nature connectedness)包含个体对人与自然一体化关系的认同，以及与自然之间的情感联结，反映了人与自然之间关系的质量(李一茗等, 2018)。人类的进化源于自然，自然给予人类所需要的一切，从水、食物再到各种资源，人类在自然中经历了从适应到改造，以维持生存与发展。相较于漫长的历史，人类只有"近来"才在一定程度上与自然界分离开，生活在城市中。我们对孕育生命的自然生态保留着天然的情感。人们天生就喜欢枝繁叶茂的大树、姹紫嫣红的花朵、形形色色的果实。但是，随着工业化和城市化进程加速，工作生活压力越来越大，人们接触大自然的时间越来越少，人与自然的亲密关系受到严重的损害，出现了肥胖症、抑郁症等亚健康问题(Dye, 2008)。

人与自然的联结可分为两种：人与自然环境的物理互动和人与自然的心理联结，这两种联结方式相辅相成(杨盈等, 2017)。人们通过观赏自然美景和园艺活动、户外运动、休闲活动和生态冒险等诸多方式接触自然，提升身体健康或改善情绪，同时也加深了人们对自然的了解，增强了对自然的情感。

因此，我们有必要了解如何提高人与自然的联结程度。自然联结程度与人们在自然中的时间成正比。提高自然联结程度最直接的方法是通过户外活动让人们积极投身大自然。著名的环保非营利组织大卫铃木基金会于 2012 年发起了一项"30×30"公益活动，邀请人们每年 5 月时，每天花 30 min 在自然环境中进行户外活动，坚持 30 d。日本有一项名为"森林浴"的活动，让人们到绿色森林里去呼吸新鲜空气、全身心融入大自然，就好像去森林中沐浴一样，受到了许多人的推崇。这种干预策略非常直接有效，能增强人与自然的联结。然而，人们的工作和生活繁忙，大多数人没有时间或精力参与到该活动中去。自然环境教育方式在一定程度上弥补了这一缺陷。这种方式主要适用于中小学。通过对中小学生的环境保护体验教育，能够显著提升其

自然关联性(Liefländer et al.，2013)。教师是知识的传授者，教师的环境知识与意识对学生有着重要作用，需要做好教师的培训工作。研究者们还尝试开发一些效率更高、操作性更强、更适合都市人口的方法，如想象自己身处大自然、传播环境保护的相关知识、参与绿化城市空间、增加工作场所自然元素以及引导人们增加户外活动等让更多人从自然中获益(Tam et al.，2013)。

5.2.2.2　主观幸福感

主观幸福感(well-being)是指人们根据内在的标准对自己生活质量的整体性评估，是人们对生活的满意度以及各个方面的全面评价，并由此产生积极性情感占优势的心理状态(Diener et al.，1999)。党的十九大报告明确提出："不断满足人民日益增长的美好生活需要，不断促进社会公平正义，使人民获得感、幸福感、安全感更加充实、更有保障、更可持续。"

森林环境对人们情感的影响主要表现在提高主观幸福感方面。接触大自然有利于提高居民的主观幸福感(Cui et al.，2021)。但是，主观幸福感的高低受可达性、环境维护等客观因素的影响(韩冰冰等，2022)。首先，影响程度最大的是可达性，尤其是对于老年人群体，随着年龄的增长，老年人生活重心发生转移，脱离了社会环境后，更容易产生孤独感，渴望前往公园等自然环境中与更多的老年人相互交流，因此距离较近的自然环境可以提高老年人生活的满意度和幸福感。其次，环境维护包括整洁性、设施可用性、安全性、夜间照明等。自然环境周边应配套多种功能，如休憩、健身、商业、半开敞取暖活动设施等，提高自然环境的吸引力，增加居民前往的频率和停留时长。

另外，绿化覆盖率、公园数量和城市清洁度与居民的幸福感也有关，但幸福感水平并不随着绿化覆盖率的提高、公园数量的增加以及城市清洁度的提升而提高，而是呈"U"形变化，先降后升(张振国等，2021)。在一定程度内，自然环境的覆盖率、数量和清洁度的提升会引发居民的消极情感。这可能是因为自然环境的覆盖率、数量和清洁度较低，肯定会产生空间分配不均的现象，容易引起人们的不公平感，从而引发消极情感。因此，在森林环境建设的过程中，"毛毛雨"式的规划建设容易产生负效应。

5.3　森林环境与行为

5.3.1　亲环境行为

随着快速的城市化和工业化，人类享受到丰富的物质及各种便利，也面临着日益严峻的全球环境问题，例如，气候变暖、水资源短缺、土壤退化等，对人类的生产和生活产生巨大的影响。起初，人们认为先进的科技能够战胜生态环境退化带来的问题，然而到20世纪70年代以后，人们才逐渐意识到环境问题产生的根源是人类不恰当的生产和生活方式。为保护自然环境，促进经济社会可持续发展，人们应该作出有助于保护环境的行为，即亲环境行为(pro-environmental behavior)(李瑞华，2020)。以往的研究提出并验证了亲环境行为的相关理论模型，如计划行为理论模型(Young et al.，1991)和价值—信念—规范模型(Stern et al.，1999)。以下内容基于理论模型讨论森林环境中如何激发大众的亲环境行为。

5.3.1.1　计划行为理论模型

计划行为理论认为个体具有的某种特定行为取决于对该行为的态度、主观规范和知觉行为控制（Young et al.，1991）。该理论是一种简单的线性模型（图 5-7）。行为态度是个人对行为正面或负面的评价，例如，我觉得个人的亲环境行为是正确的，是对社会有利的，可以减少对环境的破坏。主观规范是个体在执行某种特定行为时对当前社会压力的感知，人们感知外部规范的压力越大时越有可能采取特定的行为。知觉行为控制是指个人所知觉到的自身对某项行为的掌控程度。

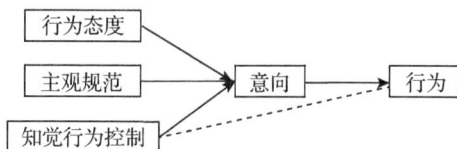

图 5-7　计划行为理论模型（Young et al.，1991）

行为态度、主观规范、知觉行为控制对行为意向和亲环境行为有显著的正向影响（沈雪等，2018；郭悦楠，2019）。首先，亲环境行为直接受亲环境意向的影响。这可能是因为具有较强亲环境行为意向的人可能愿意在这方面花费更多的时间和精力，从而作出更多的亲环境行为。其次，亲环境行为意向受行为态度、主观规范、知觉行为控制的影响。在行为态度方面，当人们认为个体的某种行为是有意义和价值的，做某件事的态度就越积极，行为意向就越强。在主观规范方面，当周围的人都作出某种行为时，人们会认为该行为是符合社会规范的，不做该行为时，会受到社会的谴责，所以也倾向于作出该行为。在知觉行为控制方面，当人们感受到自己需要花费很多时间和精力做某件事时，就会感觉到困难，从而做某件事的意向就越小。

因此，可以从行为态度、主观规范和知觉行为控制三方面着手，提升大众的亲环境行为。在行为态度方面，相关管理机构应强化人们对自然环境的认识和理解，使人们相信亲环境行为是有价值、有必要及有意义的，并引导人们付诸实践。在主观规范方面，相关部门应大规模、持续性、有针对性地弘扬并发扬亲环境行为之风，营造一个积极向上的亲环境行为氛围。相关工作人员可以通过监督、提醒、告知以及劝说等方式提醒人们作出亲环境行为。在知觉行为控制方面，相关部门可以完善基础设施建设，科学合理布局厕所、垃圾箱、标识牌以及休息设施等并配以具有亲和力和感染力的提醒文字，为亲环境行为提供便利。

5.3.1.2　价值—信念—规范模型

Stern 等（1999）提出价值观—信念—规范理论，认为亲环境行为受价值观的影响。价值观包括利他价值观、利己价值观和生态价值观，如图 5-8 所示。

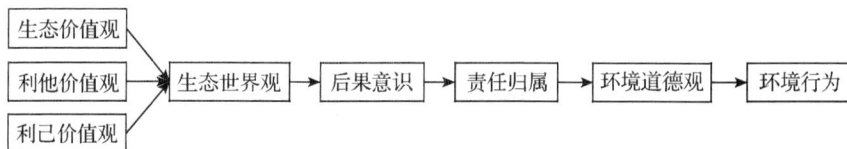

图 5-8　价值—信念—规范模型（Stern et al.，1999）

三种价值观对人们的亲环境行为有着不同的引导作用(刘贤伟和吴建平,2013)。持有利他价值观的人更关心他人幸福和利益,当意识到自己的行为对他人会产生有害的结果时,可能会将这种有害结果的责任归于自己,从而禁止该行为,作出亲环境行为。同样的,持有生态价值观的人会将破坏生态的行为归因于自己的错误,也更容易作出亲环境行为。相反,持有利己价值观的人更关心自己的利益,关心行为给自己带来的直接回报,因此很难参与到与本人直接利益关系不大的亲环境行为中去。

因此,相关管理机构需要意识到环境保护知识的重要性,通过宣传视频和文明标语指示牌等方式持久性、针对性以及提示性地宣传环境保护知识,唤醒人们内心深处的责任意识,让人们在享受美丽的自然环境的同时,学习到环境保护知识,意识到自己的一些不文明行为会给自然环境带来的深远影响,认识到参与亲环境行为责无旁贷,进而提高亲环境行为。

5.3.2 亲社会行为

亲社会行为是个体在与他人和社会交往中所表现出来的谦让、帮助、合作、分享,甚至为他人利益而作出自我牺牲等一切积极的、有社会责任感的、有益于他人和社会的行为(胡金连,2015)。

暴露于自然环境有助于促进亲社会行为。

首先,自然环境,尤其是居住区附近的自然环境,为人们提供了休闲娱乐的空间,可以促进邻里间进行社会交往和建立友谊,降低孤独感,增加归属感和幸福感,从而影响人们的亲社会行为(Maas et al.,2009)。

其次,研究表明,相对于非自然的环境,当人们处在美丽的自然环境时,人们更重视内在愿望(即亲社会价值取向),更不重视外在抱负(即自我价值取向),从而更具有亲和力,更加慷慨,产生更多的助人行为和合作行为(Zelenski et al.,2015)。著名学术期刊 *Nature* 中提到:"当我们站在辽阔的自然环境中,深入地感受宜人的空气、清香以及色彩,会觉得自己的身体慢慢地飘起来,十分惬意悠然,生活或工作中的负面的、自私的、卑微的杂念随着消散"(Emerson,2008)。

最后,接触自然环境有利于自我控制、抑制冲动、减少攻击和暴力(Taylor et al.,2002;Kuo et al.,2001)。相对于城市建筑环境,自然环境可以促进人们自我控制,减少冲动性决策。这可能与注意力有关,在城市建筑环境中,人们注意力能力下降,或注意力过度集中,可能难以处理复杂事务,因此容易冲动地做出决策。而在自然场景中,人们注意力得到修复,留下额外地专注于决策结果的注意力资源。另外,研究表明暴力的三个心理前兆:易怒,注意力不集中和冲动(Kuo et al.,2001),这些都是精神疲劳的症状。生活在自然元素丰富环境中的群体攻击性较低,犯罪率也较低。

5.3.3 其他行为

烟草对人们身心的负面影响是危害公共卫生的最严重的因素之一,烟草中的尼古丁具有致瘾作用，许多吸烟者都存在不同程度的香烟成瘾，出现容易被激怒、坐立不安、生气、烦躁、注意分散、夜不能眠、焦虑以及抑郁等症状(Wayra et al.，2019)。尽管存在很多可用的戒烟方法，如戒烟咨询、戒烟药物以及电子香烟等。但这些方法仍具有一定的不足，如戒烟咨询和戒烟热线的疗效慢，不能对吸烟行为进行直接的干预；戒烟药物会产生一定的治疗费用，且具有某些副作用和禁忌症；电子香烟会释放有害物质等，使得这些戒烟方法的效果并不理想。研究表明，自然森林环境可通过提高吸烟者睡眠质量、缓解压力等方式减少吸烟数量，削弱吸烟行为的趋向，对戒烟有一定辅助效果(朱紫馨等，2022)。

5.4　森林环境对心理影响的研究方法

心理学是一门科学。与物理、数学和化学等学科不同，心理现象复杂多变，且容易受到干扰，因此心理学科更加强调客观严谨以及实事求是的科研态度、研究方法。在做与森林环境有关的研究时，心理学主要用到的是测验法、问卷法和实验法等。

5.4.1　测验法

测验法(measurement method)是指用一套预先经过标准化的问题(量表)来测量某种心理品质的方法(彭聃龄，2012)。在做认知相关研究时经常使用到的有活动记忆测试、数字转换记忆测试、stroop 测试、N-back 测试、数字短记测试、色块短记测试、操作记忆测试等。

随着测验理论的不断发展和统计方法的不断完善，测验法在心理学研究中应用广泛。要保证测验结果的有效性，研究者应当对测验法的优点和不足进行充分了解。在优点方面，首先，测验法可同时对几十甚至几百名被试进行施测，研究效率高；其次，测验法所用量表的编制、施测、评分和解释的标准化程度较高，有助于获取大量相对准确可靠的心理学研究数据资料；再次，测验法的结果可以直观地了解被试及其在群体中的相对位置；最后，应用广泛心理测验的类型很多，可适用于不同的研究领域和研究目的，根据不同的研究需要，获得不同的心理资料。在局限性方面，测验法大多数为自我报告，是对人的心理特质的间接测量与取样推论，不可能完全准确；测验法的形式和结果难以进行更深入的质化分析，造成研究结论比较概括和表面；心理测验的结果不可避免地会受到施测环境、个体状态等外在的、不可控因素的干扰，还有来自个体经验和文化因素方面的影响，会牵涉测验报告的准确性问题。

5.4.2　问卷法

问卷法(questionnaire method)是研究者以按照一定要求和程序编制的问卷为工具向研究对象收集资料和数据的一种方法。在认知、情绪、行为相关研究中，经常用到环境恢复性知觉量表、心境状态量表、情绪状态量表、生活满意度量表、亲环境行为量表等。

问卷法的应用比较广泛，但也有优点和缺点。在优点方面，问卷法可以在较短的时间内收集到大量数据，省时省力；问卷法的目的性很强，可以用来研究被试者的多种心理特性、行为和态度；大多数情况下，被试者在填答问卷时既无人员监视，也无须署名，尤其是在填答一些不宜当面询问的敏感性、尖锐性问题时，不会产生后顾之忧，因而有助于研究者收集到较为真实可靠的信息。在缺点方面，被试者在填答问卷可能会出现敷衍了事、胡乱作答等现象，这些都会影响到数据的有效性；为了便于对数据进行定量分析，常采用封闭式问卷，主试者预设好了题目和答案，被试者只能从中选择，这难以适应每位被试者的情况；问卷法只适用于调查具有一定文化程度的人，对于婴幼儿和文化水平较低的群体，问卷法的使用会受到很人的限制。

5.4.3 实验法

实验法(experimental method)是研究者根据研究课题规定的目的，利用仪器、设备，人为地控制与干涉研究对象，即操纵各种实验条件，排除主、客观因素干扰，突出关键因素，在有利的情境下观测研究对象，以获取经验事实的方法。实验方法可以分为实验室实验和自然实验两种。实验室实验是借助专门的实验设备，在对实验条件严加控制的情况下进行的。借助这些设备可以严格控制刺激的呈现，准确记录被试的反应时(反应时是指从接受刺激到机体作出反应动作所需的时间)。例如，许多心理学实验在计算机上进行，借助于事先编制的实验程序，人们可以严格控制刺激的呈现，精确地记录被试者的反应时间。在森林环境与心理健康的相关研究中，有部分研究就是在实验室进行的(宋旸，2021)。

实验法对实验条件进行了严格的控制，干扰和不确定因素较少，有助于实验者对实验结果进行反复验证，也可以发现各变量之间的因果关系。然而，也正是因为严格地控制了实验条件，被试者在这种环境中，可能表现出与日常生活中不一致的行为，需要考虑是否可以将实验结果推广到日常生活中。

自然实验也称现场实验，在被试者正常学习和生活的环境中进行的，它可以在某种程度上克服了实验室实验的缺点。森林环境与心理健康的相关研究中，有部分研究是在自然中进行的(刘爱维，2021；修淑秋等，2021)。

5.4.4 生理指标

神经情绪反应与躯体生理活动之间具有密切的关系，如大脑负责感知、情绪等心理活动，也负责调节呼吸、心率、血压等生理活动的功能。因此，情绪的产生也会伴随着一些生理的变化，在实际操作中，可以通过对个体生理指标的监测测量人们的情绪变化。研究者利用血压计记录血压、心率变化值，利用唾液试剂盒及配套棉条进行唾液收集，发现血压能反映一定的压力程度，唾液淀粉酶浓度能反映交感神经系统兴奋度。另外，研究者也使用脑电波(EEG)测量人们的情绪变化，在观看不同图片时，受试者的 α 波和 β 波振幅变化具有显著差异，α 波的功率增加越显著，表明人的放松程度越高(Kim et al.，2019)。

本章小结

森林环境可以影响个体的认知、情绪和行为等，不仅可以产生正向影响，也可以产生负向影响，在森林康养活动中应重点区分。首先，应重视个体视、听、触、嗅和味等多种感觉的综合体验，任何一种感觉引起个体的负面情绪，都会产生"木桶效应"。其次，森林康养环境应符合人们的知觉特点，便于人们在易区分、易理解的环境中体验环境。再次，可以适当在攀、爬、跳和探索等方面提高挑战性，增加"柳暗花明又一村"的不确定性。最后，森林康养活动应注意培养人们对自然环境的行为态度、主观规范和知觉行为控制，促进个体形成亲环境行为，树立环境保护意识。

思考题

1. 试阐述森林环境对个体心理健康的促进作用。
2. 试从心理学角度思考如何优化森林康养基地建设。
3. 试从心理学角度思考如何设计森林康养服务。

推荐阅读书目

1. 彭聃龄. 普通心理学（修订版）[M]. 北京师范大学出版社，2001.
2. 胡正凡，林玉莲. 环境心理学(第 3 版)[M]. 中国建筑工业出版社，2012.

第6章　中医学视角下的森林康养

中医药学具有数千年的历史，是中国人民长期同疾病作斗争的极其丰富的经验总结，也是中国优秀的民族文化遗产的重要组成部分。森林康养和中医都注重人体的自然自愈能力以及自然环境对人体的影响。森林康养以森林自然环境为基础，通过感知、运动、休息、冥想等方式，综合促进人体心理、生理、社交、文化等多方面的健康。森林康养理念认为，人与自然的和谐互动可以促进身心健康，减轻压力和疾病，提高生命质量和幸福感。中医强调人体与自然环境的关系，认为自然界的气候、地理、生物等因素都会影响人体的生理和心理状态。中医注重"治未病"，即在人体健康状况良好时采取预防措施，调整身体的阴阳平衡，增强人体自愈能力。中医疗法强调个体化治疗，关注疾病的整体观念，认为疾病不仅是局部的病变，还与整体的生命体系有关。森林康养和中医都认可，自然环境与人体健康密不可分，倡导人类应当尊重自然、与自然和谐共处的理念。两者结合可以更好地发挥自然环境对人体健康的影响，提高人体的自然免疫力，预防和治疗疾病。

6.1　中医学的基本特征

中医学理论体系在其形成和发展过程中，以古代的唯物论和辩证法思想为指引下，通过长期的实践观察，包括对生活现象、生理功能表现、病理变化反应，以及临床治疗效应等方面的反复观察，并进行综合与归纳、分析和对比，经过抽象思想的指导和升华，逐步形成了以整体观念和阴阳五行学说为指导思想，以脏腑经络学说为理论核心，以辨证论治为诊断特点的完整的理论体系。中医学，是发祥于中国古代社会的一门学科。中医学是在中国产生，经过数千年发展而形成的一门具有独特理论体系和丰富的养生方法、诊疗手段的传统医学。它与中国的人文地理和传统的学术思想等有着密切的内在联系，属于东方的传统科学范畴。因此，与西方的近代和现代医学相比，中医学具有独特特色和优势。中医学有两个最基本的特征，即整体观念和辨证论治。

6.1.1　整体观念

整体指的是统一性、完整性和联系性。整体观念就是强调观察、分析和研究，处理问题时需注重事物本身所存在的统一性、完整性和联系性。中医学非常重视人体本身的统一性、完整性，包括内在脏腑器官之间、心理和生理功能活动之间，以及人与外界环境的相互联系。中医学认为，人是一个有机整体，构成人体的各个组织器官，在结构上是相互沟通的，在功能上是相互协调、相互为用的，在病理上是相互影响的；人与外界环境也有着密切的联系，在能动的适应环境的过程中，维持着自身稳定的机能活动。这种内、外环境的统一性、连续性，机体自身的整体性、稳定性的思想，就是中医学的整体观念。这一观念贯穿在中医学对生理、病理、诊法、辨证、治疗等各个方面的理性认识中（表 6-1）。

表 6-1　自然界与人体五行归纳

自然界							五行	人体						
五音	五味	五色	五化	五气	五方	五季		五脏	五腑	五官	五体	五志	五液	五脉
角	酸	青	生	风	东	春	木	肝	胆	目	筋	怒	泪	弦
徵	苦	赤	长	暑	南	夏	火	心	小肠	舌	脉	喜	汗	洪
宫	甘	黄	化	湿	中	长夏	土	脾	胃	口	肉	思	涎	缓
商	辛	白	收	燥	西	秋	金	肺	大肠	鼻	皮	悲	涕	浮
羽	咸	黑	藏	寒	北	冬	水	肾	膀胱	耳	骨	恐	唾	沉

人是一个有机整体。中医学强调人是一个有机整体，它体现在 4 个方面。首先，就形体结构而言，人体是由若干脏腑等组织器官组成的，它们相互沟通，任何局部都是整体的一个组成部分，与整体在形态结构上有着密切的联系。其次就基本物质而言，组成各组织器官并维持其功能活动的物质是统一的，如精、气、血等。这些物质分布和运行与全身的功能活动密切相关。再次，就功能活动而言，组织结构上的整体性和基本物质的同一性决定了各种不同功能活动之间的密切联系，它们互根互用、协调制约、相互影响。如心理和生理是人的两大基本功能活动，彼此相互依赖、相互促进、相互制约，呈现协同关系。最后，就病理变化而言，各脏腑组织之间、各局部与整体之间在病理上可相互影响、相互转变，而产生复杂的病理变化。因此，古人强调形与神俱，形神合一，认为人的正常生命活动是心理和生理功能的有机融合。

人与外界环境的统一性。人体不仅本身是一个有机整体，而且人体与外界环境也存在着对立统一的关系。人是自然界进化的产物，从中医学认识来看，人与外界环境有着物质统一性；人又生活在环境里，自然环境和社会环境中存在着人类赖以生存的必要条件。正因为这些原因，外界环境的变化可以直接或间接的、显著或不显著地影响到人的功能活动，迫使机体作出相应的反应。如果这类反应处于生理适应范围之中，则表现为生理性的适应；如果超过一定范围，或者虽作出了反应，但仍使机体无法适应外界的变化，就有可能出现病理性的情况，甚至发展为疾病。这就是中医学强调的人与环境的统一性。《黄帝内经》以"人与天地相参也，与日月相应也"等来表述这一认识。它具体体现在两个方面：一是自然环境对功能活动的影响；二是社会环境对功能活动的影响。

在森林康养中，可以将中医学的整体观念运用到身心健康的调节中。中医学的整体观念是指人体是一个有机整体，任何一个部位或系统的变化都会影响整个身体的平衡。森林康养可以促进身体的整体调节，通过呼吸新鲜的空气、感受森林中的自然气息，调节呼吸系统的平衡，减轻疲劳，增强免疫力。同时，森林中的自然景观、声音和气味等也可以调节神经系统和内分泌系统的平衡，从而使身体得到整体调节和平衡。森林康养也有助于促进情绪的整体调节。在森林中，人们可以感受到自然的美好，放松身心，舒缓情绪，减轻压力和焦虑。森林康养中的冥想、瑜伽等活动也有助于通过身体和心灵的调节，促进情绪的平衡和稳定。最后，森林康养有助于促进整体生活方式的调节。在森林康养中，人们可以体验到自然的食物、饮水和生活方式，这些有助于促进身体的健康和整体的生活方式。同时，森林康养还可以促进人与社会的整体关系，增强社交、沟通、协作等技能，从而促进整体生活方式的调节。因此，中医学的整体观念在森林康养中可以得到很好的应用。通过促进身体、情绪和整体生活方式的调节，可以达到身心健康的效果，提高生活质量。

6.1.2 辨证论治

辨证论治可以分为辨证和论治两个阶段。

所谓辨证，就是将四诊望闻问切所收集的资料、症状和体征，在中医理论指导下，通过分析综合，去粗取精，去伪存真，辨清疾病的原因、性质、部位以及邪正之间的关系等，最后概括判断为某种性质的症。因此，辨证的过程就是对患者作出正确、全面的判断过程，或者说分析并找出主要矛盾的过程。所谓证是指在疾病的发展过程中，某一阶段的病理概括，可以认为证是人体在疾病的发展过程中某一阶段的反应状态、致病因素，它包括内源性和外源性。致病因素作用于机体，引起机体不同反应，不仅不同致病因素可以引起不同的反应，而且同一致病因素，由于个体的体质不同，也可以引起机体反应的差异。临床上，中医就是依靠自己的感官，直接从这些反应状态中获得病理信息，并通过医生的分析、综合而后辨别和判断患者当时的功能状态，这就是辨证的实质。所以中医学的辨证是从机体反应性的角度来认识疾病，是从分析疾病当时所表现的症状和体征来认识这些临床表现的内在联系，并且以此来反映疾病本质的临床思维过程。

论治则是根据辨证的结果，确定相应的治疗方法。论治是辨证的目的，通过辨证论治的效果可以检验辨证是否正确。所以，辨证论治的过程就是认识疾病和治疗疾病的过程。辨证和论治是诊治疾病过程中前后衔接、相互联系、不可分割的两个方面，是理论和实践的有机结合，在临床上的具体运用是指导中医临床工作的基本原则。

中医学中的辨证论治是一种基于整体观念的诊疗方法，强调要分析病情、辨证施治，以达到治疗效果的最大化。在森林康养中，可以根据不同的身体状态和健康需求来制订不同的康养方案，这就是根据病情的不同进行辨证论治的过程。例如，对于那些需要放松身心、减轻压力的人来说，可以推荐森林浴、瑜伽、冥想等活动，而对于需要增强体质、锻炼身体的人来说，可以推荐森林徒步、登山、划船等活动。对于身体虚弱的人来说，可以推荐一些轻松、舒适的活动，如缓步散步、森林药浴等，以温和的方式调节身体；而对于身体强壮的人来说，可以进行更具挑战性的活动，如登山、划船等，以达到身体锻炼的效果。森林康养中还可以根据不同的季节和环境来进行辨证施治。例如，在冬季的寒冷环境中，可以推荐一些温暖的活动，如森林温泉、温泉浴等，以温暖身体；而在夏季的炎热环境中，可以推荐一些凉爽的活动，如森林溪流游泳、草地野餐等，以调节身体适应外界。

6.2 中医学的病因病机学说

中医把疾病看成致病因素作用于人体以后引起的异常生命活动，形成了"以人为本"的独特疾病观。基于这种疾病观，研究致病因素对人体的侵害方式，以及人体受致病因素影响而发生的功能失调和形态变异，就成为疾病研究最基本、最核心的内容，病因病机学说就是研究这方面内容的学术理论。

病因，是指导致疾病发生的原因。主要有六淫、戾气、七情、饮食、劳逸伤、外伤及病理产物性病因，如痰饮、瘀血等。在病因分类上，六淫、戾气称为外感致病因素；七情、饮食和劳逸伤称为内伤性致病因素；外伤、虫兽伤、痰饮、瘀血和体质因素等称为其他致病因素。中医病因学主要是研究各致病因素的性质及所致病症的特点，便于临床辨证求因，据因论治。病机，即疾病发生、发展和变化的机制。包括基本病机、脏腑病机、经络病机和形体官窍病机等，内容极其丰富。基本病机包括邪正盛衰、阴阳失调、气血失常和津液代谢失常等；脏腑病机包括五脏病机、六腑病机、脏腑关系失调病机等；经络病机包括十二经脉及奇经八脉病机；形体官窍病机，是指形体与官窍在疾病发生、发展和变化过程中的机制，与脏腑、经络病机有着密切联系。

中医的病因病机学说是经过相当长的历史时期，经历历代医家不断总结提高才逐步形成的理论。早在西周时期的《周礼》中就有关于病因病机的记载。如《周礼·天官》载："夫天之寒暑阴阳风雨晦明，既足于伤形；而人之喜怒阴阳运于营卫之间，交通则和，有余不足则病。"就指出了气候因素和情志因素太过或不及都可以使人发病的机制。成书于秦汉时期的《黄帝内经》已经明确提出了六淫、七情、饮食、劳倦等各类致病因素，并将病因分为阴阳两大类。《素问·调经论》："夫邪之生也，或生于阴，或生于阳。其生于阳者，得之风雨寒暑；其生于阴者，得之饮食居住，阴阳喜怒。"这是中国医学史上最早的病因分类方法。"病机"一词首见于《内经》，《素问·至真要大论》即有"审察病机，无失气宜""谨守病机，各司其属"之说。《黄帝内经》还将临床常见的一些病症，从五脏和六淫致病，归纳出十九条病机，为历代医家所重视，所以《黄帝内经》奠定了中医病因病机学说的基础。此后历代医家不断补充发展，如隋·巢元方《诸病源候论》是中国第一部论述病因病机的专著，宋·陈言所著《三因极一病证方论》提出三因学说，即内因、外因和不内外因，都是对病因学说的丰富和发展。

本书简略探讨六淫致病、七情致病、饮食失节、饮食偏嗜等病因病机。

6.2.1 六淫致病

六淫，即风、寒、暑、湿、燥、火等六种外感病邪的总称。风寒暑湿燥火，本是自然界的六种气候变化，正常的气候变化称为"六气"。六气是万物生长变化的自然条件，也是人类赖以生存的自然条件。《素问·宝命全形论》中提到"人以天地之气生，四时之法成"。人类长期生活在自然界中，对各种气候变化都有一定的适应能力，在一般的情况下，气候因素不会致病。但是当气候变化异常，或太过，或不及，"非其时而有其气"（如春天气候应温而反寒），或气候变化过于急骤（如暴冷暴热等），在人体正气不足，抵抗力下降时，六气便可成为致病因素，导致人体发生疾病。这种致病的"六气"，称为"六淫"，又称"六邪"。《金匮要略·脏腑经络先后病脉证》中提到："夫人禀五常，因风气而生长，风气虽能生万物，亦能害万物，如水能载舟，亦能覆舟。若脏元真通畅，人即安和。客气邪风，中人多死。"说明自然界的气候变化，虽是人类生长发育的条件，但又是产生疾病的因素之一。

6.2.2 七情致病

七情，是指人体喜怒忧思悲恐惊七种情绪变化。感情是情感和情绪，七情是伴随着人的需要而产生的对客观事物的表现，是人体生理的本能。《礼·礼运》说："喜、怒、哀、惧、爱、恶、欲，七者勿学而能。"《黄帝内经》指出喜、怒、忧、思、悲、恐、惊、畏八种情绪，后世认为"恐"与"畏"为同类，故成七情之说。凡满足于人的需要的事物，会引起肯定性质的情绪，以喜概括；凡不能满足人的需要的事物，或与人的需要相违背的事物，会引起否定性质的情绪，如愤怒、哀怨、痛苦、失望、憎恨、凄怆等，则分别概括为怒、忧、悲、恐、惊等。七情大致可概括人类的基本情感。七情与五脏有密切的关系，由五脏精气所化生，《素问·天元纪大论》说："人有五脏化五气，以生喜怒思忧恐。"《黄帝内经》又根据七情和五行五脏的亲和性，把喜、怒、忧、思、悲、恐分属于五脏。《素问·阴阳应象大论》中说，肝"在志为怒"，心"在志为喜"，脾"在志为思"，肺"在志为忧"，肾"在志为恐"。《三因极一病证方论·三因论》中说，"七情，人之常性，动之则先自脏腑郁发，外形于肢体，为内所因"。所以七情具有两重性，适度的情绪反应为人之常性，属生理范畴。七情过度及刺激的强度和时间超过机体生理调节范围，则成为病因，可使人发病。由于七情致病，先自脏腑，愈发外形于肢体，故称七情内伤。

图 6-1 七情致病

七情致病的条件，需要有一定的外部不良刺激，当刺激强度及时间超过患者心理承受和调节能力时，才能形成七情内伤，而承受能力又因人而异。外界不良刺激有许多方面，包括自然和社会环境不良，个人政治地位、经济状况、工作条件、家庭和生活环境等发生变化，都可成为外界不良刺激。例如，气候环境恶劣、洪涝或旱灾，社会动荡，政治地位丧失，家庭突变，或意外造成大量财产损失，人际关系紧张，生活环境嘈杂等，都会产生不良情绪，导致身心受伤而致病（图6-1）。

6.2.3　饮食失宜

饮食失宜，是指由于饮食因素导致疾病的发生。饮食因素主要有饮食失节，饥饱失常，或暴饮暴食，或饮酒无度，或饮食不节，或饮食偏嗜等，属内伤病的致病因素之一。

饮食是人体生存和保持健康的必要条件。人体通过饮食从食物中吸收各种营养物质，化生为精、气、血、精液等，以维持人体正常的生命活动。而食物的受纳、消化和水谷精微的吸收和转输主要靠脾胃的功能活动去完成。故脾胃为"气血生化之源"，"后天之本"。饮食虽然是人体生存和保持健康的必要条件，但饮食要有一定的规律和节制。饥饱要适宜，饮食要讲究卫生，食物搭配要合理，不宜偏嗜。如果饮食失节，饥饱失常，或暴饮暴食，或过饥，或饮食不节，或饮食偏嗜等，均可形成饮食失宜。饮食失宜，直接影响脾胃，导致脾胃功能失调，并可变生他病。《素问·痹论》中说："饮食自倍，肠胃乃伤。"《素问·阴阳应象大论》说"水谷之寒热，感则害人六腑"。《素问·生气通天论》中说："阴之所生，本在五味，阴之五宫，伤在五味""膏粱之变，足生大丁"。

下面从饮食失常和饮食偏嗜两个方面进行阐述。

(1) 饮食失常

人体进食应定时，食量要适度，不宜过饱，也不能过饥。暴饮暴食，或饥而不食，或长期过量饮食，或进食量不足等，均可导致疾病的发生。适量饮食与个体年龄、性别、体质、工种、健康状况和食品种类不同有关。一般来说，青少年及中年人体质壮实，体力劳动者或运动员身体健康者，食物能随时消化，对食物的需求量较大。而婴幼儿和老年人体质柔弱，脑力劳动者或工作较清闲者、患病者，食量都相对较少。

过饥，是指平素饮食明显低于本人适度的饮食量，由于摄食不足，缺乏必需的营养，气血化源不足，因而气血衰少，脏腑功能减退。过饱，是指暴饮暴食超过本人适度的饮食量，可损伤脾胃。饮食有时，按规定时间有规律的进食，可以保证胃之腐熟，脾之运化，水谷精微化生有序，按照机体不同的生理需求而输布饮食，无时则胃之腐熟，脾之运化，节奏紊乱，损伤脾胃，变生他疾。

(2) 饮食偏嗜

人体生长发育和功能活动，需要不同的营养成分，而各种营养成分又分别存在于不同的食物中，因此饮食要适当调节，注意食品的多样化，谷果肉菜不应有所偏。《素问·藏器法时论》中说："肝色青，宜食甘。粳米、牛肉、枣、葵皆甘。心色赤，宜食酸。小豆、犬肉、李、韭皆酸。肺色白，宜食苦。麦、羊肉、杏、薤皆苦。脾色黄，宜食咸。大豆、猪肉、栗、藿皆咸。肾色黑，宜食辛。黄黍、鸡肉、桃、葱皆辛。辛散、酸收、甘缓、苦坚、咸软。毒药攻邪，五谷为养，五果为助，五畜为益，五菜为充。气味合而服之，以补精益气。"这是食物疗法较早的记载，明确指出了饮食不应有所偏嗜。若过分的偏食或不食某些食物，就会造成人体内某些营养成分的过剩或不足，导致疾病的发生。

饮食偏嗜，又可具体分为饮食寒热偏嗜、五味偏嗜、肥甘厚味偏嗜。寒热偏嗜是指食品性质的寒性和热性，也包括饮食温度的寒热。饮食寒温要适中，少食辛热，慎食生冷。五味偏嗜，五味即酸、苦、甘、辛、咸五种食味。若较长时间偏嗜某一食味，可使所吸入的脏腑功能偏盛，久而损伤内脏，发生病变。肥甘厚味偏嗜，肥指肥腻厚味，甘指甜腻之物。《素问·奇病论》中说："肥者令人内热，甘者令人中满。"在生病时更应注意饮食宜忌，饮食与病相宜，能够辅助治疗，促进疾病的好转。反之，疾病就会加重。

6.3 森林康养与中医学的关系

6.3.1 森林康养在中医药文化中的定位

随着医学模式的转变，人们越来越重视生态医学的作用。生物-心理-生态医学模式成为与时俱进的全新医学模式。从《黄帝内经》到《老老恒言》，历代医家在不断探索生态、环境、气候、时令对人体的各种影响，并形成了独特的养生思想和理论。森林康养作为一种新兴的产业模式，凭借得天独厚的自然资源条件，以传统的中医学养生思想为理论基础，对现代人群的健康养生、防病治病起到不可忽视的作用。

6.3.2 森林康养在中医药文化中的作用

森林康养是以森林资源为基础，将森林资源与医疗养生、运动休闲、健康、养老等有机融合，通过在森林里开展促进人民健康、调养身体机能、延缓衰老等活动，体验森林的宁静美妙等崇尚大自然的有益人类身心健康的活动。森林康养不需要采用任何医疗措施和药物手段就可以达到增进健康、治未病的效果，这是养生的最高境界。中医药学发展的历史中，道地药材、养生功法、食疗方等都是源于大自然，在中医养生文化中，饮食养生、情志养生、四季养生等都离不开大自然，离不开森林资源，可以说森林康养极大丰富了中医养生文化的内涵和方法。

森林康养在中医药文化中的定位可以理解为一种融合了中医药理念和自然环境治疗理念的综合性康养方式。中医药文化强调自然疗法，认为自然界的万物均可作为药物治疗疾病，包括植物、动物、矿物等。而森林康养中以森林自然环境为基础，注重感知、运动、休息、冥想等方式，促进人体心理、生理、社交、文化等方面的健康，也体现了自然疗法的理念。同时，森林康养与中医药文化共同强调了"治未病"的思想，注重预防和保健，让人们通过积极调整身体的阴阳平衡和促进自愈能力来达到治疗和预防疾病的目的。具体表现在 3 个方面：一是强调人与自然的和谐互动，中医药文化强调自然环境与人体健康的密切关系，认为自然界的气候、地理、生物等因素都会影响人体的生理和心理状态。而森林康养以森林自然环境为基础，让人们深度融入自然中，感知自然、呼吸新鲜空气、接触植物和动物等，增强了人与自然之间的和谐互动，有利于改善人们的心理状态和生理健康。二是强调人体自然免疫力：森林康养通过感知、运动、休息、冥想等方式，让人们身心放松，缓解压力，增强身体的自愈能力和自然免疫力，从而达到预防和治疗疾病的效果。中医药文化中也有类似的观点，即强调调整身体的阴阳平衡、促进自愈能力等，因此森林康养和中医药文化的理念相得益彰。三是促进身心健康和幸福感。森林康养注重感知自然、运动、休息、冥想等方式，让人们身心放松，缓解压力，改善情绪，提高幸福感。中医药文化中也注重身心健康的维护，认为人体的健康与心理状态密切相关。因此，森林康养可以视为一种新型的中医药康养方式，强调自然、身心健康和预防为主的理念，与传统中医药文化融为一体，中医药文化在森林康养中的定位和作用十分重要，可以为森林康养的实践提供指导。

6.4　森林康养与中医养生

6.4.1　养生的基本概念和内涵

养生，又称摄生，是中医学所独有的概念，是指通过适当的方法保持身体健康并延年益寿。中医学不仅是治疗疾病的医学，更是保持生命生机活力的"生生之学"，其本质在于改善人的生存状态，致力于改善人与环境的相互影响和依存的关系，养生正是这一本质要求的具体体现。在天人相应思想指导下的中医学，其养生之道表现在以下 4 个方面：一是顺时养生，把顺应自然作为养生的根本原则，认为"四时阴阳者万物之根本"，强调"顺四时而适寒温"，并提出"春夏养阳，秋冬养阴"的具体原则，遵循天地阴阳的运动变化规律，顺应季节更替养生，顺之则健康、逆之则有害。二是养心养神，把调摄精神作为养生的重要措施，要求"恬淡虚无""精神内守"，从而使"形体不蔽，精神不散"。《管子·内业》确定了内心修养的标准，"内"即心，"业"即术，内业者养心之术也；而在《素问》中专门辟出"四气调神大论"专篇，讨论四时气候变化对人体精神活动的影响。三是重视保养正气，认为"正气存内，邪不可干"，各种养生方法都应保持强壮正气，以达到"僻邪不至，长生久视"的目的。四是养生方法众多，诸如运动养生、食疗养生、药物养生、情志养生等。运动养生中，早在汉代马王堆出土的《养生图》中，已经出现了吐纳、导引等方法；名医华佗根据虎、鹿、熊、猿、鸟五种动物的习性，创编了积极有效的养生之术——五禽戏；行之有效的运动养生术还有太极拳、太极剑、八段锦、各种健身气功等；根据"药食同源"理论，将药物与食品合理搭配服食，可收到延缓衰老、调节免疫、抗疲劳等多种功效。中医药在养生保健、延年益寿方面的优势，蕴藏着广阔的市场前景。

中医养生体现了"未病先防"的思想，也属于"治未病"的范畴。与西医"有病治病"的理念不同，《黄帝内经》早在两千多年前提出了防患于未然的治未病思想，认为医学的最高境界是"圣人不治已病治未病，不治已乱治未乱"（《素问·四气调神大论》）。未病之前，重视形体和精神的调养，"顺四时而适寒暑，和喜怒而安居处，节阴阳而调刚柔"（《灵枢·本神》），以提高正气即机体的抗病能力。《素问·八正神明论》又拓宽了治未病概念，提出"上工救其萌牙"的防微杜渐思想。《难经》进一步拓展了治未病概念，提出了"见肝之病，知肝当传之于脾"的命题，《金匮要略》更明确地指出其"当先实脾"的既病防变思想。到了唐代，孙思邈提出"上医医未病之病，中医医欲病之病，下医医已病之病"（《备急千金要方·卷二十七》），将疾病分为"未病""欲病""已病"3 个层次，认为上医是维护健康的养生医学，中医是中期干预的预防医学，下医是针对疾病的治疗医学；加上针对疾病初愈后防止复发的调摄，治未病包括了未病先防、防微杜渐、既病防变和瘥后防复 4 个方面，4 个方面贯穿于无病、疾病隐而未显、发而未传、瘥后康复的全过程。此后历代医家多有强调和补充发挥，如既病防变又有"有病早治""先安未病之脏""病后止遗"三道防线。

6.4.2 情志养生

6.4.2.1 情志养生的概念

情志养生，是在中医养生学基本理论和原则的指导下，通过顺时养神、协调情志、积精益气等途径，保护和调节人体精神心理的平衡，以达到形神一体、脏腑协调、气血通顺、阴阳调和的调神养心养性目的的一种养生方法。情志太过，就会功能紊乱，伤及五脏，有伤气机，只有做到精神内守，方能预防疾病的发生。

《素问·四气调神大论》中说明了四时精神调养观，为历代医家所推崇。春季阳气生发，万物复苏，生机勃勃，人的精神活动要顺应生生之气，舒展条达；夏季阳气旺盛，万物茂盛，精神应饱满活泼，而无愤怒之情；秋季阳气收敛，精神应顺应收的特点而保持内敛宁静；冬季阳气潜藏，精神也应内收而感到满足。这成为四时精神调摄的大法，所有的精神调摄法都应以此为养生目标。有些医家增加了"长夏"时间的精神调摄，如《四气摄生图》，补充了《内经》之不足，使五脏皆有情志养生之法。书云："当四季月末十八日，少思屏虑，屈己济人，不为利争，不为阴贼，不与物竞，不以自强，恬和清虚，顺神之德，而后全其生，逆之则脾肾受邪，土木相克也。"指出四季各十八日的长夏时节，应减少思虑，淡泊名利，不争强好胜，保持恬淡虚无的心境，以顺应土能厚德载物之性(图6-2)。

（a）

（b）

（c）

（d）

图6-2　四季养生

（a）春季　（b）夏季　（c）秋季　（d）（冬季）

6.4.2.2　情志养生的原则和方法

情志养生，即要积极培养愉悦的情志，避免不良情绪，使身体气机调畅，气血运行正常，从而保证身体健康。这是情志调摄的一般法则。关于情志养生的方法，主要可从两方面进行调养：一是主观上控制或排除不良情绪；二是通过一些生命活动来促进或培养良好的情绪。

（1）排除不良情绪

当人有了不良情绪，可以通过主观上的精神调适，如遇烦心事，可通过改变对待事物的看法以使情绪恢复平静和愉悦。不同的季节，预防不良情绪的侧重点不同，这主要跟脏气旺衰和气候不同有关。

春季应注意戒怒，春季肝气旺盛，肝在志为怒，因此春季容易出现愤怒情绪。过怒伤肝，会导致肝脏系统的生理功能异常，导致气血运行异常，气机失调等情况。夏季阳气旺盛，天气炎热，心脏当令。由于天气炎热，人容易出现烦躁、易怒的情况，因此，应当保持内心平静，以免损伤心神，所谓心静自然凉。秋季是容易出现悲伤情绪的时间，此时肺脏当令，在志为悲，过度的悲伤会损伤肺脏系统功能。悲属金，喜属火，火克金，因此在秋季当调整心态，使内心快乐以抑制悲伤情绪的出现。冬季，肾脏当令，天气寒冷，万物凋零，容易使人出现情绪低落的状态，因此，应当注意避免抑郁的情绪。保持精神安静，通过改变心态使自己处于满足的状态，"若已有得"来使自己快乐。

（2）培养良好情绪

好的情绪是可以通过主观培养来获得的，一是通过做一些能使人心情愉悦放松的事情，来达到情志愉悦；二是通过感受或品味自然美景、生活之事从外界获得美的享受。

6.4.2.3　情志养生在森林康养中的运用

在森林康养中，情志养生非常重要。通过呼吸练习、森林冥想、自然观察、森林漫步等方法来调节情绪和精神状态，有助于实现身心健康的目标。森林中的新鲜空气对呼吸系统非常有益，可以通过深呼吸、慢呼吸等练习来放松身心，减少焦虑和压力。在森林中寻找一个安静的地方，闭上眼睛，集中注意力，放松身体，感受大自然的气息和声音，使身心得到宁静和平静。同时，观察自然景观，如流水、鸟鸣、花草等，聆听自然的声音，欣赏大自然的美丽，可以使情绪变得愉悦和舒畅。在森林中漫步，感受大自然的气息和美景，让身体和心灵都得到放松和舒缓。不同季节的森林都有不同的景色和气息，可以选择不同季节去森林中体验，感受大自然的变化和魅力，让自己的情绪得到调节和平衡。情志养生是森林康养中一种非常有效的方法，可以促进身心健康，增强人体免疫力和心理韧性。

6.4.3　饮食调摄

饮食调摄法，是指在中医理论指导下，利用饮食来调整机体状态，以增进健康，延年益寿或促进机体康复的调摄方法。

饮食是提供机体营养物质的源泉，是促进人体生长发育，完成各种生理活动，维持生命活动的必要条件。古人很早就认识到饮食与生命的重要关系，他们在长期实践中积累了丰富的知识和宝贵的经验，逐渐形成了具有中华民族特色的饮食调摄理论，在保障人民健康方面发挥了巨大作用。

饮食调摄的目的在于通过合理膳食，补益精气，维护生命活动，并利用食物的特点纠正脏腑阴阳之偏颇，增进机体健康，推迟衰老或促进病体康复。饮食调摄法是中医养生康复的重要方法之一。

6.4.3.1 饮食调摄的作用

（1）补充营养

饮食是补充营养、维持生命活动的根本。饮食入胃，通过脾胃化生成人体所需要的精气血精液，供生命活动所用。由于食物有五味之别，对脏腑的营养也有所侧重。《素问·至真要大论》中说，"五味入胃，各归所喜，久而增气，物化之常也"。食物对人体营养作用的选择性还表现在归经上。食物的归经不同，作用的脏腑、经络及部位也不同。例如，梨入肺经，黑豆入肾经，有针对性地选择适宜的饮食，对人的营养作用则更为明显。

（2）防病延衰

合理地安排饮食，保证机体有充足的营养供给，可以使气血充足，脏腑功能正常，机体的调节适应能力增强，身体强健，从而避免疾病的发生，正所谓"正气存内，邪不可干"。如食用动物肝脏，既可养肝，又能预防夜盲症；食用海带既可补充维生素，又可预防甲状腺肿。某些食物还可直接用于疾病的预防，如食绿豆汤防中暑；用大蒜预防感冒和腹泻等，都是利用饮食来达到预防保健的目的。

（3）调偏纠弊

《素问·阴阳应象大论》中说"阴平阳秘，精神乃治"。阴阳平衡是人体的健康状态，疾病的产生是由于阴阳失调所致。食物不仅能为生命活动提供营养物质，也可以调整阴阳之盛衰偏颇，补虚泻实，故可用于疾病的治疗，辅助治疗疾病后康复。食物养生康复的作用机理与药物无异，《素问·至真要大论》中"谨察阴阳所在而调之，以平为期""虚则补之，实则泻之，热者寒之，寒者热之"。利用食物之偏，纠正调整机体阴阳之偏，使之恢复到平衡协调的状态，从而达到治疗或辅助治疗的目的。食物最大的优点在于其毒副作用小，容易被人接受，将疾病的治疗融入一日三餐之中，安全而简洁。

6.4.3.2 饮食调摄的原则

饮食调摄并非一味进补，而是在中医药理论指导下，遵循一定的原则和法度进行。

（1）辨明气味，合理调配

饮食的种类繁多，所含营养成分各不相同，只有做到合理搭配，全面饮食，才能使人体得到各种不同的营养，以满足生命活动的需要。《素问·藏气法时论》指出，"五谷为养，五果为助，五畜为益，五菜为充，气味合而服之，以补精益气"。《素问·五常大论》中也说，"谷肉果蔬，食养尽之"。其中，谷类为主食，肉类为辅食，蔬菜用来充实，水果作为辅助，这是中国人传统的膳食结构，与现代营养学的平衡膳食基本相同。谷类主要含糖类和一定数量的蛋白质，肉类主要含蛋白质和脂肪，蔬菜水果中含维生素和矿物质，这几类食物合理搭配食用，才能满足人体对各种营养的需求，也是保证生长发育和健康长寿的必要条件。

食物有酸、苦、甘、辛、咸五味，还有淡味、涩味。五味不同，对人体的作用也各不相同。《素问·至真要大论》中说："五味入胃，各归所喜，故酸先入肝，苦先入心，甘先入脾，辛先入肺，咸先入肾，久而增气，物化之常也。"五味选择性地入五脏来调补五脏，五味调和，则有利于健康正足。《素问·生气通天论》中指出，"是故谨和五味，骨正筋柔，气血以流，腠理以密。如是则骨气以精，谨到如法，长有天命。"如果五味偏嗜，则会导致疾病的发生。《素问·五脏生成》中说："多食咸，则脉凝泣而变色；多食苦，则皮槁而毛拔；多食辛，则筋急而爪枯；多食酸，则肉胝膹而唇揭；多食甘，则骨痛而发落，此五味之所伤也。故心欲苦，肺欲辛，肝欲酸，脾欲甘，肾欲咸。此五味之所合也。"说明五味偏嗜，既可引起本脏功能失调，也可因脏器偏盛，以致脏腑之间平衡关系失调，而出现他脏病理改变。因此，尽可能全面而均衡地摄取食物，保证人体正常生理功能的需要。

食物含有四气之性，即寒热温凉。四气不同，对人体的作用也不同，因此饮食也要注意食物寒热温凉的调配。饮食的寒热对脾胃的运化功能有着直接的影响。水谷入胃，全赖脾胃之运化，过食寒凉之品，最易损伤脾胃之阳气，导致寒湿内生，而发生腹痛、腹泻的病变。过食辛温燥热之品又易使胃肠饥热，出现口渴、脘腹胀满、便秘或痔疮等。总之，偏食寒热也会给健康带来危害。

（2）饮食有节，饥饱适度

饮食有节主要是指饮食要有规律，有节制及定量进食。定量是指饮食饥饱适中。胃主受纳腐熟，脾主运化。饮食的消化、吸收、输布主要靠脾胃完成，饮食饥饱适中，则脾胃得以正常工作，饮食能够转化为人体所需要的营养物质，从而保证人体的各种生理活动。反之，过饥则生化乏源。脏腑组织器官失养，不能正常运转，气体逐渐衰弱，百病丛生。若过饱超过脾胃运化能力，不仅食之不化，同时还会损伤脾胃。

人在大饥大渴时，最易暴饮暴食。孙思邈在《备急千金药方·养性序》中指出："不欲极饥而食，食不过饱；不欲极渴而饮，饮过多。饥食过多，则结积聚，渴饮过多，则成痰癖。"所以，在饥渴难耐之时，应缓饮食，不可过量，以免身体受到损伤。此外，没有食欲时，也不应勉强进食，过分强食，也会损伤脾胃。梁·陶弘景《养性延命录》中指出，"不渴强饮则胃胀，不饥强食则脾劳"。

定时是指进食有较为固定的时间。定时进食，可使脾胃的功能活动有张有弛，从而保证饮食更好地消化吸收。如果饮食不定，时日久，则会使脾胃失调，运化能力减弱而有损健康。传统的饮食是一日三餐应按时进食，养成良好的饮食习惯。

一日之内，人体的气血阴阳随昼夜更替而变化。白天阴阳气盛，人体活动增加，新陈代谢旺盛，需要的营养物质多，饮食量可略大。夜晚阳衰而阴盛，多需静息入寝，营养供给也相对减少，因而饮食量可略少。所以，自古就有"早饭宜好，午饭宜饱，晚饭宜少"之说。早饭宜好是指早餐的质量要高，经过一夜睡眠，人体得到充分休息，精神振奋，但胃肠经过一夜已经空虚，此时宜进食营养价值高的食物，以利于机体营养得到更快更好地补充。午饭宜饱是指要保证一定的饮食量，午餐有承上启下的作用，上午的活动告一段落，下午仍需继续进行，白天能量消耗较大，应当及时得到补充。午饭要吃饱，但不能过饱，过饱则胃肠负担过重，也影响机体的正常活动和健康。晚饭要少，是指晚餐的饮食量要减少。晚上阳气渐弱，人体活动量减少，脾胃功能、运化功能随之下降，故不宜多食。

（3）三因制宜，勿犯禁忌

三因制宜是指因时、因地、因人制宜。因时制宜即随四时气候的变化而调节饮食。《素问·金匮真言论》曰："五脏应四时，各有收受。春生夏长，秋收冬藏，气之常也，人亦应之。"人体脏腑的功能活动、气血运行与四时变化息息相关。因此，饮食调摄要顺四时而适寒温。因地制宜，即地区不同，饮食调摄也应随之而改变。地域有东西南北，环境有燥湿温凉，水土不同，风俗不同，习惯不同，体质有别等差异，在饮食选择上也要具体问题具体分析。因人制宜，既要饮食调摄，还要根据人的年龄、性别、体质等方面的差异而予以合理调配，不可一概而论。如老年人脾胃功能渐衰，宜食温软易消化之品；儿童脏腑娇嫩为稚阴稚阳之体，饮食宜多样化，富含营养，利于消化，随时呵护脾胃。体胖之人多湿肾、阳痿，饮食宜清淡，不宜肥甘油腻。体瘦之人，多阴虚火旺，饮食宜多甘润生津，不宜辛辣燥烈，勿犯禁忌。对于病人的饮食禁忌，《素问·宣明五气》有"五脏病各有所忌，心病忌咸，肝病忌辛，脾病忌酸，肺病忌苦，肾病忌甘"。张仲景《金匮要略》中指出，"所食之味，有与病相宜，有与身为害，若得宜则补体，害则成疾"。其相宜的食味能治病养病，不相宜的食味反成祸害，导致疾病。因此，在饮食调摄中，应注意饮食宜忌。

6.4.3.3 药食同源

"药食同源"，一种说法是中药与食物是同时起源的。《淮南子·修务训》称："神农尝百草之滋味，水泉之甘苦，令民知所避就。当此之时，一日而遇七十毒。"可见神农时代药与食不分，无毒者可就，有毒者当避。另一种说法是在中医药学当中，药物和食物是相对而言的，有些药物也是食物，而食物也是药物，食物的副作用小，而药物的副作用大。

《内经》对食疗有非常卓越的理论，如"大毒治病，十去其六；常毒治病，十去其七；小毒治病，十去其八；无毒治病，十去其九；谷肉果菜，食养尽之，无使过之，伤其正也"，这可称为最早的食疗原则。唐朝《黄帝内经太素》："空腹食之为食物，患者食之为药物"，反映出"药食同源"的思想。

6.4.3.4 食疗方举例

（1）治疗类食疗方

①解表类　生姜、大葱、大蒜、豆豉等，用于风寒感冒。外感初起，可用生姜红糖饮、葱姜醋粥、薄荷叶粥等。

②祛痰止咳类　常以雪梨、猪肺、橘、萝卜、蜂蜜、杏仁、白果、枇杷、百合等润肺化痰。如止咳梨膏糖、橘红糕、蜂蜜萝卜粥等。

③消食导滞类　常以山楂、萝卜、鸡内金、鸡肫、鸭肫等化积消食。如山楂肉干、萝卜饼。

④清热解暑类　常以西瓜、绿豆、银花、竹叶等清热解暑。如竹叶粥、银花露、西瓜番茄汁、冰糖绿豆汤等。

⑤温里类　常以干姜、花椒、肉桂、茴香、羊肉、狗肉，温热散寒的食品为主。如附子羊肉汤、当归生姜羊肉汤等。

⑥利水除湿类　常以薏米、赤小豆、冬瓜、茯苓、玉米、玉米须、黑豆、绿豆、鲤鱼等利小便的食品为主。用于小便不利、水肿等，如鲤鱼赤小豆汤、薏米红枣粥、冬瓜粥等。

⑦芳香化湿类　草豆蔻、白豆蔻、草果、紫苏等，用于湿泪、暑湿、脾虚湿盛证。

⑧祛风湿类　如薏米、木瓜、樱桃、鳝鱼等。

⑨通导大便类　常以核桃仁、芝麻、香蕉、蜂蜜、燕麦、杏仁等润肠食品为主或及麻仁、苁蓉等药物相配。如蜂蜜香油汤、麻仁粥、核桃仁芝麻泥等。

⑩理气类　常以橘皮、香橼、佛手、刀豆、玫瑰花、小茴香、豆蔻等理气食品为主或与砂仁、佛手、香附等相配。适于气机阻滞的脘腹胀闷、胁肋胀痛等症。

⑪活血化瘀类　常以桃仁、桂皮、红糖、酒、醋等活血食品为主或与红花、益母草、川芎活血化瘀药相配，适用于瘀滞腹痛、产后血瘀、痛经等。如益母草煮鸡蛋、桃仁粥、红枣黑木耳汤、丹参酒等。

⑫养心安神类　常以猪心、大枣、龙眼肉、小麦、百合、莲子、酸枣仁等，用于失眠、神经衰弱、补心血的食品为主或与柏子仁、朱砂等安神药相配，适用于心悸怔忡、失眠多梦等症。

（2）保健类食疗方

①美容类　常以兔肉、海参、牛乳、苹果、柠檬、胡萝卜、黄豆、银耳等有美容作用的食品为主，或与珍珠、人参、芦荟、白芷等药物相配。具有润肤养颜、祛皱泽肌的作用。如笋烧海参、香椿拌豆腐等。

②减肥类　常以冬瓜、黄瓜、赤小豆、薏米、萝卜、山楂、海带等利水消脂的食品为主，或与泽泻、荷叶、茯苓等利水药相配，具有降脂减肥的作用。

③生肌类　常以牛肉、猪肚、羊肉、鸡肉等营养丰富的食品为主。

④健脑益智类　常以核桃仁、芝麻、龙眼、猪脑、猪心、莲子、木耳、大枣、百合等健脑养心的食品为主，或与益智仁、枸杞子、茯神、柏子仁、何首乌等健脑药相配。适用于脑力劳动者或记忆力减退者。如核桃粥、甘麦大枣粥等。

⑤美发润发类　常选用小米、豆类、黑芝麻、胡萝卜、黑枣、草莓、西红柿等补血养发的食品，或与何首乌、地黄、黄精、女贞子、菟丝子等药物相配，滋养补肾、润发美发。

⑥明目类　常选用鸡猪羊肝、桂圆、菊花、绿茶、芝麻、菠菜等补血养肝。或与决明子、枸杞子、玄参、首乌、人参等药物相配，适用于视力减退、视物不清等。

6.4.3.5　饮食调摄在森林康养中的运用

在森林康养中，饮食调摄是提高身体健康、增强免疫力，以及提高身体对自然环境适应能力的重要手段。可以选择健康的食物，如野生水果、野菜等，这些天然、有机的食物不含有害化学物质，更符合人体的需要。同时，应该控制食量，保持适度的饮食，避免过度增加身体负担。应该根据自己的身体状况和需要进行饮食调理，如补充维生素、补充水分等。但在森林中采食野生食物时要注意安全，选择符合要求的野果、野菜等，不要采摘有毒或未知食用价值的植物。总之，合理的饮食调理有助于促进身体健康，提高免疫力，进一步增强身体对自然环境的适应能力。

6.4.4 运动养生

运动养生，就是运用符合自然规律的传统体育运动方式进行锻炼，以活动筋骨、调节气息，静心凝神来畅达经络、疏通气血、调脏腑，从而达到养生保健，延年益寿目的的运动法则，强调内外兼修，练功修德，调息养心，动静结合，养气以保神，运体以祛病。

人的生命活动终身都需要培育和养护。青少年通过科学的运动促进生理发育、心理成熟，为一生的生命活动打下良好基础。中年人通过运动保持积极向上的心态和旺盛的生命力，老年人通过适宜的运动，达到防病治病、延年益寿的目的。《素问·宣明五气》中说，"久视伤血，久卧伤气，久坐伤肉，久立伤骨，久行伤筋"，强调了卧坐立行，不论哪种姿态过度，都会对身体健康造成危害，有悖养生保健、延年益寿的准则。

中国传统医学理论指导健身运动的特点，无论哪一种养生功法，都是以中医的阴阳、脏腑、气血、经络等理论为基础，以养精炼气、调神为运动的基本要点，以运动的基本锻炼形式，用阴阳理论指导运动的虚实、动静，用开合、升降指导运动的屈伸俯仰，用整体观念说明运动健身中形神、气血表里的协调统一。

传统的运动养生法是中国劳动人民智慧的结晶。千百年来，人们在养生实践中总结出许多宝贵的经验，使运动养生不断得到充实和发展，形成了融导引、气功、武术、医理为一体的具有中华民族特色的养生方法。源于导引气功的功法，有五禽戏、八段锦等，源于武术的功法，有太极拳、太极剑等。但是，无论哪种功法，都是以畅通气血经络、活动筋骨和调脏腑为目的的。

6.4.4.1 运动养生的原则

（1）掌握生态、运动、养生的要领

生态运动养生主要的要领就是意守、调息、动形的合一，注重对形、气、神的锻炼和控制，促进生命活动的平衡有序。其中，最关键的就是意识的运用，只有精神意识专注于形和气，方可凝神调息，呼吸均匀，促进气血运行。在锻炼过程中内练精神脏腑气血，外练经脉、筋骨、四肢，使内外和谐，气血周流，整个机体可得到全面的锻炼。

（2）注重动静结合

中国古代养生思想有一动、一静两种不同观点，两者都源于道家。元·朱丹溪提出："天主生物，故恒于动；人有此生，亦恒于动。"提出自然界的变化规律是动多静少，动为阳，静为阴，阴阳平衡，阴平阳秘。从运动养生保健来说，运动时一切顺其自然，进行自然调息、调神，神态从容，摒弃杂念，动于外而静于内，动主练形，静主养生，动静结合，神形兼顾，内外俱练。

（3）强调运动适度

运动养生是通过运动锻炼达到健身的目的，因此要注意把握运动量的大小，运动量太小则达不到锻炼的目的，起不到健身作用，太大则超过机体耐受的限度，反而会使身体过劳而受损。孙思邈在《千金要方》中指出："养性之道，常欲小劳，但莫大疲及强所不能堪耳。"运动量的测定，往往以运动者的呼吸、心率、脉搏、氧气消耗量等作为客观指标，运动量大，心率及脉搏就快。一般认为，正常成年人的运动量，以每分钟心率增加到 140 次为宜，老年人的运动量，以每分钟增加到 120 次为宜。随年龄的增加，无氧运动的量逐渐减少。一般认为，70 岁以上的老年人不宜进行无氧运动时，心率至少在每分钟 100 次，最多不超过 170 减去年龄，如年龄为 60 岁，运动后的最高心率则应控制在每分钟 110 次以内的水平，而在 30 min 内恢复到常态。

如果运动之后食欲增进，睡眠良好，情绪轻松，精力充沛，即使增大运动量也不感到疲劳，这就是动静结合、运动量适宜的表现。反之，如果运动后食欲减退，头昏头痛，自觉劳累、汗多、精神倦怠者，说明运动量过大，应适当酌减。如减少运动量后仍有上述症状，且长时间疲劳，应做身体检查。

(4)遵循三因制宜

个人可根据自己的身体状况、年龄阶段、体质与运动量的配合，选择适宜自身的运动方法和运动量。要遵循因人、因时、因地制宜的原则，不可一概而论。有慢性病者，可选几种对自己疾病具有针对性的运动方式进行锻炼，由少逐渐增多，逐步增加运动量。太极拳、八段锦、五禽戏，可重复锻炼两三遍，增加运动量，以取得有效的健身效果，一般来说。春夏秋三季早晨运动为好，因为早晨空气最新鲜。冬季的北方天气寒冷，大气压也低，不适宜早晨运动。即使有早起习惯，也应在太阳出来后再运动，并注意防寒保暖，戴口罩，以保护呼吸道免受寒冷空气的直接刺激。也有人爱好在晚上睡觉前练功锻炼，这是个人习惯。太极拳、八段锦、五禽戏等，不需要借助任何器具，也不需要特定的场所，在公园、广场、空地、走廊均可。当然，到室外林木繁茂、空气新鲜的地方更为理想。

(5)坚持循序渐进

锻炼身体并非一朝一夕的事，要循序渐进，持之以恒。长期不锻炼的人，偶尔一次大量运动后，身体会产生不舒服的感觉，甚至周身疼痛，影响生活和工作，达不到养生保健的目的。因此，运动量应逐渐增加。"流水不腐，户枢不蠹"，这句话一方面能说明动则不衰的道理，另一方面也强调了经常不间断运动的重要性。运动养生不仅是对身体的锻炼，也是意志和毅力的锻炼。只有持之以恒，坚持不懈，才能收到良好的养生健身效果，"三天打鱼，两天晒网"，是达不到锻炼的目的。

6.4.4.2　运动养生功法

中国传统导引调摄功法甚多，各具特色。近年来在社会上流传较广、影响较大、养生保健效果较好的功法有太极拳、八段锦、五禽戏、易筋经等。现简要介绍如下。

(1)太极拳

太极拳作为中国优秀的民族传统运动项目，自创编开始至今经历了几百年的发展历程。它是以太极图中所蕴含的基本拳理而命名的太极拳。在太极拳的发展演变过程中，受个人技艺、思想的影响，逐渐演化出多种流派，如杨式、陈式、吴式、孙式等，其共同特点是：以技击动作为主体，核心是劲，具有技击健身等多重功能，动作比较柔和缓慢、一动俱动、阴阳相济、节节贯穿，重意、练内，吸收各家拳法，承载中国传统文化。

太极拳主张"阴阳平衡、形与神俱、动静结合"的养生理念，在练习过程中注重以心行意、以意领气、以气运身，要求内实精神，外示安逸，主张内外结合，神形俱练。太极拳不是机体简单的机械动作组合练习，而是在意念的引导下指挥肢体有意识地活动，调理阴阳，疏通百脉，达到阴阳平衡的状态，进而调养精、气、神，促进身体机能康复，防治疾病，延年益寿。

（2）八段锦

八段锦之名最早见于宋·《夷坚志》中，书中明确记载："政和七年，李似矩为起居郎。……尝以夜半时起坐，嘘唏按摩，行所谓八段锦者。"在此之前，梁·陶弘景《养性延命录》中记载了包括六字诀、五禽戏在内的众多导引术，其中"清旦未起，啄齿二七，闭目握固，漱满唾，三咽气。寻闭而不息，自极，极乃徐徐出气，满三止""又法，摩手令热，摩身一体，从上至下，名曰干浴"。其中提到的叩齿、握固、摩身等动作与坐式八段锦中的"叩齿三十六""握固静思神""闭气搓手热"极为相似。此后，八段锦作为导引术的一种，流传至今，随着时代变迁，内涵也在发展中不断变更。

八段锦有立式和坐式之分，作为传统的养生功法，是中医养生学的重要组成部分，是人们在摄养生命、对抗疾病的尝试和斗争中积累的宝贵经验和思想的体现。其内容丰富，动作简单易学，可通过伸展肢体与呼吸相配合来调心、调息、调身，长期练习可以有平衡阴阳、调和气血、疏通经络、培育元气、鼓舞正气的作用，从而达到养生保健、扶正祛邪、防治疾病。

（3）五禽戏

五禽戏是中国最早的成套的医疗保健体操。它是中国东汉著名的医学家华佗根据古导引法模仿5种禽兽——虎、鹿、猿、熊、鸟的动作，结合人体的运动特点创造的。据记载，华佗曾对弟子吴普说："我有一术，名五禽戏：一曰虎、二曰鹿、三曰熊、四曰猿、五曰鸟，亦以除疾，兼利足，以当导引，体有不快，起作一禽之戏，怡而汗出，因以着粉，身体轻便而欲食。"华佗身体力行五禽戏等养生之道，近百岁时身体依然健壮。他的弟子吴普、樊阿等，均因循之而寿享遐龄。

五禽戏要求意守、调息和动形谐调配合。意守可以使精神宁静，神静可以培育真气；调息可以行气，通调经脉；动形可强筋骨、利关节。虎戏、鹿戏、熊戏、猿戏、鸟戏（又称鹤戏）五种功法虽各有侧重，但又是一个整体，是一套有系统的功法，经常练习而不间断，具有养精神、调气血、益脏腑、通经络、活筋骨、利关节的作用。

（4）易筋经

"易筋经"相传为北魏时期达摩大师所作。达摩大师在魏孝明帝太和年间，自梁适魏，面壁少林寺，待九年功毕后坐化，少林僧人在修葺达摩大师面壁处时，得一铁函，后取出函中经书两帙，一名《洗髓经》，一名《易筋经》。易筋经包含清虚洗髓、脱换易筋等多个概念，这与中医养生中保养天真和体质学说有异曲同工之处，通过将形体和气息有效地结合起来，经过循序渐进，持之以恒地认真锻炼，培养气血，从而使五脏六腑、十二经脉、奇经八脉及全身经脉得到充分的调理，进而达到保健强身，防病治病，抵御早衰，延年益寿的目的。

6.4.4.3　运动养生在森林康养中的运用

在森林康养中，有多种方式可以提升身体素质、提高身体免疫力、改善心理状态，如散步、徒步旅行、瑜伽、健身以及水上运动等。在森林中散步是一种非常好的运动方式，可以缓解身心压力，增强心肺功能，提高身体的免疫力。在选择适合徒步的路线时，可以逐渐增加徒步的时间和难度，以增强体力和耐力。此外，可以在森林中进行瑜伽练习，通过缓慢的动作来放松身心，提高身体柔韧性。还可以在森林中进行简单的健身锻炼，例如俯卧撑和仰卧起坐等，以增强肌肉力量。在森林中的湖泊或河流中进行划船、皮划艇等水上运动，可以增强心肺功能和耐力，同时享受大自然的美景和清新的空气。不过，要注意安全，选择适合自己的运动方式和强度，并遵循相关的安全规定和建议。

6.4.5　药物调摄

药物调摄法是在中医理论的指导下，针对患者体质特征和证候类型，通过中药内服或外用以增进健康，减轻和消除患者的形神功能障碍，从而促使身心健康的一种方法。中药具有未病先防、既病防变、愈后防复3个方面功效。对某些疾病的前期表现或危险因素进行中药干预，可以预防这些疾病的发生和发展，做到未病先防。在疾病发展期间可以调整脏腑经络功能，促使疾病有良好的转归，做到既病防变。在疾病的后期通过补益虚损、祛除痰瘀等，使正气恢复，邪去正安，做到愈后防复。

6.4.5.1　药物调摄的作用

不同的中药，由于其偏性和归经的差异而有着不同的治疗作用，不同的配伍方式也使得各种方剂有其特定的功效。药物调摄法正是通过药物积极配伍后具有的扶正固本、补虚泻实以及调和阴阳的作用，充实脏腑功能，协调机体阴阳平衡，从而达到治病强身，延年益寿的目的。

（1）扶正固本

中医的药物养生特别重视中药对人体正气的扶持作用。尽管病理状态有虚实之分，但正气不足是疾病发生的根本原因。正如《素问遗篇·刺法论》说："正气存内，邪不可干。"《素问·评热病论》说："邪之所凑，其气必虚。"这些都说明正气在发病中起主导作用，所以运用中药辅助正气，可以调动机体的一切积极因素，增强抗病能力，以防止病邪的侵袭或及早驱邪外出。

（2）补虚泻实

机体的偏颇不外虚实两大类。治疗应以虚则补之，实则泻之为原则，虚者表现为气血阴阳的不足，应以药物补虚扶正；实者，表现为气血痰食的壅滞，应以药物祛邪泻实，如此才能达到增进健康、促进病体康复、益寿延年的目的。正如《中藏经》所云："其本实者，得宣通之性，必延其寿；其本虚者，得补益之情，必长其年。"

（3）调和阴阳

"阴平阳秘，精神乃治。"进补的目的在于协调阴阳，使其恢复"阴平阳秘"的动态平衡，因此，治宜恰到好处，不可过偏。《素问·至真要大论》指出："谨察阴阳所在而调之，以平为期。"对于阴阳某方偏盛有余的状态，可"损其有余"，如阴寒偏盛的湿寒证，可用温理药调治；对阴阳某方虚损不足的情况，当"补其不足"，如阳虚所致的虚寒证，可用温阳补虚药，以制约阴的相对偏盛。

6.4.5.2　药物调摄的原则

合理运用药物调摄在一定程度上可起到防病治病和促进机体康复的作用，但在具体运用时，当因人因病而异，把握好用药的尺度，宜辨证施治。

（1）辨体施治

不同的人呈现各自的体质特征，中医体质学说将人群的体质分为九大类型，有阴虚阳虚、阳盛痰湿、血虚、血瘀、气虚、气虚之分。用药物养生调补应在辨识体质的前提下才能进行。由于患者有虚实寒热证候之别，在临床康复治疗时，必须在辨证的基础上使用相应的药物进行调制，否则，不识体质，不辨症候，滥施药物，不仅于身体无益，反而会妨害身体健康或加重病情。

（2）顾护脾胃

脾胃为后天之本，是气血化生的源泉。唯有脾胃转输输布能力正常，才能将药物送达脏腑经络，以发挥其效力。因此，药物调摄还应顾护脾胃的功能，特别是用滋补类药物进行调摄。因恐滋腻碍胃肠，在滋补药中一般配合调气理脾类药物。

（3）补宜适度

药物调摄的目的在于利用药物的偏性，协调人体的阴阳，不可过偏。过偏，则反害，导致阴阳失衡，使机体遭受又一次损伤。例如，虽属气虚，但一味补气而不顾及其他，反而导致气滞瘀滞，出现胸腹胀满，升降失调。虽为阴虚，但一味养阴，而不注意适度补阴，太过，反而恶伤阳气，致使人体阴寒凝重，出现阴盛阳衰之候。所以补宜适度，适可而止。

（4）缓图功效

人体的衰老是个复杂而缓慢的过程，任何延年益寿的方法都不可能见于旦夕之间，药物调色也不例外，很难在很短时间内有非常显著的养生效果。因此，用药宜缓图功效，要有一个渐变的过程，切忌急于求成。

6.4.5.3　常用方药

养生中药品种甚多，在历代医家本草著作中均有记载。由草木药以及某些芝菌、粮食果蔬组成的草木方最多，仅《遵生八笺》一部著作中所记载的草木方就多达107种。这些药物既有补虚之功，亦有调理之效。此处主要介绍补益类的中药，依据其补益作用不同，分为补气养血类和滋阴助阳类，有病用之，可扶正祛邪，无病用之，可扶正强身。

（1）补气养血类

当归、熟地、白芍、何首乌、阿胶、龙眼肉是常用的补血药，人参、西洋参、党参、太子参、黄芪、白术、山药、白扁豆、大枣、麦芽糖、蜂蜜等是常用的补气药。中医理论很重视人体的气血，认为"气为血之帅""血为气之母"，生理上气血相互依存和互相转化，病理上气血也互相影响，"气滞则血瘀，血瘀则气滞""气随血脱"等。所以补血和补气的药常常配伍使用，以达到补气养血，行气活血的功效。当归补血汤，八珍汤，十全大补汤等，都是气血双补的中药复方。

（2）滋阴助阳类

鹿茸、淫羊藿、巴戟天、杜仲、续断、肉苁蓉、锁阳、补骨脂、益智仁等是常用的补阳药，沙参、百合、麦冬、天冬、石斛、玉竹、墨旱莲、黑芝麻、龟甲、鳖甲、枸杞子、黄精等是常用的补阴药。从单味中药上，如黄精、枸杞、桑葚子、旱莲草、女贞子等，具有较好的滋阴补肾作用。六味地黄丸、知柏地黄丸、麦味地黄丸、杞菊地黄丸、左归丸、大补阴丸、二至丸、肾气丸、济生肾气丸、右归丸、右归饮等，具有较好的滋补阴阳的效果。

6.4.5.4 药物调摄在森林康养中的运用

森林康养中的药物调摄是指利用森林中的草药、植物等天然物质来调理身体、预防疾病等。森林中许多植物具有清香气味，如薰衣草、迷迭香等，可以熏香来改善身体状况，如金银花、柠檬草等，加入温水泡澡，有助于舒缓身心、促进血液循环，如枸杞子、菊花、甘草等泡水饮用，可调理身体、增强免疫力。从植物中提取的精油，如薰衣草油、橄榄油等，可用于身体按摩，有助于促进血液循环、缓解疲劳。在进行森林康养中的药物调摄时，应根据自身身体状况和需要选择适合的草药、植物等，避免过度使用或误用。若身体出现不适症状，应及时就医。

6.4.6 四时养生

因时而养，是养生的重要环节。四时养生，古代四时一词，有两个概念：其一，是指一年中的四个时间段，春夏秋冬四季。《尚书·尧典》中"以闰月定四时，成岁"，《礼记·孔子闲居》中"天有四时，春秋冬夏"。《论语·阳货》"四时行焉，百物生焉"。其二，是指一日中的四个时间段，即朝、夕、昼、夜。《左传·昭公元年》："君子有四时，朝以听政，昼以访问，夕以修令，夜以安身。"本篇所论述的四时是以春夏秋冬四时概念为主要内容。

《素问·四气调神大论》中指出："夫四时阴阳者，万物之根本也。所以圣人春夏养阳，秋冬养阴，以从其根；故与万物沉浮于生长之门。逆其根则伐其本，坏其真也。故阴阳四时者，万物之终始也，死生之本也，逆之则灾害生，从之则苛疾不起，是谓得道。"《素问·四气调神大论》中提到春三月"养生"，夏三月"养长"，秋三月"养收"，冬三月"养藏"的四时养生保健之道。换言之，"春夏养阳，秋冬养阴"，是顺应四时养生的基本原则，只有顺应四时阴阳的规律，人体才能健康长寿。

四时养生，就是根据春夏秋冬四时阴阳变化规律，结合人体自身的体质及脏腑气血特点，合理安排精神情志、饮食起居、生活劳作等行为活动，并采取积极的调摄养护手段和方法，以达到维护健康、预防疾病、延缓衰老乃至延年益寿的目的。

6.4.6.1 春季养生

春季从立春开始，历经雨水、惊蛰、春分、清明、谷雨共六个节气，《素问·四气调神大论》云："春三月，此谓发陈。天地俱生，万物以荣。"阳气生发春回大地，是一年最好的季节。此时养生要顺应春天阳气生发、万物始生的特点，借助春天的生机保护阳气。五脏有了生气，生命才能旺盛，人才有活力。

（1）精神调摄

春宜养肝。春属木，与肝相应，肝主疏泄，在志为怒，恶抑郁而喜调达。春季要让自己的意志生发舒展，做到心胸开阔、乐观愉快，不要使情绪抑郁。《素问·四气调神大论》云，"以使志生，生而勿杀、予而勿夺、赏而勿罚"，所以春季养神的关键是"使志生"。要学会运用疏泄法、转移法，把不良情绪疏导或转移到另外事物上去。可通过踏青赏花、登山旅游、陶冶性情，使自己的精神情志与春季的大自然相适应，充满勃勃生机。

（2）饮食调养

春季宜多食温补阳气之品，如葱、大蒜、韭菜等。葱有利五脏、消水肿之用；葱白可通阳发汗、解毒消肿；葱根能治便血及消痔；韭菜性温，正如《本草拾遗》所说："在菜中，此物最温而益人，宜常食之。"大蒜具有很强的杀菌能力，还有促进新陈代谢、增进食欲、预防动脉硬化和高血压的功效。上述之物皆不可空腹食用，对于阴虚有火者不宜食用。

春天在五行中属于木，与五脏中的肝相应。肝喜条达，主疏泄，能调节情绪，分泌排泄肝汁，促进脾胃对食物消化吸收，保证全身气血运行通畅；肝主藏血液，调节人体血量分布；肝能调节情绪，分泌排泄胆汁，促进脾胃对食物消化吸收。春季食养应"省酸增甘"，酸味入肝，其性收敛，不利于肝气的升发和疏泄，过食酸则肝木旺而克伐脾土，影响脾胃的运化功能。春易肝亢，故用甘味食物补脾培中。《素问·脏气法时论》云："肝主春……肝苦急，急食甘以缓之。"常用甘缓补脾的食物有大枣、山药等。漫长的冬季常食用温热的食物，胃肠道积热偏盛，可多食用一些新鲜蔬菜如菠菜、荠菜、莴笋、芹菜、油菜等以平肝清热通肠。

（3）起居调养

春季阴寒未尽，阳气渐生，衣物不可顿减，应遵循"春捂"的原则，以助人体阳气生发，抵御外邪侵袭。《寿亲养老新书》中指出："早春宜保暖，衣服宜渐减；不可顿减，使人受寒。"春天过早地减少衣物易感风寒之邪，导致流感、上呼吸道感染等呼吸系统疾患，应注意保暖御寒，做到随气温变化而增减衣服，使身体适应天气的变化。《素问·生气通天论》曰："春三月……夜卧早起，广步于庭，被发缓形，以使志生……此春气之应，养生之道也。"春季应晚睡早起，以顺应春季生发之气。

（4）运动调养

为了适应春季阳气升发的特点，可结合自己的身体条件，选择合适的运动方式，如散步、郊游、打太极拳、做操、放风筝等。运动锻炼最好到空气清新的地方进行。自古以来，人们最喜踏青春游，春季踏青既锻炼了身体，又陶冶了情操。

（5）防病保健

春天天气转暖，致病的微生物、细菌、病毒易于繁殖，流感、肺炎、麻疹、流脑等传染病多有发生。因此，应尽量避免到公共场所活动。患有宿疾者，应避免过度劳累，防止外邪入侵，谨防旧病复发。春天是精神疾病好发的季节，要注意患者的药物治疗、精神调节和心理疏导。春天也是花粉过敏的多发季节，表现为支气管哮喘、鼻炎、各种皮肤病、紫癜等各种病变，对于花粉过敏的人，尽可能避开鲜花盛开的地方。

6.4.6.2　夏季养生

夏季包括立夏、小满、芒种、夏至、小暑、大暑六个节气，《素问·四气调神大论》云：“夏三月，此谓蕃秀，天地气交，万物华实。”夏季是一年中气温最高的季节，自然界阳气升发，人体新陈代谢旺盛，人们应顺应自然，保养阳气。

（1）精神调摄

夏季火热内应于心，火热炎上易扰心神。因此，夏季精神调摄重在调畅情志，静心凝神。《素问·四气调神大论》云：“使志无怒，使华英成秀，使气得泄，此夏气之应，养长之道也。”夏季调神的关键是“使志无怒”。夏季情绪要有节制，以利于气机的宣畅，遇事戒怒，以免伤及心神。

（2）饮食调养

夏季食养应以清解暑热、补充阴津为原则。应食用清心泻火消暑之品，如西瓜、苦瓜、黄瓜、赤小豆等。夏季天热，汗出较多，可多饮水以补充水分。夏季人体阳气在外，阴气内伏，胃液分泌相对减少，消化功能低下，若暑热夹湿，更易伤脾胃。如果食用脂肪含量高的食物，易使胃液分泌减少，胃排空减慢，故饮食应清淡少油、易消化。夏季可多食用粥，如荷叶粥、绿豆粥、冬瓜粥等，以清热滋阴，固护阳气，切忌因贪凉而暴食冷饮。

（3）起居调养

夏季气候炎热，应注意防暑降温。夏季汗出较多，腠理开泄，易致风寒湿邪侵袭，忌汗出当风。夏季睡觉，宜晚睡早起，忌室外露宿、忌袒胸露腹、忌彻夜不停扇。夏季应选择颜色浅、轻、薄、柔软的着装，要勤洗勤换，外出应防晒，应合理佩戴太阳镜、戴凉帽、打遮阳伞，以避免过量的紫外线照射。酷暑盛夏，每天应洗温水澡，不仅能洗掉汗水、污垢，使皮肤清爽，消暑防病，还可以消除疲劳，改善睡眠。

（4）运动调养

夏季天气炎热。运动锻炼应避免在烈日下，最好在清晨或傍晚天气较凉爽的时候进行。运动量不宜过大，可选择散步、慢跑、打太极拳、做广播操等项目。游泳能提高人的呼吸系统功能，增强心脏功能，既锻炼了身体，又可祛暑消夏。运动后出汗较多，切勿用冷水冲头洗澡。剧烈运动后感到口渴时不宜过量、过快地进食冷饮，以防胃肠血管急骤收缩，引起消化功能紊乱而出现腹痛腹泻。

（5）防病保健

由于夏季阳气旺盛，人体阳气也达到高峰，尤其是三伏天，选取穴位敷贴，药物最容易由皮肤渗入穴位，通过经络气血直达病灶，治疗冬病如哮喘或过敏性鼻炎等疾患，往往可以收到较好的疗效。

夏季气温高，空气湿度大，在强烈的阳光下照射过久，容易发生中暑，若出现头晕、头痛、恶心等症状时。应将患者立即移至阴凉处，解开衣服，头部冷敷或冷水搓澡，多饮淡茶、淡盐水，有高热者给予物理降温，未见好转、血压下降者，应立即送医院抢救。

若有胸闷、食欲不振、四肢无力、大便稀薄等症状。可服用藿香正气水，六一散，芳香悦脾、辟秽化湿。急性胃肠炎是夏季常见病之一，做到饭前便后洗手，不喝生水，不吃腐烂变质的食物。对于呕吐、腹泻的患者，应及时补液，以纠正电解质紊乱。

6.4.6.3 秋季养生

秋季包括立秋、处暑、白露、秋分、寒露、霜降六个节气。《素问·四气调神大论》中说："秋三月，此谓容平，天气以急，地气以明。"秋季，自然界阳气渐收，阴气渐长，气候由热转凉，由凉转寒，人体的阴阳也由夏长到秋收发生相应变化。秋季养生必须遵循"养收"的原则。

（1）精神调摄

深秋花木凋零、残枯叶落，万物萧条，往往使人触景生情，引起凄凉、垂暮之感，产生忧郁、烦躁等情绪变化。秋季精神调养要尽可能避免或消除季节变化带来的不良影响。《素问·四季调神大论》云："使志安宁，以缓秋刑；收敛神气，使秋气平；无外其志，使肺气清，此秋气之应，养收之道也。"秋季养神的关键是"使志安宁"。秋季人的精神不要受到外界的干扰，以应自然界收敛之气，保持精神上的安宁。在秋高气爽之日，登高远眺，或远足郊游，置身于大自然中，感受秋收的喜悦，心情豁然开朗，悲忧之情荡然无存。

（2）饮食调养

秋季应适当多吃养阴润燥的食物，以防秋燥伤阴。秋季风干物燥，燥气当令，易耗伤人体阴津，故应多吃梨、芝麻、甘蔗、藕、菠菜、蜂蜜、百合、莲子、银耳、木耳等具有滋阴、生津、润燥功效的食物。应多喝水，多饮淡茶、果汁等补充水分。

秋季食养，应多吃酸味的食物，少吃腥味的食物。《素问·藏气法时论》云："肺主秋……肺收敛，急食酸以收之，用酸补之，辛泻之。"故秋季应多食苹果、石榴、葡萄、柑果、柚子、山楂等酸味之品，以敛肺补肺阴，少吃葱、姜、蒜、韭菜、辣椒等辛味之品，以免发散泻肺。

（3）起居调养

秋季处于自然界阳消阴长，热去寒来的转折期，衣物不可顿增，应遵循"秋冻"的原则，衣物顿增，会使人体汗出过多，易伤津耗液。《素问·四气调神大论》云："秋三月，此谓容平，天气以息，地气以明。早卧早起，与鸡俱兴。"秋季应早卧早起，早卧以顺应阴精之收藏，使肺气得以收敛，早起以顺应阳气的舒展，使肺气得以舒展。

（4）运动调养

秋天是运动锻炼的好时期，由于自然环境处于"收"的阶段，阴精阳气需要收敛内养。故运动养生也应顺应这一原则，可选择慢跑、散步、游泳、体操及太极拳等运动。秋高气爽，景色宜人，登山畅游，既可健身，又可观赏美景，不失为一种好的运动方式。登山前先了解好游览路线，带好必备的衣物，以早晚御寒。对于中老年人，要了解自身的健康状况，避免登山过程中发生意外。

（5）防病保健

深秋之后，天气转凉，心脑血管患者的症状开始加重。除按时服药外，还应注意防寒保暖，饮食有节，避免情志刺激。进入秋季，婴幼儿易患秋季腹泻，一旦发病，要早期隔离，积极治疗，防止传染。

6.4.6.4 冬季养生

冬季包括立冬，小雪，大雪，冬至，小寒，大寒六个节气。《素问·四气调神大论》中说："冬三月，此谓闭藏。水冰地坼，勿扰乎阳。"冬季自然界草木凋零，昆虫蛰伏，天寒地冻，万物闭藏，阳气潜伏，阴气盛极。冬季养生应顺应自然界闭藏之规律，以敛阴护阳为根本，遵循"养藏"的原则。

(1)精神调摄

《素问·四气调神大论》提出："冬三月……使志若伏若匿，若有私意，若已有得。"冬季养神的关键是"使志若伏若匿"，要求人们在冬季要精神内守，安静自如，含而不露，避免烦恼，使体内阳气得以潜藏。主要是指人们冬季对自己的意识、思维活动及心理状态进行自我控制，自我调节，使之与机体环境保持平衡协调。

(2)饮食调养

冬季是饮食补养的最好季节，因为冬季万物潜藏，人体的阴精阳气也趋于潜藏。此时补益阴精、阳气，易于吸收而藏于体内，使体质增强，起到扶正固本的作用。应根据不同的体质辨证施用。阳虚者应多食温阳食品，如韭菜、羊肉等，阴虚者应多滋阴之品，如银耳、藕、鸭肉等。气虚者应多食人参、莲肉、山药、大枣等补气之物。

冬季食养，还应多食辛味食物，以补肾脏。根据五味与五脏的关系，冬季天气寒冷，使用辛味之品，可行气发散活血，可抵御寒冷。

(3)起居调养

冬季天气寒冷，故应注意防寒保暖，要适时增添衣服，天气严寒，可戴围巾、帽子、手套，对于好生冻疮的人应及早穿棉鞋。此外，老年人冬季出行也要注意避免受凉而生病，或因不小心跌伤而致残。冬季三月，应注意"养藏"，早睡晚起，内守神气。

(4)运动调养

适度运动，可增加身体的抗寒能力，增强对疾病的抵抗力。冬季气候严寒，衣着要根据天气情况而定，避免在大风、大雪和雾天中锻炼身体。

(5)防病保健

入冬以后，天气寒冷，气温变化大，稍有不慎，极易受寒，所以冬季要适时增添衣被，防止寒冷侵袭。

6.4.6.5 四时养生在森林康养中的运用

森林康养中的四季养生是指根据不同季节的气候和天气变化，适时进行身体调理和预防疾病。春季气温回暖，植物生长迅速，可进行健身锻炼、采摘野菜等活动，有助于帮助身体适应新的季节。夏季气温较高，容易出汗，适合进行户外运动、清凉饮食和水上活动，有助于降温消暑。秋季气候凉爽，植物逐渐凋谢，可进行散步、采摘水果和调理饮食等活动，帮助身体适应季节变化。冬季气温寒冷，容易感冒，适合进行保暖、饮食调理和室内锻炼，有助于增强身体免疫力。在进行森林康养中的四季养生时，需要根据个人身体状况，选择适合自己的活动方式和强度，避免过度劳累或过度消耗体力。同时，应注意天气和气候变化，合理安排活动时间和方式，避免受到自然环境的影响而引起身体不适。

本章小结

　　本章介绍了森林康养学和中医学的联系，结合中医养生以促进人民身体健康和调养身体为目的，阐明了养生的基本内涵是通过适当的方法保持身体健康，并介绍了情志养生、饮食调摄、运动养生、药物养生和四时养生五种养生方法，以及这些方法所对应的原则和作用。森林康养与中医都强调自然环境和人体之间的联系，提倡身心健康的整体性观念。在实践中，可以将两者相结合，通过森林康养中的自然疗法来辅助中医治疗，促进身心健康的维护和恢复。

思考题

　　1. 试述森林康养学与中医学的关系。

　　2. 如何理解中医学的治未病思想?

　　3. 从饮食养生的角度阐述药食同源。

　　4. 结合森林环境，阐述运动养生的意义，并举例说明。

　　5. 从五行学说、脏腑学说论述四时养生的原则与要点。

推荐阅读书目

　　1. 章文春. 中医养生康复学[M]. 人民卫生出版社，2016.

　　2. 郑洪新. 中医基础理论[M]. 中国中医药出版社，2016.

　　3. 秦竹. 中医养生学[M]. 科学出版社，2018.

　　4. 王旭东. 中医养生康复学[M]. 中国中医药出版社，2004.

　　5. 刘长喜. 生态养生诠释[M]. 科学出版社，2010.

　　6. 李德新. 中医基础理论[M]. 人民卫生出版社，2011.

　　7. 汪凤炎. 中国传统养生之道[M]. 南京师范大学出版社，2000.

　　8. 邓铁涛. 中医基础理论[M]. 科学出版社，2012.

第7章 基于森林环境的嗅觉康复

7.1 嗅觉的解剖及生理

嗅觉是指对气味的感知，是人体的重要感觉之一，具有辨别气味、识别环境与报警、调节情绪等作用，嗅觉和味觉通常一起统称为化学感觉系统，一同通过称为转导的过程向大脑提供有关物质化学成分的信息，与人体健康状况密切相关（Wolfe，2012）。

7.1.1 嗅觉系统的解剖组成

嗅觉系统主要由嗅上皮、嗅球和嗅皮层三部分组成。嗅上皮包括黏膜层和固有层，双侧鼻腔嗅区黏膜的面积各 $1\sim5$ cm^2，由假复层柱状上皮构成，主要由嗅觉感受器细胞（嗅神经元）、支持细胞和基底细胞组成。人类的嗅上皮内约有 600 万个嗅觉感受器细胞，嗅觉感受器细胞为双极神经元，是嗅觉传导通路的第一级神经元，其变形的周围突出上皮表面，膨大形成嗅泡，中枢突无髓鞘，融合成嗅丝后穿过筛板入颅，被称为嗅神经，止于嗅球（Purves，2001）。

嗅球是嗅觉通路的第一中转站，位于前颅窝底、筛板上方，额叶前下方，向后部条索状部分为嗅束。嗅球由 6 层同心结构组成，自外向内为嗅神经层、突触球层、外丛状层、僧帽细胞层、颗粒细胞层和前嗅核层。

嗅球将脉冲传输到不同的细胞，根据某些神经元簇发射的时间（称为"时间代码"）确定气味浓度，并区分气味之间的差异，并使用该数据来帮助皮层进一步识别气味。既往有研究用核磁共振探索气味刺激后嗅觉的中枢活化区，主要探究区域包括梨状皮质、双侧眶额回、杏仁体、前扣带回、中额回、下额回、颞回、基底核、丘脑和岛回（苗旭涛，2014）。

嗅觉皮质为嗅觉的高级中枢，分为初级嗅皮质和次级嗅皮质。初级嗅皮层包括前梨状区和杏仁核周区，直接接受来自嗅球和前嗅核的纤维；次级嗅皮质特指内嗅区，接受来自初级嗅皮质的纤维，发出纤维主要投射到海马。

嗅球连接到杏仁核、丘脑、下丘脑、海马、脑干、视网膜、听觉皮层和嗅觉系统的许多区域，共同完成对气味感知和识别的调节，引起气味相关的运动行为，整合听觉和嗅觉感觉信息等。杏仁核在嗅觉中负责处理信息素信号，由于海马与嗅球的连接最少，需要通过杏仁核接收几乎所有的嗅觉信息，形成新的并强化现有的记忆，与之类似，海马旁体对场景进行编码、识别和情境化，海马旁回包含嗅觉的"地形图"（Moser，1998），眶额皮质（orbito frontal cortex，OFC）可以响应刺激的奖励或惩罚的期望，代表决策中的情感和奖励，与扣带回和隔膜区域密切相关，以发挥正或负强化作用（O'Doherty，2001）。

前嗅核在嗅球和梨状皮质之间相互分配信号，因此作为嗅觉的记忆中枢。当混合不同气味的物体或成分时，人类和其他哺乳动物即使可以识别单独存在的每个单独成分，在嗅闻混合物时，通常不能识别混合物中的成分，这主要是因为每个气味感觉神经元都可以被多种气味成分激发（Laing et al.，1989）。

此外，还有种间信息素（allomone），包括花香等天然植物的化学物质，在人类互动中基本上很少被注意到。嗅觉信息来自犁鼻器官（Keverne，1999），再通过嗅球进行处理。

7.1.2　嗅觉形成的生理过程

人类能识别数千种不同的气味，嗅觉是人类重要的特殊感觉之一，是一种化学感觉。嗅质（odorant），又称为气味分子，往往是易挥发的小分子化合物，空气中的各种气味分子随气流到达嗅区后，在亲水的黏液层溶解，作为配体与嗅泡表面纤毛上嗅上皮感觉神经元（OGNs）细胞膜上特异性的气味受体结合，进而启动嗅觉信号转导。嗅觉受体属于 G 蛋白偶联受体，信息在嗅球内的嗅小球内换元后，再通过僧帽细胞将信息传递给更高的嗅觉皮层。嗅黏膜上分布着不同种类的嗅神经元，每类嗅神经元表面分布着同一种嗅觉受体，这些受体可以和不同的气味分子特异性结合。人类的嗅觉受体约有 450 种，能识别的气味数目却更多。目前研究表明，一种嗅觉受体可以对不同气味分子中相同的化学特征产生反应，而一种气味分子则可以激活编码其多种化学特征的不同嗅觉受体（Buck，1991）。

嗅觉神经系统中的信息以神经元放电的方式传递，嗅觉信息的神经编码主要包括感觉细胞、嗅球和嗅皮层 3 个水平上的编码。关于嗅觉系统神经编码模型的研究很多，比较著名的有嗅上皮对不同气味反应的层析模型，解释嗅觉反应强度与外界刺激关系气味分子从嗅上皮表面到嗅觉感觉神经元（olfactory receptor neurons，ORNs）的扩散模型，嗅觉系统的解剖结构建立的神经网络模型等。这个信号传递过程包含嗅觉神经电信号的编码和传递，以此来解释气味编码的可塑性。

7.1.3　嗅觉的功能与特点

人类有大约 1 000 个功能性气味受体基因，不同人群的功能性气味受体基因库存在巨大差异，表现出人与人之间嗅觉偏好的显著差异（Buck，1991）。

嗅觉是哺乳动物重要而又古老的感觉之一，具有原始性、再生及可塑性、适应性。人类嗅觉能力随年龄、性别和发育阶段等因素而变化。在整个生命周期中，嗅上皮的基底细胞都能够分化成为成熟的嗅神经元，与味觉神经相互作用，嗅觉和味觉互相影响，与三叉神经一同协助鼻腔对气流的感知。

7.1.4　嗅觉障碍

嗅觉本质上有助于社会交流、指导营养行为并引发对环境危害的回避。因此，嗅觉障碍可能会给受影响的个体带来严重后果。嗅觉障碍是人群中的常见疾病，指在气味感受、传导及信息分析整合过程中，嗅觉通路各个环节发生器质性或功能性病变，包括定量障碍及定性障碍。前者包括嗅觉减退、失嗅，后者则指嗅觉倒错、过敏及幻嗅等。近年来，嗅觉减退发病率逐年升高，不仅使患者生活质量下降、威胁生命安全，还会造成精神上的压抑或忧郁。嗅觉功能会受到环境中诸多因素的影响，其中包括先天性失嗅，后天性嗅觉障碍，常见病因有鼻腔、气道的阻塞和损伤，炎症，外伤，鼻颅底手术后，中毒，年龄增长，细菌感染和病毒感染，营养或代谢性因素，颅内及颅外新生物等。此外，嗅觉障碍与一系列神经精神疾病密切相关，且常为这类疾病的早期症状表现，如自发性帕金森病、阿尔茨海默病等（Xydakis，2015）。

7.2　嗅觉康复的机制

研究表明，陆生哺乳动物的嗅觉通路有可塑性。成年人类的神经系统，可塑性仅限于个体神经元的正常能力（轴突和树突的伸缩能力、突触强度的改变、离断和重建）。虽然这种普通类型的可塑性有一定意义，但嗅觉系统具有全面的、独特地对创伤和剥夺作出反应和恢复的能力。这种令人惊异的可塑性是因为嗅觉干细胞的存在，成人嗅觉系统的干细胞在正常情况下完成嗅上皮及嗅球神经元的替代，对于嗅觉创伤及剥夺，这些干细胞的产生会增加或减少反应。成人嗅觉系统的这些特性在许多方面是其他感觉系统发育期间才具有的表现。

7.2.1　嗅觉通路的可塑性

嗅觉通路的可塑性相关研究最早始于 20 世纪 70 年代，对嗅觉的研究颠覆了长期认为成人大脑不产生新的神经元细胞的观念。嗅球的可塑性验证源自发育阶段早期嗅觉剥夺被证实对嗅球大小具有影响（Meisami，1976），因为嗅上皮感受神经元的更新，研究者开始将其视为可用于发育研究的成年神经系统的一部分，探寻是否成年人的嗅球也能相似地保持出生后早期发育期间具有的那种可塑性。

在 20 世纪 80 年代后期，通过成年鼠的单侧鼻封闭试验发现它们的嗅球有像新生期观察到的几乎一样的反应（Maruniak，1989）。他们指出嗅球与中枢神经系统任何其他成分不同，在整个生命期间对嗅觉剥夺都保持高度敏感。

7.2.2　嗅觉上皮的可塑性

嗅上皮罕见的再生特性比确定嗅球的可塑性要早数十年。研究者在 20 世纪 70 年代，确定了成年嗅上皮的可塑性是源自感觉神经元正常的更新特性。嗅上皮被认为是成年期哺乳动物中仅有的神经系统神经元可常规更替的部分，嗅上皮基底细胞具有干细胞功能，即使表面上感觉神经元被全部破坏，嗅上皮依然能被重新组成并恢复功能（Kauer，1974）。

7.2.3　嗅觉中枢的可塑性

大量研究表明，嗅觉系统具有高度可塑性。嗅觉感受细胞在整个生命周期中能够自我更新，周期约为 1 个月，嗅上皮中基底细胞都能够分化为成熟的嗅神经元，并伸出轴突与其他嗅神经元的轴突汇聚，由嗅鞘细胞包绕成嗅丝后穿越筛板与嗅球建立突触连接；侧脑室周围管室膜下层的神经前体细胞可以持续产生并移行进嗅球分化为颗粒细胞，实现嗅球的重塑性；嗅觉高级中枢也将随着嗅上皮、嗅球、嗅束改变而发生变化。而可塑性这一特征使感觉系统遇创伤、损伤、疾病和感觉丧失等情况时，可通过还原性方式诱导自身变化而恢复正常。近年来，还有研究者通过功能核磁影响对嗅觉障碍患者进行研究，发现嗅觉障碍患者嗅觉功能恢复可引起中枢功能可塑性变化（Kollndorfer，2015）。

一般认为嗅觉中枢通路的可塑性不像嗅上皮那么好，但也超过了成年人脑的其他部分，嗅觉中枢神经系统的可塑性主要表现在嗅球。

嗅觉对剥夺的反应和其他感觉系统十分不一样，最明显的不同是在生后任何时间剥夺均可导致系统在解剖和生理方面发生负面的改变。嗅球内的中间神经元是仅有的一型可以被替代的细胞。因此，如果损伤或变性的过程引起僧帽细胞或丛状细胞（嗅球的输出神经元）损失，嗅球的功能则造成不可挽回的损害。相反，嗅上皮在被完全破坏以后仍能够恢复，因为它的所有各种类型的细胞均能够再生。

嗅觉还被发现和许多非嗅觉效应有关，如嗅球在时间生物学上扮演了一个重要角色。动物嗅球切除后显示了光周期反应的中断（即光控的季节性的繁殖变化），失去了正常的光周期现象，发现嗅球切除或一侧嗅束（嗅球的主要输出通路）切断引起了促性腺激素分泌的基础水平增加等。嗅觉减退在抑郁症中可以看到相似改变，嗅球功能减退表明和抑郁及压力有关。

7.2.4 生长因子对嗅觉通路可塑性的影响

神经调理素（neurotropins）是神经生长因子基因家族的成员，在活动依赖的发育和感觉系统神经元的存活方面起必要的作用（Thoenen，1995），并显示了在整个一生中对嗅觉系统方面也起着相似的作用，在生命周期中不同时间被嗅觉神经元表达，在嗅觉通路的可塑性中起到重要作用。

嗅上皮具有从损伤中恢复的强大的能力，它常常经历了创伤后感觉神经元不同程度的损失。因为嗅敏度的丧失多被归因于嗅上皮的问题，了解控制嗅上皮神经变性、恢复和维持的因素是很重要的。

嗅上皮的基底细胞为了存活和分化，像其他干细胞一样也需要成纤维生长因子（fibroblast growh factor，FGF）、表皮生长因子（epidermal growth factor，EGF）和转化生长因子（tansforming growth factor，TGF）（Kuhn，1997）。

嗅觉受体神经元拥有在它的生命周期中持续表达所有神经调理素受体的特性的仅有的神经元谱系。NGFR、神经胶质细胞衍生的神经营养因子（neurotrophic factor，NIF）、纤毛神经营养因子（ciliary neurotrophie factor，CNTF）、脑源性神经营养因子（brain-derived neurotrophic factor，BDNF）、类生长因子 1（like srowth factor-1，IGF-1）等诸多神经生长因子，在嗅上皮的发育、神经发生和再生方面也起到重要作用，对于嗅觉神经元前体细胞的产生和存活，生物因子可以起到重要作用(Roskams,1996)。

嗅觉通路为什么表现出如此高度的可塑性? 嗅觉可塑性的不寻常的成分是由于干细胞供给受体神经元和颗粒细胞的更替,而其他感觉系统失去了它们的替换成熟的神经元的能力。

虽然嗅觉受体神经元替换的原理还不清楚,有两个普遍接受的起作用的因素。第一,因为嗅觉受体神经元是体内最多的暴露的神经细胞,在正常情况下,它们是非常脆弱以致它们必须被替换。即使它们处在相对受保护的部位,它们仍然和环境病原和颗粒物质接触,并且暴露在温度和湿度的变化中。第二,嗅觉受体神经元的更新可以改变嗅上皮对气味的敏感性,一种气味的重复暴露能够增加嗅上皮对那种气味的敏感度。

嗅球和海马在人类一生中持续替换中间神经元,这个现象在大脑的其他部分并不存在。嗅觉受体神经元更新,并随着气味的季节调节嗅觉敏感性(与食物的来源、繁殖、攻击和养育有关的气味改变有关),受体神经元的正常电活动维持了嗅球内新的颗粒细胞增加和原存活的颗粒细胞的减少之间的平衡。

有研究提示单个气味刺激嗅球内一个单独的特征性的功能柱区(Onoda,1992;Sallaz and Jourdan,1993;Guthrie,1993)。一个功能柱区组成了气味处理单元,包含了被来自鼻腔的嗅觉受体神经元输入激活的神经纤维球、接受这个输入的僧帽细胞和修饰僧帽细胞反应的一组颗粒细胞,这些独立的功能柱的长期、慢性活动可能决定了颗粒细胞的数量是增加还是减少(Onoda,1992;Guthrie,1993;Sallaz,1993)。

嗅觉系统的可塑性在机体系统修复、嗅觉损伤治疗、干细胞研究及神经退行性病变研究方面均有着特殊重要的意义。

7.2.5 芳香疗法与嗅觉训练

早在 6 000 多年前,历史中就有了关于芳香疗法的记载。已有研究表明,芳香物质改善了大鼠脑内海马区神经递质的含量,观察到茉莉花萃取物可通过嗅觉传导通路加速嗅觉神经元再生。早期的动物研究证实,嗅觉训练可以增强大鼠嗅上皮对气味刺激的电生理反应,并可在一定程度上改变嗅上皮的空间分布模式;反之,嗅觉剥夺不仅可明显减少成熟及新生的嗅神经元数量,还可以降低嗅球对嗅觉刺激的反应。

现代医学早有利用气味治疗疾病的报道,自 1982 年芳香疗法的概念被提出开始,芳香植物产生浓烈气味的小分子就被发现可以通过嗅觉系统对人体全身组织产生药理学作用。对于癌症患者,芳香疗法测试在降低焦虑和抑郁症状方面有一些结果。许多系统评价研究了芳香疗法在分娩疼痛管理方面的临床效果,治疗术后恶心和呕吐,管理痴呆症患者的行为和癌症症状缓解。一些研究得出的结论,它确实可以改善患者的情绪。

目前临床上针对嗅觉障碍有包括药物、手术等多种治疗方式。嗅觉训练(olfactory training,OT)作为一种新型嗅觉障碍治疗方案,由德国德累斯顿工业大学的心理学家 Hummel(2009)提出,因其具有安全性高、依从性好、成本低廉、疗效确切等优点而备受推崇。Hummel 让患有嗅觉功能障碍的患者遵循每天两次的例行程序,持续 12 周。常规包括吸入玫瑰、柠檬、丁香和桉树(分别为苯乙醇、香茅醛、丁香酚和桉树脑)精油的气味各 10 s。

Hummel 的研究建立在费城莫奈尔化学感官中心 1989 年的一项研究之上。研究表明，在反复接触雄烯酮（一种半数人类无法察觉的化学物质）后，一些受试者获得了感知它的能力（Wysocki，1989）。最早发现 12 周的嗅觉训练可以提升嗅觉敏感度，此后越来越多的临床证据表明了嗅觉训练的有效性。

2017 年开始，国际和欧洲鼻科学会建议进行嗅觉训练，以治疗因各种情况导致的嗅觉丧失。嗅觉训练是为了恢复嗅觉而定期嗅闻或让自己暴露在强烈的香气中的行为。使用的刺激气味通常选自主要气味类别，例如芳香、花香、果香和树脂味。使用强烈的气味，要求患者闻每种不同的气味至少 20 s，每天不少于 2 次，持续 3~6 月或更长时间（Altundag，2015）。如今它被认为是一种很有前途的实验性治疗方法，在新型冠状病毒 COVID-19 流行后，它被更多地用作嗅觉的康复疗法，以帮助患有嗅觉丧失或病毒后嗅觉功能障碍的人。

7.3 植物挥发物对嗅黏膜和嗅觉中枢功能的影响

7.3.1 植物挥发物

森林环境中，植物挥发物的组成十分丰富。根据中国森林环境中芳香化合物的合成途径、代谢类型和所具有的功能将植物释放挥发物可分为三大类：萜类、苯基/苯丙烷类和脂肪酸衍生物。按照植物挥发物的合成和释放部位的不同，其一，可包括在花和果实中合成释放的植物挥发物，主要包括芳香族化合物、萜类化合物和酯类化合物，一般具有一定的香气；其二，是在营养组织（如叶片等）中合成和释放的植物挥发物，包括萜类和脂肪酸衍生物（如挥发性的醛类和醇类化合物）；其三，是一些特殊的含氮化合物（如吲哚）（蒋冬月等，2011）。

不同植物种释放的植物挥发物的组成成分有明显的差异，这些萜类、烷烃、烯烃、醇类、酯类、含羰基和羧基类等化合物，作为挥发物分子，通过嗅觉细胞向嗅球神经传递信号，将嗅觉冲动、信息传到大脑皮质的嗅觉区，经诠释、分析而产生嗅觉气味的认知，进而发挥的药理活性，引起人体生理反应发生变化，包括对人体嗅觉神经、内分泌系统、自律神经系统和免疫系统等的影响。

随着中国经济的快速发展，严重的环境问题特别是空气污染、烟尘污染、细菌浓度超标等在一些地区越发严重。森林可以提供舒适静谧的环境，人们可以身处其中，享受丰富的空气负氧离子和植物挥发物带来的保健作用。森林环境提供的主要健康成分是植物挥发物和空气负氧离子。空气负氧离子是空气中带负电荷的氧气离子，被称为"空气维生素"，就像食物中的维生素一样，对生物体的生命活动有着十分重要的影响。因其能调节人体生理机能、消除疲劳、改善睡眠、预防感冒和呼吸道疾病、改善心脑血管疾病、降压、促进新陈代谢，甚至可以预防、治疗癌症。此外，负氧离子还可以去除 $PM_{2.5}$ 以及甲醛等有害物质，净化空气。

空气负氧离子是反映空气清洁程度的重要指标，植物挥发物同样具有杀菌、抗菌、降血压、镇静等医疗保健作用，较空气负氧离子有更加广泛的作用，且空气负氧离子只有在浓度达到每立方米 20 000 个以上才具有医疗保健的功能，但植物挥发物尚未被森林旅游和森林康养界所关注(吴磊等，2018)。

7.3.2　植物挥发物影响嗅黏膜和中枢功能作用机制

植物挥发物对嗅觉中枢功能的作用机制主要通过影响副交感神经和交感神经等构成的自律神经系统，伴随着心率、血压、脑电波、伴随性阴性脑电波变化、脑血流、皮肤电位、皮肤电活性、瞳孔光反射、末梢皮肤温度、精神性发汗、呼吸间隔、呼吸数、肌肉微震颤等多项生理指标的变化。同时植物挥发的可以通过鼻腔黏膜、呼吸道黏膜进入人体内，可促进免疫蛋白增加，有效调节自主神经平衡，从而增强人体的抵抗力达到抗菌、抗肿瘤、降血压、驱虫、抗炎、利尿、祛肺与健身强体的生理功效。

森林环境中不同气味的植物挥发物对人体机体各个系统均有积极的生物学效应，可以促进鼻黏膜上皮细胞形成，改善肺泡换气功能，调节大脑皮层功能，镇静催眠，调整心率，降低血压，改善内分泌功能等。橘柑、天竺葵、丝柏、佛手柑、荷兰薄荷和杜松属等植物挥发物对人的情绪有调节作用。玫瑰香气能够促使心率加快，而柠檬挥发物具有镇静作用，可降低心率。薰衣草和檀香挥发物均能够提高脑电波中 α 波的活动，而茉莉香气则能提高 β 波的活动。此外，月季花、菊花、雪松、侧柏等以挥发性酯类、萜烯类化合物为主的植物，能促使人的情绪趋向松弛，含氮化合物较多的植物精气，可以调动起人的紧张情绪，提高人的注意力和专注力。

7.3.3　应用场景

植物挥发物疗法的使用已受到全球消费者的欢迎，有近乎一半的成年人使用某种形式的植物挥发物作为补充治疗来预防或治疗与健康相关的问题，育龄妇女更常使用，可能有很大比例的女性在怀孕期间使用这些疗法，除针灸/穴位按摩、瑜伽、顺势疗法和脊椎按摩疗法之外，芳香疗法也是很重要的一部分(Yazdkhasti et al.，2016)。

国外将植物挥发物和芳香疗法结合，芳香疗法涉及使用精油，精油是通过蒸馏从根、叶、树皮、种子和花朵中提取的植物材料而获得的挥发性芳香有机化合物。精油通常与载体油混合。这些是初榨或冷榨的，临床表现与载体油相匹配。通用载体油包括葡萄籽油、甜杏仁油和芝麻油。其他载体油包括含有活性成分的草药油，包括金盏花油、山金车油、乳木果油或芦荟油。研究表明，精油对血压或心率等生理参数无明显影响，但对情绪和焦虑水平确实产生了心理改善。精油被认为可以增加身体自身的镇静剂、兴奋剂和放松物质的输出。可以将油按摩到皮肤中，或使用蒸汽注入器或燃烧器吸入。芳香疗法在分娩期间的应用主要以按摩、沐浴或吸入的形式，常用的两种油包括薰衣草和乳香。分娩过程中使用的其他精油包括桉树、茉莉花、罗马洋甘菊、鼠尾草、柠檬、兰花和玫瑰，其中罗马洋甘菊用于对抗疼痛，鼠尾草精油用于增加宫缩，柠檬香气可使人情绪高涨，兰花精油可帮助人放松，玫瑰精油则可以起到抗焦虑的作用。已有研究发现，芳香疗法还可以联合其他治疗手段来改善产后抑郁及社区老年抑郁患者的精神状况(Ebrahimi，2022)。

此外，在癌症患者的镇痛方面，最新纳入了 10 项 RCT 的荟萃分析表明，单一精油芳香疗法对癌症患者的睡眠质量有显著影响，应推荐作为一种有益的补充疗法，以提高癌症患者的睡眠质量（Cheng，2022）。

森林环境中的单萜和倍半萜等化合物以不同种类和比例存在于植物体内，具有高生理活性，与人体健康有着密切的关系。不同植物释放出不同组成的挥发物产生的功效也有所差异，现已发现并基本明确了几种挥发物成分的作用，除对嗅觉功能的改善外，研究证实多种植物挥发物对中枢神经系统及机体其他系统产生有益的影响，薰衣草精油能通过嗅觉途径起到降血压的作用。

森林是生态系统的重要组成部分，随着对疾病预防和健康促进问题关注的增加以及对森林康养功能研究的深入，以森林环境为治疗及预防疾病手段的森林疗法发展，近年来由此衍生了"森林医学"这一新兴学科。在发达国家如德国、日本已经积累了很多有关森林疗法的科学研究成果，而中国尚处于起步阶段。

7.4 基于森林环境的嗅觉康复训练

嗅觉康复训练通过主动反复嗅吸各种类型嗅剂来提升嗅觉功能，常见嗅剂包括苯乙醇（玫瑰）、桉叶醇（桉树）、香茅醛（柠檬）、丁香酚（丁香）等。嗅觉训练可明显改善嗅觉识别、辨别能力。多项研究发现，多种类、高浓度的愉快嗅剂进行嗅觉训练，可以显著提高嗅觉功能。

森林环境下的嗅觉康复训练，可以利用植物挥发物、外围的臭氧浓度及空气负氧离子，对人体进行天然的嗅觉训练过程。利用森林环境下的自然嗅剂改善嗅觉功能，调节情绪，改善认知，把优质的森林资源与现代医学和传统医学有机结合，开展森林康复、疗养、养生、休闲等一系列有益人类身心健康的活动，在促进公众健康方面的功能已得到社会各界的普遍共识。近些年，植物挥发物收集、分离和鉴定方法等方面取得了突破性进展，从科学角度证实了森林环境下嗅觉康复训练具有极大潜力。

20世纪，许多工业化国家为了应对环境特别是空气污染而兴起了"森林医院""森林浴""花木医院"等利用植物挥发物治疗疾病的疗养场所，国内称为"森林康养"。在这种没有药品，没有病房的环境下通过休憩、散步和简单的运动来吸收植物挥发物从而达到治疗疾病的目的（杨利萍等，2018）。

由于植物挥发物具有特殊的保健作用，有研究筛选出了一些高效健康植物，用于构建微生态系统，这种微生态系统可以达到森林中挥发物的浓度，进一步实现了将森林康养与日常嗅觉康复训练结合的目的。

本章小结

中国森林面积位居世界第5位，具有良好的发展前景，未来应当如何将森林资源合理地应用于公共卫生领域有助于改善人群的健康状况，是值得思考的问题。世界卫生组织研究表明，当今人类医学模式已经由临床医学逐渐转变为预防医学和康复医学，自我保健已成为当下人们关注的焦点。而森林康养就是一种非常好的自我保健方式。在经过科学认证的森林康养基地中开展活动，在休闲娱乐中达到康体保健的目的。

因此森林康养的发展是增加人们福祉、建设生态文明的有效措施。今后，我们需要进一步思考如何完善森林康养的理论体系，精准科学地发展疗养方式、适用对象，思考构建森林康养的环境适宜性评价体系，以及如何进行后续专业指导、疗效监测、医疗保障等，这些都需要医学与森林环境的进一步研究和实践努力。提高森林康养的社会认知度，利用中国森林文化、养生文化，打造中国特色的森林康养基地。

思考题

1. 论述森林环境与嗅觉康复之间的关系。
2. 试阐述森林环境对嗅觉的影响是从哪些方面来促进人类健康的。
3. 森林环境里有哪些资源是可以从嗅觉康复的角度来对康养产业起到促进作用？

推荐阅读书目

1. 雷巍娥. 森林康养概论[M]. 中国林业出版社，2016.
2. 李冬. 森林环境[M]. 中国林业出版社，2022.
3. 上原严. 森林疗养学[M]. 科学出版社，2019.
4. 李卿. 森林医学[M]. 科学出版社，2013.
5. 南海龙. 森林疗养漫谈[M]. 中国林业出版社，2019.

第8章　森林康养与呼吸系统康复

呼吸系统康复是慢性呼吸系统疾病患者综合治疗中不可或缺的组成部分。呼吸系统康复可以最大程度地帮助慢性阻塞性肺疾病(chronic obstructive pulmonary disease，COPD)患者缓解症状，提高运动耐量和生活质量，而在其他呼吸系统疾病中的用途和有效性，也有很强的理论依据和越来越多的证据(Spruit et al.，2013)。森林环境可以帮助慢性呼吸系统疾病患者改善生活方式，合理运动训练，也可以缓解压力，协助进行社会心理支持并提供适当的营养支持。森林康养既可以满足单个患者的复杂需求，也是一个整合多种服务和干预措施的有效平台。

8.1　森林康养与呼吸系统康复的理论联系

8.1.1　呼吸康复的定义

呼吸康复是一种综合性的干预措施，是以全面的患者评估为基础，为患者量身定制个性化治疗方案，包括但不限于运动训练、教育和行为改变，旨在改善慢性呼吸系统疾病患者的身体及心理状况，同时提高利于健康行为的长期依从性。

8.1.2　呼吸康复的理论基础

呼吸康复与其他治疗方法相比，能够为慢性呼吸系统疾病患者带来最大获益，包括缓解症状，提高运动耐量和生活质量(图8-1)。越来越多的证据表明，呼吸康复可以减少医疗资源的使用和费用支出。尽管呼吸康复并不能直接改善肺功能，但仍有上述这些积极影响。所

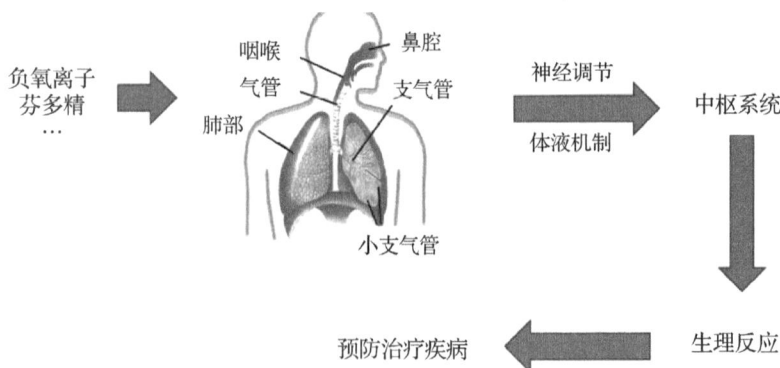

图8-1　森林康养作用呼吸系统途径

以，呼吸康复主要是识别、解决和治疗慢性呼吸系统疾病患者存在的隐性且可逆的并发症，包括外周肌肉功能障碍、静坐少动的生活方式、营养不良、自我管理能力差、焦虑和抑郁等（Ries et al.，2007）。

8.1.3　森林康养与呼吸康复的理论联系

多学科共同参与的呼吸康复项目能够更有效地对患者进行评估和目标设定，包括运动训练、自我管理、社会心理支持和营养支持。世界卫生组织（WHO）将综合管理定义为"与诊断、治疗、护理、康复和健康促进有关的服务投入、管理和组织"（Grone et al.，2001）。

多年来，呼吸康复一直采用综合的、多学科的方法管理慢性呼吸系统疾病，是慢性疾病管理的范例。随着社会老龄化，呼吸康复原则应作为慢性疾病管理的典范来推广。综合管理是治疗慢性呼吸系统疾病患者的重要组成部分，而这些患者往往同时合并多种严重的慢性疾病，包括心血管疾病、糖尿病和骨质疏松症等。鉴于这种复杂性，对于慢性呼吸系统疾病的呼吸康复应当是包括患者、家庭和所有医护人员在内的有效协作和综合服务。

由于人类是在自然环境中发展和进化的，而不是城市环境中的，所以与自然环境的持续接触对现代人类具有积极的作用。面对不具威胁性的自然环境（如植被或水），会激活人们积极正面的情绪反应，降低血压和心率，从而阻止消极的想法和情绪。城市等刺激性环境具有高强度的视觉复杂性和噪声，会使人们产生压力并出现疲劳的心理状态，从而对人们产生负面影响。与许多城市环境相比，大自然的感知强度和感知混乱程度往往较低，因此对人们具有相对积极的减压作用。

植物杀菌素是森林环境中从植被和树木中释放的抗菌挥发性有机化合物，可以降低血压，改变自主神经活性，增强免疫功能，且森林环境的空气含尘量和细菌浓度比市区低得多，这些均有利于慢性呼吸系统疾病患者的康复。森林环境中的负氧离子可以激活空气中的氧分子，使其更加容易被人体吸收，有助于改善慢性呼吸系统疾病患者的低氧和二氧化碳潴留，提高患者对于运动康复训练的耐受力。

森林环境可以帮助慢性呼吸系统疾病患者改善生活方式。合理运动训练，也可以缓解压力，协助进行社会心理支持并提供适当的营养支持。森林康养既可以解决单个患者的复杂需求，也可以成为协调多种服务和干预措施的有效平台。与森林康养结合的综合呼吸康复的目的是为患者选择适合的个体化呼吸康复项目。多学科团队评估是呼吸康复项目的首要组成部分，没有经过初次全面且持续的个体化评估，就无法为每位患者量身定制合适的呼吸康复内容（如评估、运动训练、自我管理教育、社会心理干预以及长期依从性）。

8.1.4　不同慢性呼吸系统疾病在森林康养中的获益

COPD 患者常会因运动所致呼吸困难加重而减少体力活动。森林环境有助于患者更好地完成呼吸康复项目，可以改善 COPD 患者的运动能力及运动过程中的呼吸动力学表现，还能改善健康相关生活质量，如减轻呼吸困难和疲劳。随着对呼吸系统疾病认识的不断增加以及对疾病管理的不断完善，对于非 COPD 的其他慢性呼吸系统疾病患者，如有症状且生活质量下降，也应考虑森林康养机构进行呼吸康复。

哮喘是一种常见病，据估计中国成年人中发病率约为10%。尽管有最优的药物治疗，但慢性哮喘患者仍会有呼吸困难及运动耐量下降。研究表明，进行运动训练的哮喘患者的有氧运动能力有所改善（Carson et al.，2013）。森林康养与呼吸康复综合项目应对患者进行教育，如何识别和避免哮喘的诱因，制订哮喘行动计划和运动训练计划。

支气管扩张症是一种以持续咳嗽、大量咳痰及反复呼吸道感染为特征的慢性疾病，常伴有慢性气流受限及间断的急性感染加重。呼吸康复可有效改善支气管扩张症患者的运动耐量（Newall et al.，2005）。患者亦可从教育中获益，包括急性加重的识别、吸入药物的使用和气道廓清技术（有效的咳痰）。

尽管COPD和间质性肺疾病导致呼吸受限的病理生理学机制不同，但对患者造成的限制（运动能力、呼吸困难、肌肉功能障碍及生活质量）却十分相似。一项有关间质性肺疾病患者的大型队列研究显示，呼吸康复对间质性肺病患者功能性能力和生活质量有积极影响（Huppmann et al.，2013），对特发性肺纤维化（idiopathic pulmonary fibrosis，IPF）患者也是安全的，且有助于改善其功能性运动能力、呼吸困难及生活质量（Dowman et al.，2014）。目前多项国际指南《关于特发性肺纤维化的诊断和管理的声明》也推荐大多数IPF患者应接受呼吸康复治疗。

在对肺动脉高压患者的一项荟萃分析中得出结论，呼吸康复可改善临床相关运动能力，且无严重不良事件的发生（Morris et al.，2017）。2013年，美国心脏病学会（American College of Cardiology，ACC）有关肺动脉高压治疗策略中将关于康复和运动训练的推荐升级为证据级，A类推荐（Galie et al.，2013）。呼吸康复在肺移植前后个体的管理中起着至关重要的作用（Dierich et al.，2013），建议在肺减容手术之前进行呼吸康复（Rochester，2008）。肺癌患者经常伴随运动不耐受和功能障碍，在肺切除手术之前进行呼吸康复可以改善有氧运动能力。

COPD等慢性呼吸系统疾病患者普遍伴随并发症（Franssen et al.，2014）。心血管疾病（高血压、冠心病、充血性心力衰竭、心律失常）、代谢疾病（糖尿病、甲状腺功能亢进和甲状腺功能减退、高脂血症）、肌肉骨骼疾病（外科手术、骨质疏松症、骨关节炎）、行为健康问题（焦虑、抑郁、认知功能障碍、精神疾病）、睡眠呼吸暂停、吞咽功能障碍、胃食管反流病、晚期肝病等仅是并发症中的一部分。这些合并症会增加患者的症状负担和功能限制，并可能会妨碍呼吸康复进程。

吸烟不应被视为呼吸康复的禁忌症，而应利用这个机会帮助患者戒烟。戒烟是综合呼吸康复项目的组成部分。无论患者年龄大小，戒烟对慢性呼吸系统疾病患者的症状、肺功能改善和降低死亡率均产生积极影响（Tashkin et al.，2009）。应该了解患者的吸烟史、尝试戒烟的频率、使用的方法和药物类型，以及何时曾成功戒烟。行为干预和药物疗法相结合可以有效地帮助吸烟的患者戒烟（Van Eerd et al.，2016）。呼吸康复团队成员应当了解尼古丁的成瘾作用并为患者提供药物治疗及咨询支持，以帮助患者成功戒烟。

8.1.5　呼吸康复的评估

8.1.5.1　病史评估

首次评估至关重要的一点是对患者的医疗史进行全面回顾。大部分信息可以从转诊医师工作室或所在医院的医疗记录中获取。病史提供有关呼吸系统疾病严重程度的信息，如症状负担、病情加重、药物需求、辅助供氧、并发症、功能受限及医疗资源使用。应重视直接影响患者健康、安全性及对呼吸康复反应性的并发症病史。病史的准确性决定了呼吸康复计划制订的合理性，例如，不稳定型心绞痛应在治疗及稳定后进行呼吸康复，患有骨科或神经系统疾病时有必要调整运动的频率、强度、持续时间和方式。

8.1.5.2　症状评估

症状评估主要包括呼吸困难、疲劳、衰弱及乏力、咳嗽、痰液产生、喘息、咯血、水肿、睡眠障碍、鼻窦疾病的鼻后滴漏、胸痛、胃食管反流、吞咽困难、肢体疼痛或无力、焦虑、惊慌、恐惧、孤立感、抑郁症状。

呼吸困难常作为呼吸系统疾病的首要症状必须对其进行记录和量化。在整个呼吸康复目标制定和治疗过程中都应对呼吸困难进行评估、客观测量。在患者的首次评估中应记录其发作程度、次数(强度)、频率和持续时间，同样还有使症状好转或恶化的因素需要被识别。临床上评估呼吸困难严重程度的一种方法是确定通常会引起呼吸困难的体力活动的类型，如将洗好的衣物提上一层楼诱发呼吸困难。推荐使用客观的测量方法，如改良英国医学研究委员会呼吸困难量表(modified medical research council dyspnea scale，mMRC)(表 8-1)。

表 8-1　改良英国医学研究委员会呼吸困难量表

分级	呼吸困难严重程度
0 级	仅在剧烈活动时出现呼吸困难
1 级	平地快步走或爬缓坡时出现呼吸困难
2 级	由于呼吸困难，平地行走比同龄人慢或需要停下来休息
3 级	平地行走 100 m 左右或数分钟后即需要停下来喘气
4 级	因严重呼吸困难而不能离开家，或在穿衣脱衣时即出现呼吸困难

疲劳是慢性呼吸系统疾病患者常见且痛苦的症状，但呼吸康复团队常对其重要性认识不足或忽视。疲劳会影响呼吸系统疾病患者的生活质量和工作能力，导致经济困扰、失业、焦虑和抑郁，也可能导致虚弱。用于评估疲劳的量表可能有所不同，如疲劳严重程度量表、身份结果疲劳量表(identity-consequences fatigue scale，ICFS)。呼吸康复可改善疲劳，但确切机制尚不清楚。仅在评估疲劳时，我们才能了解其原因，从而使呼吸康复团队能够为患者制订最佳治疗方案。

衰弱是一种以多系统功能状态下降为特征的症状，该症状与多种疾病发病率及死亡率的风险增加相关。最常用的诊断标准是 Freid 标准：体重减轻(1 年内非意愿消瘦大于 4.5 kg)、疲惫（自我报告）、步行速度减慢（评估步行 15 英尺*所需的时间）、体力活动量降低（患者的体力活动量 1 周小于等于 270 kcal*）以及力量下降（通过握力测量）（Fried et al.，2001）。衰弱是导致 COPD 患者无法完成呼吸康复计划的一项独立负面结果预测因素。但衰弱的 COPD 患者可以通过呼吸康复来逆转这一症状（Maddocks et al.，2016）。在对衰弱的评估中，可以用握力来评估患者肌肉力量下降的情况，握力测试不仅简便易行，还可测量出整体肌肉力量的水平，同时也是人体衰老进程的标记。握力是中老年人全因死亡率的预测指标，伴随过度通气的 COPD 患者会出现握力下降且随着时间的推移而恶化（Cortopassi et al.，2015）。握力可预测如功能受限、功能下降、日常生活依赖性活动和死亡率这些与健康有关的预后情况。保持肌肉的力量可改善功能，而呼吸康复可改善身体和肌肉骨骼适能。

睡眠呼吸障碍的评估是完整的呼吸康复评估中不可缺少的部分，包括昼夜症状、体格情况（包括 BMI 和颈围），以及并发症的评估（如高血压）。COPD 和 IPF 患者患阻塞性睡眠呼吸暂停综合征可增加发病率和死亡率。呼吸康复应包括对睡眠障碍的评估；经过验证可应用的是 Epworth 嗜睡程度量表（Epworth sleepiness scale，ESS）和匹兹堡睡眠质量指数（Pittsburgh sleep quality index，PSQI）。

8.1.5.3 疼痛评估

在整个呼吸康复过程中，疼痛评估都是必要的。需要注意的事项包括疼痛部位、持续时间、程度及特点。疼痛程度通常用 0~10 分或面部表情疼痛评分量表来判断（图 8-2）。评估还必须包括加重或减轻疼痛的因素。

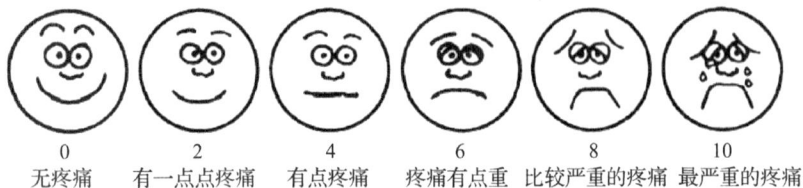

0	2	4	6	8	10
无疼痛	有一点点疼痛	有点疼痛	疼痛有点重	比较严重的疼痛	最严重的疼痛

图 8-2　面部表情疼痛评分量表

8.1.5.4 日常生活活动能力评估

呼吸困难和疲劳等呼吸系统疾病症状通常会导致日常生活活动（activities of daily living，ADLs）能力和意愿程度下降。患者通常不会意识到自己的活动受到了限制，常常将其归因于"变老"。通过与患者关系亲近的人进行晤谈经常可以获取额外信息。评估应包括由于疾病、并发症或治疗而受限或取消的活动。取消活动通常取决于疾病所致痛苦症状的程度及其对患者的重要性。首次评估将指导随后的治疗，如能量节省技术、四肢力量和活动度训练、适当的节奏控制和呼吸技术及对辅助设备的需求。在适当情况下，应评估功能性任务表现及工作环境要求，以建立用于规划治疗和测量结果的基线。ADLs 评估包括在完成下列活动时是否有痛苦、受限及活动取消情况：①基本 ADLs（如穿衣、沐浴、步行、进食）；②家务；③休闲活动；④职业相关活动；⑤性行为。

_____

* 1 英尺 = 0.304 8 m；1 kcal = 4.185 8 kJ。

8.1.5.5　营养评估

呼吸系统疾病患者的营养状况和身体成分通常会发生明显变化，包括体重过轻、体重正常但肌肉质量明显减少、肥胖。有关营养评估，详见本章第 4 节内容。

8.1.5.6　辅助供氧评估

呼吸康复专业人员需要熟悉长期氧疗的适应症以及氧气储存和输送的方式。经常在没有确定对氧气具体需求的情况下，患者就已经开始接受包含氧疗处方的呼吸康复治疗。部分患者需要在康复过程中改变氧疗处方，多数是提高氧流量，而有些需要更换吸氧设备。呼吸康复专业人员应与医疗人员及耐用医疗设备供应商合作，为患者选择最佳的吸氧设备，以供应充足的氧气，并减轻对个人自由和生活质量的总体影响。应提供书面的氧疗处方，并进行日常活动和运动时氧气使用的培训。

8.1.5.7　社会心理评估

首次社会心理评估应使用筛查工具，评估患者焦虑、抑郁及生活质量。如果发现患者存在严重的社会心理问题，应联系患者的主诊医师，转至对应的专业人员进行进一步评估，如精神科医师、心理学家、医疗社工或姑息治疗专家。严重的社会心理病理状况如未能接受评估和治疗，可能导致预后较差（Popa-Vele，2014）。社会心理评估与干预详见本章第 3 节内容。

8.1.5.8　再评估

需要在呼吸康复期间对患者进行再评估，以确定康复进度并调整康复计划来帮助患者达到目标，内容包括生活质量、功能性评价、焦虑、抑郁、氧气使用及气道廓清，这对于确定患者的个体化治疗计划至关重要，并且这些始终是再评估的一部分。

8.2　森林康养在呼吸运动疗法中的应用

运动疗法能改善慢性呼吸系统疾病患者的运动耐量，因此已经被确立为此类患者呼吸康复的基石。运动耐量降低是多因素造成的，包括进行性骨骼肌功能障碍、呼吸困难和疲劳、并发症、情绪障碍、低氧血症。目前，关于运动疗法有效性的例证大多来自对 COPD 患者的研究。但越来越多证据表明：运动疗法在其他呼吸系统疾病康复中同样有效。慢性呼吸系统疾病患者进行运动疗法的一般原则与健康人相同，是根据病史、体格检查和临床评估进行个体化制定的。为优化效果，运动负荷必须超过日常生活中常用的负荷以提高体能和肌肉力量。在整个呼吸康复过程中，应根据持续的综合评估不断提高运动水平。呼吸康复中运动疗法的重点是保持患者的长期行为改变以实现持续参与体力活动和运动训练。

森林康养能够改善患者的心肺功能，提高患者对于运动康复训练的耐受力。在进行运动训练之前，需要对患者进行全面评估，以评价患者的运动耐量、制订合适的运动训练处方、保证患者安全。森林康养与运动疗法相结合可以改善有氧运动能力、缓解呼吸困难、提高体能、增加肌肉力量和耐力、提高生活质量。

8.2.1 慢性呼吸系统疾病运动疗法的理论基础

慢性呼吸系统疾病患者的运动耐量降低是由多方面因素造成的。通常认为心肺功能异常是导致运动耐量降低的最主要因素，但骨骼肌功能障碍也被逐渐证实是其中的关键因素。在40%～45%的COPD患者中，限制运动的主要症状为腿部疲劳或不适感觉（Casaburi，2001）。与健康人相比，COPD患者静息和运动时肌肉代谢受损，在较低的运动负荷下即出现运动耐量降低和乳酸酸中毒。此外，全身性炎症、营养障碍、高龄、合成代谢激素水平低、类固醇疾病、衰弱症和低氧血症进一步导致了COPD患者骨骼肌功能障碍。由于肺功能损害，慢性呼吸系统疾病患者为避免呼吸困难的不适感而采取静坐少动的生活方式，随后活动量减少又导致了更进一步的活动耐力下降和活动性呼吸困难加重，引起呼吸困难进行性加重。

运动疗法是呼吸康复的基石，几乎所有慢性呼吸系统疾病患者都能从运动训练中获益（Spruit et al.，2013）。对于有功能受限但仍可进行较高强度运动训练的患者，训练后活动耐力可获得显著改善，而那些受限较严重的患者也可通过低强度耐力训练获得改善。有氧运动和上半身抗阻运动训练对于所有适合的患者来说都是必不可少的，现已证明抗阻运动训练能够增加上、下半身力量和肌肉容积，提高日常生活活动表现及生活质量。尽管有氧和抗阻运动训练对其他慢性呼吸系统疾病（包括限制性和间质性肺疾病，如肺纤维化）患者的有效性仍需进一步研究，但相关的试验结果都是有效的（Kenn et al.，2013）。每组运动训练都应包括热身活动以保证心率（HR）、血压、通气量和运动肌肉血流量的渐进增加，还应包括整理活动以降低心律失常、直立性低血压、晕厥和支气管痉挛的风险。

8.2.2 运动能力测试和评估

在实施运动训练之前，应当对患者的运动能力进行量化评估以建立基线数据，从而帮助患者制订个体化目标及运动训练计划，并有助于评估患者的治疗效果。在进行运动评估前，呼吸康复专业人员应仔细询问患者病史，并进行体格检查，关注那些运动期间可能加重或不稳定的异常情况，包括如下：①心血管疾病病史（冠心病，陈旧性心肌梗死，胸痛，心律失常，新发的、未经治疗的、控制不佳的或静息心率大于110次/min的慢性心房颤动，室性心动过速，二度或三度房室传导阻滞，T波倒置或ST段抬高等情况）。②中至重度瓣膜疾病。③有症状的或新发的心力衰竭。④较大的卵圆孔未闭所致分流。呼吸康复专业人员应了解患者有无其他疾病和并发症，如严重认知障碍、严重精神异常或顽固性疼痛，并与临床医师或专科医师进行沟通以确定患者是否适合进行测试。

8.2.2.1 6 min 步行测试

6 min步行测试（6-minute walk test，6MWT）测量6 min内行走的最大距离。6 min步行测试广泛用于呼吸康复的结局评估（Holland et al.，2014）。该测试安全、易于实施、操作简单、耐受性好，并能准确体现患者最常见的日常生活活动（步行）。为保证结果的有效性和可靠性，必须严格执行标准化测试程序，如对测试人员的要求，测试的轨迹和配置，对患者的解释说明和测试过程中的言语提示，辅助供氧类型以及助行器的使用均需标准化。研究显示使用助行器或辅助供氧时，呼吸困难程度会减低并且步行距离会增加。因此，如果第一次测试时使用了助行器或在助行器上携带了额外的氧源，那么在随后的测试中也要在相同的条件下测试。以下为进行 6 min 步行测试的具体说明。

测试前准备：①选择标准的步行测试路线为直线或连续的圆形、椭圆形或方形。如果使用走廊，至少要 30 m 长，无交通干扰且没有障碍物。②所有的测试应保持适宜的环境温度和湿度。③应充分了解患者相关病史，并且考虑所有运动测试过程中会出现的风险或禁忌症，确定预防措施。④指导患者穿着舒服的衣服及合适的鞋子，并在测试前至少 2 h 避免进食或饮水。⑤应当在测试前 1 h 内或在患者到达时使用吸入支气管扩张剂。⑥向患者描述步行路线，并为患者提供标准化说明及鼓励（表 8-2）。⑦如果患者最近没有进行过 6 min 步行测试，应进行两次测试，选取两次测试中成绩最好的。

表 8-2　6 min 步行测试的标准化鼓励用语

时间	标准化用语	时间	标准化用语
1 min	您做得不错，还有 5 min	5 min	做得不错，还有最后 1 min
2 min	表现不错，继续保持，还有 4 min	6 min	请停在原地
3 min	做得不错，已经完成一半了	如果患者在测试期间暂停，每 30 s 建议一次	如果您感觉能走了，请继续
4 min	表现不错，继续保持，就剩 2 min 了		

注：改编自 ERS 2018；European Respiratory Journal，2004，23（6）：832-840。

测试中要求：①要求患者在 6 min 内尽可能走远，按照上述标准化鼓励用语，在特定时间间隔鼓励患者并告知已过去的时间。②允许患者休息，但时间包含在总测试时间内，如果患者在测试过程中停下来，一旦血氧饱和度恢复至大于等于 85%，则每 30 s 建议患者继续。③最终记录行走总距离。④采用经验证的呼吸困难和疲劳量表评估呼吸困难程度。⑤患者应独立行走，测试人员、其他患者或家人不应与参与测试的患者同行，如果必须由测试人员保护患者的安全，应跟在患者身后。⑥测试中氧气流量应保持恒定值，如果可行且安全，随后的测试应使用相同的给氧方式和流量。⑦除非患者不能安全地使用氧源，否则测试人员不得协助患者携带或推拉氧源。⑧使用记圈器进行圈数记录。⑨患者可以使用他们常用的移动辅助设备并记录使用种类（如单点手杖、滚轮助行器、标准助行器）和原因。⑩监测患者不适症状和体征，包括持续的脉氧饱和度和心率。⑪血氧仪不应由患者手持，应使用手指血氧仪或将手持式血氧仪放置于患者衣服口袋中。⑫出现以下情况应终止测试：脉氧饱和度小于 80%、胸痛、不能忍受的呼吸困难、难以忍受的下肢痉挛或运动疲劳迹象（如跟跄、异常出汗、脸色苍白或灰白）。

测试终止时叮嘱患者停在所在位置，注意观察患者是否有不良症状和体征。当患者坐下后立即对血氧饱和度、心率、呼吸困难程度、疲劳及血压进行记录（前后测量应在同一体位进行)。用标准评估表记录以米为单位的完成距离、休息次数、总的暂停时间及最终生命体征，包括最低的脉氧饱和度水平(若使用辅助供氧还应记录给氧流量)(表8-3)。

表 8-3 6 min 步行测试的评估

日期：　　　　　　　　　　　　　　　　　　　　　　　　　　　　　　　　　　　　　测试员：

步行次数	步行前后	呼吸困难量表/级	脉氧饱和度/%	吸氧浓度/(L/min)	血压/(mmHg)	心率/(次/min)	症状	步行辅助器具	其他说明	总距离/m	速度/(m/min)	休息次数/次	休息时间/s	备注
第一次6 min步行	步行前													症状：胸痛、头晕、气短、下肢疼痛、肌肉痉挛；步行辅助器具：各种助行器、拐杖等
	步行后													
第二次6 min步行	步行前													
	步行后													

注：如果患者最近没有进行过6 min步行测试，建议进行两次测试。

6 min步行测试可能受多种因素影响，包括动机、鼓励、学习效应、运动方式设置、测试环境、性别和年龄，测试时应给予标准用语鼓励。连续进行6 min步行测试会产生学习效应，在后续的测试中距离可能会增加，因此，在首次测试时应进行两次测试，采用距离最长的一次。建议两次测试至少间隔30 min或第二天再进行第二次测试。不建议使用跑步机来进行6 min步行测试。测试场地的实际布局会影响步行距离，使用椭圆形或方形连续步行路线的试验中心，其6 min步行测试距离都要比直线路线的更长。直线和连续路线间的差别可能是由于患者在直线路线测试时转身所花费的时间和精力造成的。因此，呼吸康复中前后评估时必须使用相同的路线以尽可能消除这种潜在的变异性。

8.2.2.2 其他运动功能评估

除了正式的运动测试外，还应进行关于运动功能表现状态的问诊和体格评估，包括呼吸肌功能、呼吸力学和胸廓活动(如膈肌动度、辅助呼吸模式和胸廓柔韧性)的评估。同等重要的是对平衡、跌倒风险及任何骨科或肌肉骨骼系统的限制因素进行评估，如患者的步态异常，而这些异常可能需要对训练计划及步行辅助设备进行个体化调整。肌肉骨骼问题在呼吸康复人群中尤为重要，全面评估患者肌肉力量、关节活动度训练、姿势、骨科受限和简单ADLs(如卧立位转移、穿衣、爬楼梯)的基线水平很重要。评估中需要关注的重要内容包括：肌肉力量和耐力、关节活动范围受限、姿势异常(如脊柱后凸、脊柱侧弯、圆肩或高低肩)、氧气设备(如装置类型、重量和移动性)、呼吸困难程度、对健身和运动的了解程度、对劳累的恐惧程度、平衡功能异常、步态不稳或跌倒的风险、疼痛的程度和部位、做家务的能力(如使用吸尘器、洗衣服、烹饪)、自我照料能力(如洗澡、穿衣)、住宅内移动能力(如爬楼梯,走到浴室)。

8.2.3　呼吸运动训练计划的制订

制订呼吸运动计划需要理解运动训练原理、运动方式、频率和持续时间。此外,运动训练的进度也是运动处方中的重要概念。

8.2.3.1　运动训练的原则

在为呼吸系统疾病患者制订最佳运动计划时,必须考虑多方面因素。为了从运动训练中得到最大收益,康复团队必须与医师密切合作,使治疗最优化,包括为低氧血症患者使用氧气治疗。成功的康复结局取决于沟通和团队协作以识别和满足患者的医疗和功能需求。

呼吸康复中的运动训练包括上下肢耐力训练、力量训练,可能还包括呼吸肌训练。运动处方中每名患者的首次治疗计划应包括频率、强度、时间(持续时间)、类型(方式)、运动总量、模式及进阶。这些组成部分应根据患者疾病严重程度、体能水平、功能评估和首次运动测试数据来制定。

8.2.3.2　运动训练的方式

对那些参与日常功能活动的肌肉进行运动训练是十分有益的,通常包括上、下肢肌肉的训练,以改善心血管耐力、肌肉力量和耐力及关节活动范围。下肢运动训练通常会显著提高COPD 和其他呼吸系统疾病患者的运动耐量。对于患有呼吸系统疾病的人来说,能够提高神经运动控制能力的运动训练(如为降低跌倒风险进行的平衡和协调功能训练)也同样重要。

运动方式因呼吸康复可用设备和空间而异。对大多数呼吸康复项目而言,步行需要全身运动,因此,室内跑道或跑台步行是呼吸康复下半身运动训练的一种常见并可能是最有益的运动方式。对于那些能行走的人,建议将步行纳入呼吸康复训练计划中以帮助大多数人提高整体功能水平。其他有氧运动方式还包括功率自行车(立式和卧式)、上肢功率自行车、划船机、踏步机、卧位交叉训练器、坐式和立式椭圆训练仪及单腿训练。水中运动可以减轻关节和全身的压力,因此是关节炎或肌肉骨骼异常患者理想的运动方式。对于慢性呼吸系统疾病患者来说,北欧式健步走是另一种不错的选择(表 8-4)。

尽管大多数证据是来自 COPD 患者的,但是上肢运动训练对于慢性呼吸系统疾病患者来说还是非常有益的(Lotters et al., 2002)。中至重度 COPD 患者进行使用上肢的日常生活活动可能是困难的,特别是对于过度通气导致膈肌功能受损的患者。涉及上肢的活动可能导致呼吸不规律或不同步,产生这种状况的原因可能是因为一些上肢肌肉也是辅助吸气肌。COPD 患者进行上肢运动训练的优点是可以改善上肢肌肉力量和耐力。一般而言,我们建议将上肢训练与下肢训练联合使用,并作为呼吸康复的常规训练。大多数呼吸系统疾病患者都能很好地耐受上肢功率车,尤其对于只能短距离步行、肥胖、患有神经肌肉疾病、骨科疾病或需要坐轮椅的患者更有益。

表 8-4　呼吸康复中提高心血管适应能力的运动设备

设备	训练部位	设备	训练部位
室内跑道或平地步行(有或没有助步车或助行器)	下半身	固定式上肢功率车	上半身
跑步机	下半身	固定式划船机	上、下半身
固定立式下肢功率车	下半身	改良的有氧运动(如舞蹈、太极、体操)	上、下半身
固定立式联动功率车，单腿训练	上、下半身	椭圆仪(有或没有上肢手摇柄)	上、下半身
卧式功率车	下半身	卧式联动功率踏步机	上、下半身
水中运动池或游泳池	上、下半身	墙壁或机械拉力器	上半身
楼梯机或有扶手的阶梯	下半身	座位有氧运动(如举臂、抬腿)有或无负重	上、下半身

8.2.3.3　运动训练的频率与持续时间

一般而言，在监测下进行的呼吸康复运动训练频率和持续时间为每周 3 ~ 5 次，每组 20 ~ 90 min，持续 8 ~ 12 周。呼吸康复的最佳持续时间应使患者得到最大的个体化获益且不会造成负担。持续时间较长的运动计划(如超过 12 周)可以比时间较短的运动计划产生更多的持续获益。对于患者而言，最佳持续时间通常为尽可能的最长可持续时间，推荐至少持续 8 周的运动训练来获得确切效果。如果患者不能够进行每周至少 3 d 监测下的运动训练，则可以选择在家中进行每周 2 次监测下的运动训练及每周 1 次或多次无监测的运动训练。如果患者非常虚弱，那么一开始的训练时间可以缩短，休息时间可以增加，但最终目标是在康复最初几周内减少休息时长或不休息，并且可以进行至少 30 min 的耐力训练。

8.2.3.4　运动训练的强度

为呼吸系统疾病患者制订运动处方的最大挑战是预估合适的运动强度。呼吸康复团队必须时刻保持谨慎，以确保不会因为训练强度过高而引起不良生理反应，但同时强度还要足够达到训练效果。对主观、客观结果进行个体化首次和持续评估，有助于随时间谨慎地增加运动强度。监测下的运动训练结合呼吸困难控制技术，可增强应对呼吸困难相关恐惧和不适感的能力。呼吸困难常常会限制运动能力，但是对于患者来说，他们喜欢的或想参加的大部分运动都是有益的。在为患者制订运动处方时，康复团队必须将患者的个人活动目标纳入训练计划中。例如，患者希望每天能够以相对缓慢但稳定的速度遛狗 30 min 并且不休息，那么训练强度的制定应部分用来帮助患者达成这一目标。

如前所述，低强度和高强度的运动训练都可以用来提高患者的运动耐量。运动训练的基本原则表明，运动强度应与功能障碍程度、疾病状态、运动能力测试结果(如 6 min 步行测试)、运动时间、运动负荷、运动中出现的生理反应相关。对于慢性呼吸系统疾病患者来说，有氧耐力训练可在低、中甚至高强度下进行。进行 60% ~ 80% 峰值功率的高强度运动训练可使患者的有氧适应能力获得最大生理改善，从而使患者在特定运动中的通气需求下降，呼吸模式更为有效，同时潮气量增加和呼吸频率下降使无效腔通气减少。高强度运动训练还与运动耐量的提高相关。并不是所有患者在训练初始阶段都能耐受高强度训练，但是那些以最大耐受水平进行运动训练的患者将会随时间而获益。研究已证实间歇训练，即高强度与低强度训练(或休息)交替进行,可以作为那些不能耐受长时间持续高强度运动训练患者的另一种有效选择(Vogiatzis et al., 2005)。

对于许多慢性呼吸系统疾病患者,不需要高强度运动训练带来的有氧适应能力相关的传统生理改变即可提高运动耐量和呼吸系统功能。这一点非常重要,因为高强度运动训练引发的呼吸困难和下肢疲劳会干扰患者参与日常生活活动,从而使运动训练的整体依从性下降。因此,低强度的有氧运动训练即使没有带来可测得的有氧适应能力增加,也可以显著提高运动耐量(Datta et al., 2004)。

指导运动训练强度制订的另一种方法是使用运动靶心率范围(如心率储备法),该靶心率范围通过观察静息心率及运动训练时患者心率的反应来确定。许多呼吸康复计划在运动期间通过心电图进行间歇性"快速检查"监测心率,也可以从脉搏血氧仪读数中获取心率,如果条件允许,可在运动训练期间通过远程监测获得心率。

目前,关于运动训练的最佳总量(每组的运动总量)、模式(各种运动的进行顺序,包括休息时间)和进阶(达到足够的训练效果)仍然未知,需进一步研究。多学科协作的方法通常根据患者个体化特征来确定最佳运动总量、模式和进阶。应随时间逐渐增加运动量和强度以保证患者达到最佳训练效果。这受呼吸系统疾病的严重程度和类型、患者的体能、年龄、性别、活动能力等多种因素影响。需要进一步研究制定相关的循证指南。

8.2.3.5　抗阻运动训练

慢性呼吸系统疾病不仅会损害肺部,还会导致整体骨骼肌功能障碍。已证实 COPD 患者的外周和全身肌肉力量均有下降,而力量的下降伴随着肌肉横截面积、肌肉质量和机体活动的减少。外周肌肉的萎缩和力量下降,加上胸廓和胸部肌肉无力,共同导致了患者能量消耗降低、静息状态代谢率减少和静坐少动生活方式的加重。静坐少动生活方式、慢性低氧血症、营养不良和长期使用类固醇皮质激素的不利影响,使许多呼吸康复对象不仅存在力量明显下降,还有骨质减少和骨质疏松症。这些因素综合在一起导致全身肌肉力量下降、跌倒风险增加并造成永久性损害或功能障碍,而抗阻运动训练可以为这类患者提供帮助。

最近的研究结果表明,COPD 患者进行抗阻运动训练可以通过提高生活质量、增加上下半身力量和肌肉体积或质量而获益(Ries et al., 2007)。为了获得这些及其他一些益处,抗阻运动训练已成为大多数呼吸康复计划中不可或缺的组成成分。

抗阻运动训练在呼吸康复计划中有许多重要作用,包括以下几个方面:①使患者了解与同年龄、性别组人群的差别。②使患者了解通过呼吸康复功能有多少改善或减退。③增强自信和自我效能。④帮助评估姿势、平衡和转移问题,并进行姿势和平衡训练。⑤通过记录训练前后的测试结果评估患者肌肉力量和耐力的改善。⑥针对患者特有的全身肌肉力量下降水平,评估和确定患者的个体化需求。

呼吸康复中有许多经济的方法来进行抗阻运动训练。在康复计划早期阶段进行抗阻训练,呼吸康复对象可使用不同拉力的弹力带或管、手提重物、踝关节重物、哑铃,还可以在有或无椅子的情况下利用自身体重进行抗阻训练(如抬腿、伸腿、下蹲、坐站转移、双臂压椅)。诸如此类的方法可以加入热身/整理活动中,在呼吸康复特定阶段,以循环站点式训练(详见后述)或患者和康复专业人员一对一训练。一旦参与者适应了有氧训练,则可逐渐加大负荷训练,可以使用负重器械和阻力较大的滑轮装置。总之,必须针对每个患者的抗阻负荷进行个体化评估,并考虑呼吸系统疾病类型和严重程度、现有并发症(如心血管状况)、肌肉骨骼限制性和衰弱程度。

如果空间允许,可以开发一种经济有效的"循环站点式抗阻训练"。下面是这种训练的站点举例。①哑铃推举训练站(配备椅子和不同重量的哑铃)。②弹力带/管训练站(配备椅子和不同拉力的弹力橡胶带或管子)。③药球训练站(配备椅子和不同重量的药球)。④握力器训练站(配备网球、握力球或握力装置)。⑤抗阻抬腿训练站(配备椅子,踝关节沙袋或负重训练能量包)。⑥台阶训练站(配备可调节台阶或一组台阶)。⑦自重训练站,患者可利用自身体重进行多种形式的抗阻运动,如立位抬腿、手臂环绕、扶椅提踵、深蹲或重复坐站(配备稳定的椅子)。综上所述,可以创造性地为上、下半身开发一套经济有效的抗阻运动训练循环,并将其纳入呼吸康复中。

8.2.3.6 吸气肌训练

具有正常力学动力的呼吸肌几分钟的连线运动就可以增加每分通气量。因此,以规律的时间间隔在数周内重复这种训练,能够增强呼吸肌的力量和耐力。一些研究表明,抗阻呼吸训练能够增加呼吸肌的力量和耐力、减轻呼吸困难、增加步行距离和提高健康相关生活质量。吸气肌训练可用于呼吸肌无力的患者,如恶病质或使用类固醇皮质激素的患者。

呼吸肌训练的类型包括抗阻训练(通过逐渐缩小孔径)、阈值负荷训练(需要预先设置吸气压力)等二氧化碳过度通气法。推荐抗阻吸气肌训练每周 4~5 d,每天 1 次,每次 30 min(或者每天 2 次,每次 15 min),至少持续 2 个月。

8.2.3.7 柔韧性训练

保持柔韧性和良好的姿势是呼吸康复计划的重要组成部分。瑜伽和太极拳等运动可以帮助患者维持良好的柔韧性和姿势。每次热身和整理活动中应有关节活动度训练,以帮助患者克服姿势异常带来的影响,这些异常限制了胸廓活动度,进一步导致肺功能受限。柔韧性训练可帮助改善关节活动度,预防跌倒并改善整体生活质量。

8.2.4 森林康养运动计划

慢性呼吸系统疾病患者的有氧运动建议在森林环境中进行,其形式包括登山观景、林中漫步、荫下散步和郊游野餐等广泛接触森林环境的健身活动。到森林中去充分享受一下清爽宜人的林间空气,其空气含尘及细菌含量均远低于城区,有利于患者的运动康复。森林的隔声效果会使人感到一种远离都市喧闹嘈杂的宁静,绿色的环境和优美的风景能给人以安谧舒适的感觉。另外,森林中的许多树木花草,如松树、雪松、云杉和针叶树等常绿植物,还会散发出一种对人有益的植物杀菌素,可以增强患者的免疫功能,缓解疲劳和焦虑。除此之外,林中小溪的流水声,触摸树皮时的感觉,也会让人心旷神怡。对于慢性呼吸系统疾病患者的森林康养,最好选择这样的环境:其一,森林空气清新,不含有毒物质,其空气含尘量及细菌含量均较低；其二，森林环境绿树成荫，林中凉爽，气候宜人；其三，林中小道或露营休闲具有松软的落叶层或地下有厚厚的地皮、草、叶等；其四，林间有鸟叫蝉鸣，并伴有溪涧流水之声，形成自然和谐的气氛；其五，树叶和树形美观，景色秀丽。

对于病情较重、不适宜远行的患者，城市里的公园、花房、林荫道都可以作为森林康养的环境。目前我国正大力开展城市绿化建设，如市内绿地、公园、植物园等，亦包括绿墙、屋顶公园和垂直花园等。一些医院和疗养院也增加绿色环境，其许多房间面向内部茂密的花园庭院，包括树木、灌木、花园、池塘、步行道等，方便患者在院内完成康养运动计划。

对参加正式呼吸康复计划的患者，应为其提供森林康养运动计划，以延续正在进行的运动训练。有氧运动、肌肉力量训练、关节活动度训练及针对特定患者的吸气肌训练都应包括在运动计划中。为患者设计可独立完成的运动计划时，必须考虑其接下来的运动环境，以提高依从性。例如，患者没有负重训练器械，应向其推荐一些易于进行的力量训练如弹力带、轻型哑铃及手腕沙袋。

在森林康养环境中，维持运动计划可提升患者的短期和长期运动依从性、提高患者和团体协作、促进心肺功能康复，并且有助于训练的连续进行和加强自我管理。以下为轻至中度慢性呼吸系统疾病稳定期患者提供了森林康养运动计划的一般准则。

8.2.4.1　呼吸困难的控制和管理

应对患者进行呼吸困难控制策略的培训，包括缩唇呼吸、三脚架姿势、间歇性休息、使用电风扇、开窗和使用助步车或带轮助行器。将注意力从呼吸困难上转移的方法包括听音乐、看电视、游览景点及与亲友一起运动。运动方式主要包括：①林间步行，上下爬动，尽量出汗，以放松身心。②选择步行目标里程，尽量快步行走并能与周围人正常交谈。③置身于幽林深处，面对连接天际的壮丽景色，通过缩唇呼吸、腹式呼吸锻炼，平静下来，缓解疲劳。

中度呼吸困难和疲劳是运动时的常见症状，尤其是在训练的最初几周。使用 10 分制呼吸困难量表或疲劳量表，如果症状增加到 6~10 分，建议患者放慢速度或休息直至恢复至基线水平，然后以较慢的速度恢复步行或活动。

8.2.4.2　辅助运动措施

可辅助运动的工具包括可改善平衡、增加距离、缓解呼吸困难和疲劳的助步车，还有北欧式健步走或徒步设备。如果愿意，患者还可使用普通的助行器。

在进行森林康养运动计划前，应评估患者静息或运动性低氧血症，以便制订氧疗处方和培训氧气安全使用方法。一旦制订了氧疗和运动计划，康复师应通过监测患者以正常步速行走 3~6 min 时的脉氧饱和度、心率和呼吸困难，以确定患者的便携式移动氧源能否在患者活动期间为其补充足够的氧气。患者应拥有一台精准的血氧仪，并接受使用方法及有关静息和运动中血氧饱和度目标的培训。如果需要高氧流量，应考虑使用储氧鼻导管以降低持续氧疗的流量需求。

短效和长效支气管扩张剂对改善 COPD 患者的呼吸困难和过度通气起关键作用。呼吸康复专业人员应确定是否在运动前使用短效支气管扩张剂，如单独使用沙丁胺醇，或联合异丙托溴铵定量吸入器或喷雾器。患者应接受培训，并在规律随访评估时演示其可正确使用吸入器。

8.2.5 呼吸运动训练中的安全问题

8.2.5.1 抗阻运动训练的注意事项

安全性、临床稳定性和预防肌肉拉伤至关重要，特别是对于长期接受类固醇激素治疗的患者，因为当这类患者进行高强度负荷训练时有发生肌肉或肌腱断裂的风险。此外，术后肺部疾病、骨质疏松症和中至重度肺动脉高压患者在做力量训练时应关注预防措施。使用哑铃进行低阻力运动训练对肺动脉高压患者来说是安全的（即无严重不良作用）。然而，更重要的是要指导患者避免上肢过度负重和屏气用力动作，以防止在抗阻运动训练中胸膜腔内压和血压的异常升高。此类患者可使用低阻力的手持重物、哑铃、踝关节沙袋和弹力带或弹力管来增加上、下半身力量。

与传统的有氧运动相比，患者进行抗阻运动训练时可能对心血管系统的监测需求较低。抗阻训练通常比有氧训练对心肺功能需求低，需要的摄氧量水平和每分通气量较低，因此较少引起呼吸困难。对容易出现反应性高血压或低血压的患者，呼吸康复专业人员应定期测量其血压，即使在抗阻运动训练时也需要如此。如果运动中可以测量血压，可以保证患者的安全性并优化抗阻运动训练运动计划。通过连续心电图远程监测，医师可监测抗阻运动训练期间的心律失常和心电图不良变化。

部分患者在抗阻运动训练期间需要进行一对一的指导和监督，具体取决于他们的风险水平和衰弱程度。应给予每位患者适宜的训练指导，并由呼吸康复专业人员示范。运动训练后的 $12\sim24$ h 出现轻度肌肉酸痛和疲劳是正常的。如果患者主诉持续或严重的肌肉酸痛或关节痛（长于 1 周），应及时咨询呼吸专科医师或内科医师。在不适感消失之前，必须暂停患处的抗阻及有氧训练。

8.2.5.2 运动中低氧血症的管理

慢性呼吸系统疾病时，维持正常动脉血氧的能力通常会受损，特别是运动中氧输送能力下降。运动中肌肉对氧气的需求量与运动量成正比。较高的心肺需求会导致复杂的生理反应及运动中的功能障碍或衰竭。辅助氧气可提高动脉血氧水平，还可减少颈动脉体刺激和减轻肺血管收缩，从而减少呼吸肌做功，减轻呼吸困难。氧疗在呼吸康复中可提高短期和长期运动训练的有效性，移动供氧能增加低氧血症患者的活动能力依从性、运动耐量和独立性。呼吸康复医师需选择合适的供氧设备、给氧方式和氧流量，并与呼吸专科医师针对这些建议进行沟通。患者使用便携式氧疗装置时，在休息、活动和训练期间进行评估。

在制订运动性低氧血症的氧疗处方前，应进行运动训练时低氧血症和氧需求的全面评估。虽然 6 min 步行测试或其他运动测试能检测出运动相关的严重低氧血症，但是其他日常生活活动时的低氧血症和氧需求程度仍需进行单独的评估和测定，还应在患者使用移动氧源时进行评估。夜间是否需要给氧要基于专科医师的临床判断进行单独评估。所有关于低氧血症和吸氧浓度滴定测试的结果均需及时与专科医师进行沟通。在呼吸康复中有多种供氧方式满足该人群运动中的氧气需求，包括鼻导管、储氧鼻导管、无重复呼吸面罩、开口式氧气面罩、文丘里面罩、气管内氧疗等。

已证实存在低氧血症的 COPD 患者，长期氧疗使休息、睡眠和活动时脉氧饱和度水平≥88%~90%，能够提高生存率、增强运动表现、改善睡眠和提升认知功能。对于那些使用高氧流量也不能维持氧饱和度的患者，在恢复运动之前需要进一步评估和治疗。如果可行，应考虑在患者呼吸康复计划中的首次运动时进行远程监测，并对严重肺动脉高压或心脏异常患者进行持续的远程监测。有严重心律失常的患者在进行运动前需进行医学评估和必要的治疗。严重肺动脉高压患者应避免进行间歇训练，其可能有肺血流动力学快速变化和发生晕厥的风险。如果出现辅助供氧也难以纠正的低氧血症、严重心动过速、心律失常、重度呼吸困难、低血压、重度高血压、头晕或胸痛，应立即终止运动。呼吸科医师、基层医疗人员和其他相关医疗顾问应对患者的慢性呼吸系统疾病和并发症进行持续评估和管理。制订运动处方和居家运动计划时，应告知患者终止运动训练的指征和需要向医师报告的症状(表 8-5)。

表 8-5　何时终止运动并寻求帮助

序号	需要终止运动的症状
1	气促、疲劳或无力超出正常程度且不能通过休息或常规方法改善(如氧气、急救用吸入器或雾化器、三脚架姿势等)
2	胸痛或胸闷
3	心脏触诊，发现心率过慢或过快
4	无法改善的肌肉疼痛
5	感觉头晕或眩晕
6	下肢疼痛、无力或痉挛
7	训练时出汗比平时多

8.2.5.3　急救程序

呼吸康复运动区和患者训练区必须有合适的急救程序和随时可立即获得并能正确使用的急救用品。所有工作人员都应定期演练，以使自己有能力应对这些紧急状况。急救设备至少包括可在患者复苏时和转运设备上使用的氧源、急救用品、支气管扩张剂、除颤器(临床除颤器或自动体外除颤器)。此外，所有工作人员至少有医疗人员基础生命支持的最低级别认证。

8.3　森林康养在社会心理康复中的应用

慢性呼吸系统疾病患者在疾病管理中经常出现多种社会心理问题，表现为心理痛苦、治疗依从性差、不健康的生活方式及认知功能障碍。这些问题经常同时出现并相互作用。社会心理问题可能会对生活质量和呼吸康复结局产生不利影响。呼吸康复是设计并实施结合患者社会、心理状况的个体化治疗方案，以减少患者痛苦并改善治疗效果的理想方式。多学科合作的呼吸康复团队在显著提高患者信心和动机以实现重要且有意义的目标方面发挥了关键作用。总之，慢性呼吸系统疾病管理需要呼吸康复师与社会心理专业人员合作。

8.3.1 社会心理功能评估

8.3.1.1 焦虑和抑郁

焦虑在呼吸系统疾病患者中很常见，COPD 患者焦虑的发病率为 36%，呼吸康复治疗的患者中有 32%表现出明显的焦虑症状（Janssen et al.，2010）。约 40%的 COPD 患者出现抑郁症状（Stage et al.，2006）。据报道，疾病晚期及辅助供氧的患者抑郁症发生率更高（Spruit et al.，2013）。抑郁症在 COPD 患者中并未被充分地认识和治疗（Yohannes et al.，2010）。除 COPD 外，呼吸康复还为多种呼吸系统疾病患者提供社会心理康复治疗，表 8-6 列出了常见慢性呼吸系统疾病患者抑郁症和焦虑症的发病率。

表 8-6　慢性呼吸系统疾病患者焦虑症和抑郁症的发病率

疾病	焦虑症发病率/%	抑郁症发病率/%	疾病	焦虑症发病率/%	抑郁症发病率/%
COPD	36	40	肺动脉高压	46	55
间质性肺疾病	31	23	支气管扩张症	38	20

慢性呼吸系统疾病患者可表现出多种焦虑障碍。例如，广泛性焦虑障碍表现为对多方面的严重担忧。特定恐惧症是对不愿接触的特殊经历的恐惧，如由于担心呼吸困难，患者可能避免运动。恐慌症包括周期性的恐慌发作，这是一种强烈的焦虑发作。创伤后应激障碍是一种继发于创伤事件的焦虑性障碍，表现为与该事件相关的明显恐惧。患有社交恐惧症的人担心自己会被他人评判，这可能给有氧气支持需求的患者带来困扰。在确诊焦虑症之前，了解焦虑障碍的标准是很重要的，有必要对患者进行筛查，追踪患者症状并从家庭成员处获取相关信息。由于呼吸系统疾病患者本身就存在疲劳、呼吸困难等症状，因此在焦虑评估中需要仔细鉴别这些症状的重叠，以确保对患者的症状和体征进行适当的评估和干预。

抑郁症的常见症状包括持续的抑郁情绪、快感缺乏（缺少快乐）、感觉没有价值、注意力不集中及睡眠不佳或食欲不振。患者可能出现多种症状，这些症状可能符合也可能不符合精神病学的诊断标准。有关诊断标准和相关问题的更多信息可参阅《精神障碍诊断与统计手册（第 5 版）》。尽管了解这些标准是有用的，但必须由有执照的心理专业人员进行精神病学的诊断。呼吸康复主要内容包括对抑郁症进行充分筛查，确定需要治疗的患者，并在必要时转诊以接受专业评估和治疗。

纳入 1 795 名 COPD 患者的 ECLIPSE 研究表明，抑郁症是 6 min 步行测试距离下降的独立预测因素（Spruit et al.，2010）。在一般人群中，抑郁症患者药物治疗的依从性降至 1/3。抑郁症会阻碍呼吸康复的进度，与退出呼吸康复计划有关，并导致医疗负担重及疾病恶化。抑郁症还与住院时间延长、死亡率升高及持续吸烟有关。合并抑郁症的重度 COPD 患者 3 年死亡风险增加（Fan et al.，2007）。

焦虑症是健康状况差的患者再次住院的危险因素。与抑郁症相同，焦虑也阻碍了呼吸康复治疗进度，并导致医疗负担加重和疾病严重程度恶化等不良结局。Ries（1990）首先提出的恐惧—呼吸困难循环说明了恐惧和焦虑对呼吸困难和进而出现的活动耐力下降的影响。呼吸困难患者进行体力活动时，呼吸困难会自然加重，这会导致患者表现出对进一步过度用力的焦虑和恐惧。这样患者会更加回避运动，进而活动耐力下降更明显。因此，费力活动会加重呼吸困难，强化了这一恶性循环中的焦虑、恐惧和回避。所以，可以理解为什么有部分呼吸系统疾病患者不愿参加呼吸康复或不愿参加康复项目中的运动训练。

下面列出了可用于呼吸康复项目前、中、后进行焦虑和抑郁筛查的评分工具。单因素筛查工具：①贝克焦虑量表（Beck anxiety inventory，BAI）；②7 项广泛性焦虑障碍量表（generalized anxiety disorder 7-Item，GAD-7）；③贝克抑郁自评量表第 2 版（Beck depression inventory-II，BDI-II）；④抑郁症筛查量表（patient health questionnaire，PHQ-9）。多因素筛查工具：①医院焦虑抑郁量表（hospital anxiety and depression scale，HADS）；②心理—社会危险因素调查（psychosocial risk factor survey，PRFS）。这些工具可作为结局指标来评估呼吸康复的治疗效果。

8.3.1.2　认知障碍

认知障碍在 COPD 患者中普遍存在，并可能因慢性低氧血症而变得复杂。此外，低氧血症的程度会影响认知障碍的程度，认知障碍随着 COPD 的进展而加重。认知障碍在呼吸系统疾病患者中很常见，有文献表明其患病率为 16%～20%（Roberts，2013），有研究发现 42% 的 COPD 患者患有中至重度认知障碍，而对照组为 14%（Grant et al.，1982）。抑郁和焦虑经常与呼吸系统疾病共存，这似乎也与认知功能下降、言语记忆障碍有关（Kizilbash et al.，2002）。如果认知障碍导致患者判断力和信息保留能力受到损害，则在康复过程中必须有陪护人员（包括其他对患者重要的人）陪伴。

蒙特利尔认知评估（Montreal cognitive assessment，MOCA）和简易精神状态检查量表（mini-mental status exam，MMSE）是两种广泛使用的认知筛查工具，均需由有资质的专业人员进行培训。如果怀疑患者存在认知缺陷，则应进行专门筛查。认知障碍筛查阳性的患者，还应有可靠的社会支持人员在呼吸康复和家庭环境中监测任务表现，并在随访时进行心理学测试，这可以通过弥补认知障碍来提高患者在呼吸康复中的最终成功率。

8.3.1.3　依从性差

COPD 患者对药物治疗和改变生活方式依从性差是很常见的，表现为对药物治疗、规律锻炼或运动处方依从性差，继续吸烟，呼吸康复低参与率和高退出率以及自我管理缺乏，这些会导致肺功能迅速恶化、增加医疗资源使用和死亡率。依从性差的患者经常表现为，"我根据自己的感受调整了用药方案"和"我对我的用药有很多疑问"。呼吸康复计划可根据需要随时作出有针对性的专门教育。另一项研究发现，依从性差的患者（拒绝或提前终止其呼吸康复计划的患者）对其特定疾病的社会支持水平不满意。在这项调查中，依从性差的患者并没有感到抑郁或焦虑，也没有过心理治疗史（Young et al.，1999）。这项研究表明可能需要进一步与患者探讨社会心理支持，以帮助康复计划的顺利实施。

8.3.2 森林康养在社会心理康复中的应用

森林环境可以毫不费力地吸引着人们的注意力，同时为大脑提供了思考其他事物的机会，云彩、日落、风中的树叶、雪花图案都是自然现象，它们会使人们的紧绷的神经得到休息。自然环境提供了一种扩展范围和深度的体验，人们可以沉浸在其中，轻松地思考并从中获得休息。自然环境提供了一个与人类需求和欲望完美匹配的环境，让康养者得到休息，并建立起个体与整体和谐相处的氛围。利用森林环境对慢性呼吸系统疾病患者进行社会心埋康复，可以分为以下几类：心身干预、认知行为疗法、动机性访谈、戒烟。

8.3.2.1 心身干预

正念疗法、瑜伽和放松等心身干预措施可以减轻 COPD 患者的焦虑和抑郁，并改善其身体状况，如肺功能、呼吸困难、运动能力和疲劳。森林环境有利于患者缓解压力，减轻焦虑和抑郁。研究表明，在大自然中行走可以缓解焦虑和其他负面情绪，还可以增加积极的想法。相对于城市步行，抑郁症患者在自然环境中漫步后表现出情绪和记忆持续时间显著增加，有助于改善抑郁症状。反刍思维（专注于自我消极方面的重复性想法）是精神疾病的已知危险因素。研究显示，健康的城市居民在森林环境中步行可以减少反刍并增加积极思考，其脑部扫描显示大脑中与精神疾病风险相关的区域及与悲伤、退缩相关的区域的神经活动减少。

心身干预主要采用以下几种方式：①渐进式肌肉放松是一种结构化的放松运动在特定肌群的拉伸和放松之间交替进行。②膈式呼吸包括有意识地使用膈肌做深呼吸。理想情况下采取仰卧位，指导患者将一只手放在胸部，另一只手放在腹部。指导患者经鼻吸气，使腹部抬高而胸部不抬高，腹部肌肉收缩，并通过缩唇进行呼气。③瑜伽是一种身体定位的方法，可以运用源自东方哲学的呼吸技巧和冥想，但通常与瑜伽的基础动作分开练习，以增强身心健康。

8.3.2.2 认知行为疗法

森林环境有助于改善认知功能，提高创造力和解决问题的能力。来自美国密歇根大学的38名学生被随机分配到绿树成荫的公园漫步或在繁忙的街道上散步，在每次行走之前和之后，他们执行一个向后的数字跨度任务，要求他们记住并大声重复越来越多的数字。结果表明，参与者在森林环境中行走后，其任务表现显著提高，但在沿着街道行走后却没有。120名青少年被随机分配到一个没有自然景观的室内环境或一个森林环境中的院落，结果发现只有在森林环境中与朋友在一起后，其生理、认知和情感状态才有所改善。这些发现表明，在自然环境中度过的短暂假期可以提高注意力，并且与朋友在一起可以对青少年的心理健康产生重大的积极影响。56名徒步旅行者参加了一项研究，他们有 4 d 沉浸在森林环境中，并脱离多媒体技术。参与者在旅途中接受了测试，结果显示，在创造性、解决问题的任务中，其效率提高了 50%。暴露于自然环境中有助于唤醒积极的情绪，而脱离手机、网络等多媒体技术则减少了注意力的分散，这通常使人们关注突发事件，保持任务目标，并抑制不相关的行为或认知。

认知行为疗法(cognitive behavioral therapy，CBT)已被证明可有效减轻焦虑和抑郁症状。越来越多的证据支持这种方法改善 COPD 患者心理症状的益处。CBT 是一种治疗方法，其重点在于使被治疗者意识到不合理的认知，包括对自己或他人的不现实观点或期望，然后寻找方法并实践，以纠正不合理的认知。这种治疗模式还包括减轻抑郁的行为活动，如安排令人愉悦的事情，并完成能够产生掌控感的任务。为了减轻焦虑，在适当的医疗监护下可以进行以往回避的活动(如一些患者由于恐惧呼吸困难而不愿意运动)，如在跑步机上行走。森林环境会使患者产生愉悦感，并有助于患者完成特定的任务，从而克服恐惧。人们与自然环境的联系可以增强幸福感，不仅使人们在当下快乐，而且使人们在未来不再处于自然环境时也感到快乐，与自然环境的持续接触(所有绿色或自然栖息地类型的户外活动)可以成为维持人们幸福感的可持续性途径。

8.3.2.3　动机性访谈

开始呼吸康复后，患者可以接受行为改变教育以改善其功能，如运动、节奏控制、能量节省、戒烟以及提高对辅助供氧和其他药物治疗的依从性从而改善整体功能。尽管这些改变是有益的，但对于患者来说，改变他们已经持续了好几年甚至几十年的习惯可能非常困难。患者通常认为可以从戒烟和体重管理等行为改变中获益，但很难坚持行为方式的改变。有时，即使患者意识到不良习惯会有长期风险，但因习惯可以缓解压力，所以仍沉溺其中。他们有时会感到愤怒和失望，但仍陷于不健康习惯的循环中。

接触大自然可以使人们更加无私、乐于助人且相互信任。研究表明，身处自然环境中，人们会意识到自己是处于更伟大的事物中的一部分，这可以使人们更无私、更感激、更乐于助人和关心他人。大自然帮助人们与真实的自我建立联系，专注于风景和植物的参与者表示，他们感受到了高度的个人自主感，例如"现在，我觉得我可以做我自己"。自然环境可以剥离现代社会使人们产生彼此疏远的感觉，并可以带来更强烈的社会意识，从而更愿意与他人建立相互信任的关系。所以，森林环境有助于我们选择合适的时机安排动机性访谈，这或许可以帮助患者解决矛盾情绪并维持行为的改变。具体而言，动机性访谈可以有效地提高患者对多种行为的依从性，如戒酒、体重管理、血压控制和体力活动，亦对 COPD 患者的心理健康起作用。动机不仅存在于个体内部，也存在于患者与医疗人员之间，所以尊重患者及其个人价值观是动机性访谈的关键组成部分。在急性期治疗时给出建议和指导可能是适当的，但不适用于长期行为改变。而警告、批评和说服等沟通方式往往也是无效的。

动机性访谈的基本技巧之一是 OARS——开放性问题(open-ended questions)、肯定(affirming)、反馈式倾听(reflecting)和概括性小结(summarizing)。OARS 语句的一些示例详见表 8-7。

8.3.2.4　戒烟

吸烟会刺激神经化学通路，其与认知刺激、记忆、愉悦感、情绪控制、焦虑减轻、放松和食欲抑制相关。与环境触发因素(包括饮酒)相关的条件反应增强了吸烟的愉悦感。相反，尼古丁戒断与焦虑、躁动、易怒、注意力不集中、情绪低落、失眠、头痛、食欲增加和体重增加有关。长期吸烟是多种慢性呼吸系统疾病的危险因素。烟草使用和依赖的人群中反复尝

表 8-7　动机性访谈的基本技巧语句示例

OARS	语句示例
开放性问题	"您想设定一个什么样的呼吸康复目标？" "不使用吸入药物时，您的呼吸怎么样？" "什么样的节奏对您来说有困难？"
肯定	"您的活动节奏控制得很不错。" "您愿意通过康复变得更强壮，太棒了！" "自从开始康复以来，随着您所做的事情越来越多，您的努力正在获得回报。"
反馈式倾听	"听起来您好像希望呼吸变得更好，而且即使有困难您也愿意尝试控制好您的日常活动节奏。"
概括性小结	"所以，您是说还想继续进步，然后能独立外出、做家务和打球。" "所以，当您去公共场所时会有呼吸困难并且觉得戴着氧气设备不舒服。同时，您又希望在没有压力的情况下尽可能多做事。所以为了您自己的健康，已经决定要使用氧气了，并且为了家人，您想要留在这里。"

试戒烟和偶尔复吸的情况很普遍。在没有帮助的情况下成功长期戒烟的可能性不大，但在最佳的临床支持下会有所改善。考虑到有一半的戒烟者将在戒烟第一年复吸，所以持续的患者教育、咨询及建议极为重要。

在森林康养的过程中，禁烟的环境、周围非吸烟人群的鼓励以及康复医师对患者戒烟的行为管理是帮助他们长期成功戒烟的关键。有效的行为管理包括认知行为策略，可以帮助患者解决戒烟障碍，并使用社会支持以成功戒烟；也包括其他策略如自我监控，在确定的戒烟日期前逐渐减少吸烟及避免复吸。动机性访谈可以帮助患者解决戒烟过程中的矛盾情绪，为患者提供替代方法和选择来控制烟瘾，如分散注意力、深呼吸、推迟吸烟、与非吸烟者聊天以寻求支持。鼓励那些担心禁烟会导致饥饿感增加的人使用口腔代用品代替香烟，如口香糖、无糖硬糖、牙签、水和低热量饮料等。在森林中散步、沐浴阳光或令人愉悦的活动可能会改善易激惹症状。目前批准的针对尼古丁依赖的药物有多种，但是对于许多人群，药物治疗存在禁忌症或缺乏有效性证据，如孕妇、无烟烟草使用者、轻度吸烟者和青少年。对于这些人群来说，在森林康养的环境中，通过行为管理戒烟可能更为有效。

戒烟的关键因素包括患者的戒烟意愿及戒烟的技巧和帮助。AHCPR 指南为康复人员提供了一个框架，以帮助患者针对以下 5 个方面进行戒烟。

①询问　在每次访问时记录所有吸烟者。

②建议　以明确、强烈及个体化的语言建议所有吸烟者戒烟："作为您的（呼吸治疗师/护士/物理治疗师），我需要您知道，为了保护您现在和未来的健康，戒烟是您能做的最重要的事情。吸烟会使您的呼吸系统疾病恶化。我将帮助您戒烟。您现在戒烟很重要。偶尔或少量吸烟也是很危险的。"

③评估　确定患者戒烟的意愿，"您愿意尝试戒烟吗？"

④帮助　协助患者制订戒烟计划并设定戒烟日期，最好在 2 周内。患者应与家属和朋友

讨论该计划，并寻求理解和支持。应预料可能会出现的困难，尤其是在戒断症状出现后的2 周内。指导患者移除身边的烟草制品。评估哪些因素帮助和阻碍了过去的戒烟尝试，并在过去成功的基础上再接再厉。对可能遇到的困难和触发因素进行讨论并商讨如何成功克服它们。因饮酒与复吸有关，患者戒烟时应考虑戒酒或限制饮酒。当家庭中有另一名吸烟者时，戒烟会更加困难，应鼓励其他在家吸烟者戒烟或建议不要在患者周围吸烟。

⑤随访　确保后续随访。后续随访应在戒断日期后不久进行，最好在第一周内开始，推荐在第一个月内进行第二次随访，随访时应注意识别遇到的问题，并预测未来的挑战，评估药物使用及其问题，祝贺患者成功戒烟；如果患者仍在吸烟，请检查复吸情况，并与患者共同努力以彻底戒烟。

8.3.2.5　社会支持

呼吸系统疾病患者对社会支持的主观感受会影响患者在康复计划中的整体表现。森林康养项目中社会支持系统的建立，可以使患者在参与康复治疗期间得到更多的社会支持。

工作人员的支持对于一个康复项目的成功是很重要的，包括专业人员给予有技巧的咨询。这通常需要工作人员主动倾听，并有危机处理技巧，也包括患者能便捷地获取宣传材料和资源信息。其他方面支持可能来自家属、朋友和其他的项目参与者。

通过教育演示及让患者参与到鼓励分享个人经验的支持小组中，可以加强呼吸康复项目中获得社会支持。团体环境有助于参与者共享疾病相关信息和成功的应对技巧，还为参与者提供了情感释放和激发情感支持的渠道，因此可以在森林康养项目和社交活动中提供更多与患者互动的机会。为了增强患者的自我价值感，可以让他们在康复项目或其他社区活动中担任志愿者。患者配偶或亲属朋友的参与有助于促进社会支持，也可以鼓励其他对患者重要的人参与到支持小组中。在支持小组中可以观察家庭动态和人际交往能力，还可以分享信息、澄清误解、消除恐惧与担忧。尤为重要的是，家庭成员如何在不加剧患者依赖性的情况下向其提供支持，并应围绕这个问题进行讨论和提高技能活动。当患者与亲属都可以适应疾病，致力于共同管理疾病，敏感察觉到对方需要、欲望和其他感受，相互理解，共同寻找管理生活的选择和资源时，这样就可以促进双方之间的合作。

8.3.3　与心理学专业人员合作的森林康养

针对慢性呼吸系统疾病的森林康养项目应与社会心理学专业人员建立伙伴关系，这些专业人员包括心理学家、社会工作者、顾问或成瘾顾问。为了有选择地找到最适合森林康养的社会心理人员，可以通过患者的呼吸科主诊医师帮助推荐转诊。心理专业人员评估患者后，也可以确定是否需要将患者转诊进行心理咨询。另外，对于呼吸系统疾病患者，与心理学专业人员协作以提供关于社会心理问题的帮助是非常重要的。

在康复项目中尽早建立牢固且可信赖的关系，这对于促进患者参与、改善和获得满意结果非常重要。社会心理问题的评估应在康复开始时常规进行，并在康复期间定期评估。简单的筛查工具可用于评估焦虑、抑郁、愤怒、敌对、社会支持和情感防护。对于可能存在认知障碍的患者，可由接受过相关培训的专业人员进行适当的筛查。社会心理和认知功能严重受损的患者应转给心理专业人员进行下一步评估和治疗；轻度社会心理问题的患者采取干预纳入综合的康复项目中，由经过正确培训的专业人员执行。以个人或团体形式提供的社会心理干预措施可有效减轻患者痛苦并促进适应性应对。呼吸训练、放松训练和压力管理训练也有助于减轻焦虑和呼吸困难，并应作为整体治疗计划的一部分。对患者心理状况进行再评估与完善干预措施有利于制订康复后计划，有助于长期维持生理和社会心理健康。

8.4 森林康养在营养康复中的应用

饮食习惯、营养状态、营养康复对 COPD 发病、进展和预后均有重要的影响，这是呼吸康复的重要组成部分。营养摄入不足不仅可能由呼吸困难造成，也可以由系统性表现（如恶病质和肌力下降）及并发症（如骨质疏松症、糖尿病和心血管疾病）造成。呼吸系统疾病具有异质性，需要通过多种方法识别出呼吸系统疾病患者的营养状态受损、不良饮食习惯及饮食对临床结局的影响。呼吸系统疾病患者具有不同的表型，且与肺功能无关，一旦通过人体测量和临床评估确定了患者的这些表型，就可预测出有营养不良的风险并给予营养指导（Schols et al.，2014）。

8.4.1 呼吸系统疾病营养状态受损

营养状态反映了营养素供给（饮食或内源性来源）和营养素需求之间的平衡，如果需求增加或食物摄入减少导致供给降低，就会带来负面结果。呼吸系统疾病中，呼吸状态和食欲改变可影响食物摄入，而代谢改变、能量消耗和疾病进展会增加营养素需求。宏量营养素可提供能量和蛋白质的基本化学组分，能影响身体成分状况。随疾病进展，机体对微量营养素（如维生素、矿物质和其他植物化学物质）的需求可能会增加。有证据表明，即使患者没有明确的营养素缺乏表现，食用富含维生素 D、维生素 C 水果、蔬菜和纤维的食物可以降低营养缺乏的风险。

8.4.1.1 宏量营养素状况

身体成分，即脂肪质量（fat mass，FM）与非脂肪质量（fat-free mass，FFM）的比例，反映了宏量营养素摄入状况。了解慢性呼吸系统疾病患者肌肉减少与肥胖的病理生理学及其相互关系非常重要。

（1）低体重

当能量消耗超过能量摄入时，体重就会下降（FFM 或 FM 减少）。人体对能量不足的正常适应性反应是优先消耗脂肪，而具有代谢和功能活性的非脂肪质量则作为"备用"消耗。但 COPD 患者的体重减轻却伴随着非脂肪质量的显著减少，且与质量的减少不成比例。极度消瘦曾被认为是呼吸系统疾病进展不可避免的结果和最终的进程（Schols et al.，1993）。目前有力证据表明，非意愿性消瘦是晚期 COPD 患者死亡的独立危险因素。因此，在整个治疗过程中应当优先考虑体重维持。食欲缺乏和继发的较低热量摄入并不是 COPD 能量代谢失衡的原因，而在低体重的呼吸系统疾病患者中热量摄入是足够的甚至是过量的（Goris et al.，2003）。正常人静息代谢率（resting metabolic rate，RMR）是减少的，而 COPD 患者 RMR 和全身蛋白质周转却是增加的（Kao et al.，2011）。COPD 患者的每日能量需求增加是由呼吸力学效率降低、肌肉收缩消耗增加和下肢运动效率降低引起的。肺减容手术后 COPD 患者在改善其呼吸力学后可以而且确实能增加体重，这也证明了上述关系。有报道显示，稳定期重度 COPD 患者的外周骨骼肌中 I 型慢肌纤维的比例减少而 II 型快肌纤维的比例相对增加，这表明从有氧能力向无氧能力的相对转变，而无氧代谢的能效较低。超过 6 个月的非意愿性体重减轻超过 5% 将会增加 COPD 患者的临床风险。在 COPD 患者中，低体重与疾病的严重程度相关。$BMI<25 kg/m^2$ 与死亡率的升高密切相关。体重过轻（或低非脂肪质量）的 COPD 患者比超重的患者更易出现骨量丢失。

（2）非脂肪质量（瘦体重）降低

非脂肪质量降低是死亡率的独立预测因子，且与脂肪质量无关。肌肉减少和肌肉有氧代谢降低是导致身体活动能力受损的重要原因。对半饥饿状态的反应是全身蛋白质的周转增加，当分解代谢超过合成代谢时会出现肌肉减少。非脂肪质量降低的原因可能是由于肌肉蛋白降解增加，而肌肉中的无氧酵解途径甚至增强了。在 COPD 患者中还观察到血浆支链氨基酸水平较低，这可能由于饮食摄入或小肠吸收减少导致，因此提供充足的蛋白质和氨基酸是治疗目标。

（3）超重

COPD 人群中肥胖的患病率是有差别的，波动于 18% ~ 54%。肥胖（$BMI>30kg/m^2$）个体比非肥胖个体更容易发生呼吸困难和运动耐量下降，需要吸入的药物量也更多且更易发生疲劳（Cecere et al.，2011）。肥胖对 COPD 患者的负重运动表现有负面影响，并且心血管疾病患病率和死亡率也更高。在一项大规模人群研究中发现，腹型肥胖是肺功能受损的最强预测因素，并且这类患者发生代谢综合征的风险会增加 40%（Leone et al.，2009）。肥胖对每个 COPD 患者的影响根据患者特征和疾病严重程度而不同，首先它可以降低晚期 COPD 患者的死亡率，但是在疾病早期阶段，它的负面影响（包括轻度炎症和代谢综合征）会增加心血管疾病发病率和全因死亡率。

8.4.1.2　微量营养素状况

虽然微量营养素不参与能量平衡，但对健康是必需的，可以保持新陈代谢和维持组织功能。维生素属于有机化合物，在体内以多种形式发挥作用，如辅酶、抗氧化剂和激素样调节因子。同时，还需要少量或微量的矿物质营养及电解质来发挥结构和功能作用。人体无法合成必需维生素及矿物质，因此需要定期从外源性饮食中补充。非必需维生素及矿物质对健康而言同样是必要的，人体在健康状态时可以内源性合成。植物化学物质如类胡萝卜素（其中有些是植物维生素 A 和 维生素 E 的前体）和多酚类（包括酚酸、黄酮类化合物和二苯乙烯/木脂素）是有机化合物，它们有许多功能（有些仍在研究中），其中一个重要功能是抗氧化作用，可以在炎症反应中维持内环境稳态。

血清微量营养素水平常可反映饮食摄入情况，但是会受年龄、性别、吸烟、饮酒和种族等多种因素的影响。研究表明，血清维生素 A、维生素 C、维生素 E、钙和铁的含量越高，则患者的肺功能越好。反之，血清维生素 C、维生素 E 和 β-胡萝卜素含量越低，则患者的肺功能越差（Schunemann et al.，2001）。表 8-8 总结了部分营养素在呼吸系统健康中发挥的作用。

表 8-8　部分营养素在呼吸系统健康中的作用

营养素	在呼吸系统健康中的作用	备注
蛋白质/氨基酸	COPD 疾病过程增加全身蛋白质周转，高分解代谢对肌肉重塑产生不良影响	
碳水化合物	Ⅰ型慢肌纤维比例和线粒体比例的改变导致脂肪氧化能力降低，机体优先选择碳水化合物供能，这是一种不会产生饱腹感的快速能量源	
多不饱和脂肪酸	高热量的微量营养素 与抗炎过程有关 有助于降低心血管疾病风险 促进快速饱腹感	
维生素 A	在上皮细胞的分化中起作用	血清维生素 A 浓度与日常摄入量水平无关 肝脏维生素 A 储备量更能反映营养素充足性
胡萝卜素	维生素 A 的前体 胡萝卜素的抗氧化活性比维生素 A 重要 水果和蔬菜摄入量的生物标志物	
维生素 C	肺组织细胞外液中最丰富的抗氧化物质 清除超氧自由基 有助于膜结合型氧化维生素 E 再生	身体组织浓度比血清浓度高
维生素 E	破坏脂质过氧化链式反应，是细胞膜抗氧化损伤的主要防御机制	维生素 E 摄入量与血清维生素 D 相关
维生素 D	调节支气管平滑肌细胞中的基因表达 缺乏会升高基质金属蛋白酶水平，从而加重炎性损伤并导致肺结构改变	血清 25-(OH)-D 水平已被用作确定维生素 D 摄入量的标志物
钙	皮质类固醇使用、炎症和不良饮食会增加患骨质疏松症的风险，充分摄入钙和维生素 D 对骨骼健康至关重要	骨密度检测反映了钙是否长期充足 几乎没有生物标志物能准确反映钙水平
铁	影响红细胞和呼吸酶类的产生 导致贫血的患病率为 4.9%~38% 非贫血性铁缺乏症在很常见，可能由炎症引起	转铁蛋白饱和度<16% 铁蛋白<12 μg/L
钠	常并发高血压 零食或方便食品的钠含量很高	血压指标优于血钠指标

注：改编自 Hanson et al.，2013。

维生素 D 可直接作用于肌纤维促进其收缩或通过维生素 D 受体(钙)起作用。维生素 D 缺乏症可影响钙吸收,降低蛋白质合成并增加细胞死亡,患病率随疾病严重程度的增加而增加。在老年人和 COPD 患者中,维生素 D 缺乏症与肌力下降、跌倒风险增加、身体活动能力降低、功能受损有关。规范性老龄化研究表明,维生素 D 缺乏者与不缺乏者相比,肺功能下降速度更快(Lange et al. , 2012)。

呼吸系统疾病患者的类固醇激素治疗、饮食摄入不足和脂肪含量降低导致骨质疏松风险增加,因此常有钙离子失衡的风险。呼吸系统疾病中营养不良患者和维生素 D 缺乏常伴有骨密度降低。类固醇激素治疗还会使体重、甘油三酯、高密度脂蛋白和血糖上升的风险增加。

COPD 患者常发生铁缺乏症,这可由多种因素引起,包括全身性炎症、肠道铁吸收不良、肾衰竭(慢性肾病或糖尿病导致),以及血管紧张素转化酶抑制剂、糖皮质激素等药物的使用。

8.4.2　呼吸系统疾病的饮食评估

营养状态是慢性呼吸系统疾病预后的重要决定因素。营养状态的评估包括身体成分和饮食摄入分析。如果通过这两项评估发现营养状态有风险,就可能需要进一步的详细血清分析。目前已经确定了 COPD 的不同代谢表型,为患者咨询和营养评估提供了帮助。COPD 的代谢表型和健康风险参见表 8-9。

表 8-9　代谢表型和临床风险

代谢表型	定义	临床风险
肥胖	$BMI > 30 \ kg/m^2$	心血管疾病风险增加
病态肥胖	$BMI > 35 \ kg/m^2$	心血管疾病风险增加 身体功能减退
肌少症性肥胖	$BMI > 30{\sim}35 \ kg/m^2$ 且 $MAMC < 15$ $SMI < 2$	心血管疾病风险增加 身体功能减退
肌少症	$MAMC < 15$ $SMI < 2$	死亡风险增加 身体功能减退
恶病质前期	BMI 在正常范围 非意愿性体重下降大于 5% 且超过 6 个月	死亡风险增加
恶病质	非意愿性体重下降大于 5% 且超过 6 个月 且 $FFMI < 18 \ kg/m^2$(男性) 或 $FFMI < 15 \ kg/m^2$(女性)	死亡风险增加 身体功能减退

注:引自 Nutritional Assessment and Therapy in COPD: A European Respiratory Society Statement, European Respiratory Journal, 44(2014):1504-1520。

8.4.2.1　膳食结构与呼吸系统疾病

75% 的慢性呼吸系统疾病患者饮食报告显示,维生素 D 和钙的摄入较低,超过 1/3 的患者饮食中蛋白质及维生素 A、维生素 E 和维生素 C 的摄入量较低。非脂肪质量指数(fat-free mass index，FFMI)低的患者蛋白质摄入量较少，而腹型肥胖患者蛋白质和大多数微量营养素摄入量通常都较少。脂肪质量低且有腹型肥胖的患者常有不良饮食习惯。

膳食摄入量是指宏量和微量营养素的总摄入量。营养素需求受可利用率或其他营养素摄入的影响，因此利用食物结构或食物组合可以更好地制定和开具营养素摄入处方。有流行病学证据表明，长期增加水果和蔬菜的摄取量可以延缓 COPD 患者肺功能下降速度(Keranis et al.，2010)。无论女性还是男性，富含水果、蔬菜和鱼的饮食都可降低患 COPD 的风险，而富含精制谷物、腌制肉、红肉、甜点和炸薯条的饮食可增加患 COPD 的风险(Vartaso et al.，2007)。最近的一项大型研究表明，每天食用 5 种水果和蔬菜的人比每天 2 种或更少的人患 COPD 的风险低 35%，并且每多 1 种水果和蔬菜，既往吸烟者和正在吸烟者患 COPD 风险可分别降低 4% 和 8%(Kaluza et al.，2017)。

呼吸系统疾病所致的身体活动受限会对饮食行为产生负面影响。呼吸困难和疲劳会降低食欲、缩短用餐时间。饭后气促在功能上限制了食物的摄入量。吞咽问题限制了食物的选择，如只能选软的、嫩的、均质的或液体食物。有限的社会经济支持限制了对耐受性好且营养丰富的食物的选择。疲劳限制了准备饭菜或购买食物的欲望，从而将高钠、高饱和脂肪酸、低营养素的方便食品作为首选。药物或疾病导致的味觉敏感度变化使呼吸系统疾病患者对以前喜欢的食物丧失了兴趣。当研究饮食与肺功能之间的关系时，吸烟是一个强混杂因素，吸烟相关炎症反应增加了对抗氧化剂的需求。

8.4.2.2 肥胖与病态肥胖

肥胖(定义为 $BMI > 25 \ kg/m^2$)和病态肥胖(定义为 $BMI > 30 \ kg/m^2$)与较高的死亡率和发病率有关，原因是心血管疾病风险增加了。在无呼吸系统疾病、不吸烟的人群中，BMI 在 $20 \sim 25 \ kg/m^2$ 时，个体全因死亡风险最低。但在中度至重度的 COPD 患者中，$BMI < 25 \ kg/m^2$ 的患者全因死亡风险高于 $BMI > 25 \ kg/m^2$ 的患者。虽然对所有肥胖个体通常都建议减重，但对中至重度的 COPD 患者减重时需慎重。目前尚无研究系统地调查减重对 COPD 患者肥胖、功能和全身炎症的影响。适度的减重可以改善身体脂肪分布，从而降低心血管疾病风险。适度低热量、适度优质蛋白饮食与有氧运动相结合可以最有效地实现这一目标，有氧运动训练可以提高胰岛素敏感性、诱导骨骼肌线粒体生物合成和减少内脏脂肪量。快速减重通常与非脂肪质量损失有关，因此不推荐呼吸系统疾病患者快速减重。

8.4.2.3 肌少症和肌少症型肥胖

肌少症是指骨骼肌量流失，进而非脂肪质量下降，导致机体衰弱，建议结合肌肉质量和身体功能测量来界定肌少症。肌少症普遍存在于所有 BMI 范围的慢性呼吸系统疾病患者中。无论脂肪质量状态如何，都可能出现非脂肪质量不足。目前建议将骨骼肌量指数(skeletal muscle index，SMI)小于 2 个标准差作为诊断界值。骨骼肌量指数可以通过双能 X 射线吸收测量法精确测出，不过上臂肌围(mid-arm muscle circumference，MAMC)和腰围(waist circumference，WC)已成功用于有关肌少症死亡率的大型研究中。

肌少症型肥胖(肌少症伴有中心性肥胖)与较高的心血管死亡率和全因死亡率相关。研究发现将人体上臂肌围和腰围进行结合测量可以更好地预测全因死亡率。过去一直将COPD、肺纤维化和肺癌的营养关注重点放在疾病晚期发生的体重减轻和肌肉萎缩(恶病质)上，而对肥胖的研究主要关注其与哮喘和阻塞性睡眠呼吸暂停综合征发生发展的关系。现在肥胖已被认定是所有呼吸系统疾病的危险因素。随着老龄化导致的肌肉质量改变(肌少症)的增多，肌少症型肥胖对 COPD 和肺癌的影响更为重要。在耐力下降的男性中，腰围和用上臂肌围测得的低肌肉质量与全因死亡率相关。肌少症合并肥胖与心血管疾病死亡率和全因死亡率风险相关。

8.4.2.4　恶病质和恶病质前期

恶病质是一种病情复杂的综合征，常见于慢性重症患者，包括 COPD、癌症和充血性心力衰竭患者。恶病质与死亡率增加、健康相关生活质量降低和肌力下降相关。恶病质的临床表现范围从最低程度的体重减轻或无体重减轻(有肌肉萎缩)到严重的体重减轻(有肌肉萎缩、疲劳和移动能力下降)。非脂肪质量指数的人体测量指标是一个风险预测指征，$FFMI<10\%$(男性<17 kg/m；女性<15 kg/m)是死亡的强有力预测指标，因此也是需紧急营养干预的标志。当患者进行呼吸康复时，体重稳定和非脂肪质量增加是功能改善的明确预测指标。恶病质前期是指患者出现无法解释的体重减轻$>5\%$且超过 6 个月，而非脂肪质量却没有明显降低。由于死亡风险增加，需要进行营养支持，而体重稳定和饮食质量提高是功能改善的预测指标。

8.4.3　森林康养在营养康复中的应用

肌少症、骨质疏松症、腹型肥胖和低膳食质量在 COPD 风险和进展中起着关键作用，因此，改善不良饮食习惯和营养干预已成为疾病管理中不可或缺的部分。不同代谢表型和康复期间的相应营养指导及注意事项详见表 8-10。

营养补充可促进 COPD 患者的体重显著增加，尤其是对营养不良的患者。营养充足的患者对补充供给的反应可能不同。最近的研究发现，所有接受营养补充的患者，与基线相比，其 $FFMI/FFM$、FM/FMI、$MAMC$(瘦体重的衡量指标)和 6 min 步行测试有显著变化并且皮褶厚度(反映脂肪质量)有明显改善。此外，呼吸肌肉力量(最大吸气压和最大呼气压)也有了显著改善。

总的来说，有证据表明均衡饮食对所有 COPD 患者均有益，不仅因为其在呼吸系统方面的潜在益处，还因为其在代谢和降低心血管疾病风险方面的公认益处。COPD 营养疗法的关注重点已从碳水化合物过量对通气功能的不良影响转变为营养干预对身体成分和身体功能的有益影响，这也是疾病管理的组成部分。COPD 患者运动训练过程中优先利用碳水化合物氧化供能是有充分理论基础的。COPD 患者骨骼肌的结构和代谢异常包括Ⅰ型肌纤维比例和线粒体密度降低，从而导致脂肪氧化能力降低和葡萄糖生成增加。早期肌肉疲劳与早期乳酸升高和腺嘌呤核苷酸丢失相关，即使 COPD 患者可以达到低水平的绝对运动强度也是如此。提

表 8-10　不同代谢表型的营养和生活方式建议

代谢表型	营养建议	康复建议
肥胖	逐步减重，摄取足够的优质蛋白并适度减少热量摄入，如牛奶、鸡蛋清、瘦肉等优质蛋白，控制碳水化合物的摄入 注意增加水果、蔬菜和高纤维食物的摄入，如香蕉、橘子等补充电解质；蒜苗、黄花菜、香椿、竹笋、芦笋、芥菜、豆芽、芹菜等促进胃肠运动、通便	增加运动，如登山、步行、郊游等有氧运动 控制热量，减少碳水化合物及糖类的摄入
病态肥胖	逐步减重，摄取足够的优质蛋白并适度减少热量摄入，如牛奶、鸡蛋清、瘦肉等优质蛋白，控制碳水化合物的摄入 注意增加水果、蔬菜和高纤维食物的摄入，如香蕉、橘子等补充电解质；蒜苗、黄花菜、香椿、竹笋、芦笋、芥菜、豆芽、芹菜等促进胃肠运动、通便	间歇性高强度不负重运动训练，如制定目标的森林步行、登山等
肌少症性肥胖	询问近期减重情况 确保膳食中有较多的蛋白，如牛奶、鸡蛋清、瘦肉等优质蛋白。 延缓降低热量摄入的建议，直到非脂肪质量恢复 营养不良，需咨询专业营养师	增加运动，如登山、步行、郊游等有氧运动 控制热量，减少碳水化合物及糖类的摄入
肌少症	通过饮食或全营养素"补充剂"增加热量和优质蛋白摄入量，如牛奶、鸡蛋清、瘦肉等优质蛋白或提前配制好的全营养素复方制剂 营养不良，需咨询专业营养师	负重运动训练，如个体化肌肉力量训练、关节活动度训练等
恶病质前期	通过饮食或全营养素"补充剂"适量增加热量和优质蛋白摄入量，如牛奶、鸡蛋清、瘦肉等优质蛋白或提前配制好的全营养素复方制剂 根据需要调整食物形式 如果持续体重下降，需咨询专业营养师	负重运动训练，如个体化肌肉力量训练、关节活动度训练等
恶病质	通过饮食或全营养素"补充剂"增加热量和优质蛋白摄入量，如牛奶、鸡蛋清、瘦肉等优质蛋白或提前配制好的全营养素复方制剂 尽量采用少量、多次进食 补充多种维生素，如新鲜的蔬菜水果、豆类、奶制品等，亦需要充分的光照 营养不良，需咨询专业营养师	间歇性高强度不负重运动训练，如制定目标的森林步行、登山等

注：引自 Nutritional Assessment and Therapy in COPD：A European Respiratory Society Statement，European Respiratory Journal，44(2014)：1504-1520.

供高碳水化合物、低脂肪的食物和饮料作为肌肉的快速能量源应是有益的，且不会产生饱腹感而阻碍正常食物摄入。随机对照研究表明，与高脂肪食物相比，高碳水化合物食物较少引起饭后气促。因此，体重过轻的 COPD 患者可能需要额外的能量补充，如从优质碳水化合物和多不饱和脂肪酸中获取能量。

通常推荐蛋白质摄入量为每天每千克体重 0.8 mg。非脂肪质量降低的患者应增加蛋白质摄入，以便为肌肉合成代谢提供充足的氨基酸。COPD 病程中可能会继发出现必需氨基酸合成代谢增加及分解代谢受抑制，从而影响全身蛋白质周转。蛋白质的合成取决于血液中氨基酸的供应情况，由于部分 COPD 患者对支链氨基酸的吸收受损，可能需要额外补充更多的氨基酸。营养支持的目的是提供充足的蛋白质和氨基酸，以及足够的热量，以确保这些氨基酸用于促进肌肉合成，而不是作为维持体内稳态的能量来源。

膳食纤维与改善肺功能和降低 COPD 患病率独立相关。高纤维饮食，尤其是谷类纤维饮食可以降低 COPD 患病风险。600 IU 的维生素 E 摄入量可以使女性患慢性呼吸系统疾病的风险降低 10%（Agler et al.，2011）。维生素 D 缺乏的 COPD 患者长期补充维生素 D 可以增加肌力、促进骨骼肌线粒体氧化磷酸化、提高肺功能和减少跌倒次数（Malinovschi et al.，2014）。在呼吸系统疾病治疗中应用类固醇激素会增加骨质疏松症的风险，COPD 患者常见的营养不良、静坐少动的生活方式、吸烟和全身炎症加剧了这种风险，因此推荐服用类固醇激素的患者比正常人摄入更多钙和维生素 D，但是应当优先通过食物补充而不是营养补充剂。

本章小结

呼吸康复已成为慢性呼吸系统疾病患者的标准治疗。呼吸康复团队应当了解呼吸系统疾病的病理生理、临床表现及并发症。在呼吸康复计划中，应通过全面的评估来确定个体化干预和治疗方案以改善患者的预后。多学科团队的协作有助于准确地评估包括病史、症状、运动能力、疼痛、日常生活活动、营养、辅助供氧、社会心理等。这为制定个体化且安全的综合性呼吸康复项目奠定了基础。

森林环境中由植被和树木中排泄的抗菌挥发性有机化合物，可以降低血压，改变自主神经活性，增强免疫功能，且森林环境的空气含尘量和细菌浓度比市区低得多，这些均有利于慢性呼吸系统疾病患者的康复。森林环境中的空气负氧离子可以激活空气中的氧分子，使其更加容易被人体吸收，有助于改善慢性呼吸系统疾病患者的低氧和二氧化碳潴留，提高患者对于运动康复训练的耐受力。森林环境的某些方面毫不费力地吸引着人类的注意力，如云彩、日落、风中的树叶、雪花图案等，观察它们的同时人们可以轻松地思考其他事物的机会，从而使人们的注意力得到休息。森林中的风声、水流声和鸟鸣声，使人们放松地沉浸其中，从而减轻压力，缓解疲劳与焦虑。森林提供了一个与人类需求完美匹配的环境，让大脑得到充分休息，并营造了一个人与自然和谐相处的感觉，为我们顺利开展呼吸康复项目提供了坚实的基础。

在确定安全的运动训练计划之前，需要对患者进行全面评估，以评价患者的运动耐量、制定合适的运动训练处方、检测运动性低氧血症或支气管痉挛和限制运动的隐匿的呼吸系统和非呼吸系统疾病。运动训练可以改善有氧运动能力、缓解呼吸困难、提高体能、增加肌肉力量和耐力、提高生活质量。

在康复项目中尽早建立牢固且可信赖的关系对于促进患者参与、改善和获得满意结果非常重要。社会心理问题的评估应在康复开始时常规进行，并在康复期间定期评估。以个人或团体形式提供的社会心理干预措施可有效减轻患者痛苦并促进适应性应对。呼吸训练、放松训练和压力管理训练也有助于减轻焦虑和呼吸困难，并应作为整体治疗计划的一部分。

建议对所有营养不良的患者进行医学营养干预，营养师会推荐适宜的蛋白质摄入量，并给出有关营养补充剂和食物烹饪的具体指导。对食欲不振或无法摄取足够热量的患者，通常推荐少量、多次供给高营养食物。森林环境中拥有大量原生态、无污染、健康安全的食品原料。森林蔬菜、森林水果和森林粮食含有人体必需的多种维生素、矿物质、碳水化合物、粗纤维、蛋白质及脂肪等营养，对于慢性呼吸系统疾病患者的多种异常代谢状态均可以提供充足的营养补充。

总之，森林中的空气环境、抗菌环境、声音环境与自然景观等有助于慢性呼吸系统疾病患者减轻呼吸困难、增强免疫功能、缓解焦虑和疲劳，是有效开展呼吸康复项目的基石，有助于患者提高运动耐力，促进心理健康与营养状态，全面改善患者预后。

思考题

1. 呼吸系统疾病患者在森林康养中需要注意哪些事项？
2. 森林康养在预防呼吸系统疾病方面有哪些作用？
3. 森林康养如何与传统医学相结合，提高呼吸系统康复的效果？
4. 如何在日常生活中融入森林康养的理念，提高呼吸系统健康水平？

推荐阅读书目

American Association of Cardiovascular and Pulmonary Rehabilitation. Guidelines for Pulmonary Rehabilitation Programs [M]. America. Human Kinetics，2018.

第9章 森林药用植物和食用植物开发与利用

9.1 森林药用植物挥发物对健康的影响

森林环境对人体的保健功能，是多种环境因素协同作用的结果，包括温度、湿度、空气、光照、声音等，并通过人的五感（视觉、嗅觉、听觉、触觉及味觉）对人体产生影响。其中，森林药用植物挥发物中一些对人体有益的有机化合物成分又被称为芬多精（植物杀菌素）或植物精气（粟娟等，2005），它是森林康养对人体产生有益影响的核心要素之一。据统计，植物排放的挥发性有机物高达3万余种，根据目前已有的研究，其种类主要包括萜烯类、烷烃类、醛类、醇类、芳香烃类、炔烃类、酸类、酯类及酮类等多种物质。

森林药用植物挥发物是来自植物自身的一种有机化合物。这些挥发物不仅可以影响树木本身的生长，同时也影响整个森林环境，从而实现对人体的健康调理作用。目前，对于药用植物挥发物的研究逐步转向更专业的医学康养方面，利用植物挥发物对病人进行康养治疗。研究发现，不同的药用植物挥发物具有不同的调理作用，可以抑制各种单细胞生物、细菌、病毒等，甚至有很好的消杀作用（魏静宇等，2021）。

森林植物挥发物具有多种生物活性，其中一部分挥发物有消炎、杀菌的作用。例如，银杏树挥发出羧基苯甲酸、邻苯二酚等酚类物质，具有较强的杀菌能力，可以抑制细菌的繁殖。大部分树木都挥发出乙醛，也是一种很好的杀菌物质。空气中的负氧离子含量是评价空气质量的重要指标，在森林植被覆盖率高的地区，空气中负离子浓度一般都要高于人流密集的城市。这些负离子不但可以影响和调节局部气候，还具有一定的滞尘和杀菌作用。

人体吸入植物挥发物后，部分化合物进入肺部，并通过血液循环被血液中的毛细血管吸收。进而影响人体生理和生化指标，使身体中的各个系统都受益，如提高人体免疫力、减缓病症、降低血压等。现如今一些流行的"森林浴"和"芳香疗法"都是基于这一原理（宋志宇等，2019）。

9.1.1 森林植物挥发物对人身体的调节作用

森林植物挥发物的浓度受外界环境和森林植物自身生长状态两方面的影响：①外界环境，如温度、风速、天气等。②森林植物自身的生长状态方面，如自身生长旺盛植物的挥发量会明显高于萎蔫、干枯植物的挥发量。森林植物挥发物通过呼吸系统进入人体，实现在体内的循环，实现多种调节功能。它们可以调节人体的神经系统，加快新陈代谢，促进血液循环以及提高人体免疫力。还有一些森林植物挥发物可以改善身体健康、降低血压、缓解抑郁情绪。

研究表明，人体吸入植物挥发物后对提高人体免疫力、降低血压及缓解焦虑情绪方面起到积极作用（宋志宇等，2019）。在经过森林浴和芳香疗法后，人体的各项机能都会增强，如抗癌蛋白会增高、新陈代谢速率加快。这些作用还会在森林疗养之后持续一段时间。另外，此类疗法还可以调节轻度高血压。方法如下：将洋绣球、薰衣草等植物进行组合搭配形成有益的香气氛围，让有轻度高血压的中年人置身其中。先测量进入前的血压值，经过一段时间疗养后再进行测量，大多数人的血压都有不同程度的降低。植物挥发物对人体产生积极调节作用，可能的机理在于植物挥发物中的芳香物质通过鼻腔吸入脑中，空气中的芳香分子被携带到鼻腔顶部的嗅觉细胞，通过嗅瓣的各个层，进入大脑的嗅觉区域，该区域在传递芳香信息方面发挥作用。芳香物质中的化合物促进神经化学物质的释放，会使人产生不同的情绪，如可以使人镇静放松的效果，或是可以使人产生兴奋效果。有研究发现，森林内部环境会更有利于降低人体皮质醇的浓度，并且能够减少人体交感神经的活动。因此，在森林中散步时，每当闻到花香不光可以愉悦心情，芳香物质也会通过化学方法，缓解焦虑、抑郁或增强记忆力等。

9.1.2 森林植物挥发物对人心理的调节作用

森林植物挥发物被吸入人体后，会通过刺激人的神经系统，促使人脑中神经化学物质分泌增加，从而影响人的情绪。这种影响是多方面的，有的会使人激动、兴奋，有的使人轻松、舒适。在森林环境中，负氧离子以及植物挥发物浓度较高，对人情绪上的调节作用更为明显。因此，当人们身处森林环境时，都会有不同程度的放松和舒适，会使人头脑清醒，心旷神怡，同时也可以在一定程度上缓解人的焦虑和烦躁。植物挥发物不仅能够对人体神经产生影响，对人类心理也会产生影响。植物挥发物带来的不同情绪体验，影响了人们对相对应植物挥发物气味的认知，从而影响到人们的行为和生理反应。有实验发现，个人对芳香物质的偏好会直接影响到其情绪上的变化，当嗅到受试者喜爱的气味时，受试者的情绪才会增强，更加快乐；相反，如果受试者嗅到他认为厌恶的气味，那么就会使其情绪变得更糟，产生不愉快的甚至是恶心感。

另外，森林环境中积极地放松心理暗示作用十分重要。当我们在森林环境中旅游散步，会认为这是一个远离喧嚣、放松心情的好机会，这种心理暗示会直接影响人体的生理和心理。有试验表明，无论是让参与实验的人处于能够安抚心情的薰衣草香气中，还是让其处于过于甜腻的花蜜香气中，再或者是让其处于安慰剂的环境中，参与人的心率都与其心理暗示有重要关系。如果是暗示参与者处于放松的气味环境中，那么在三种环境中，则受试者的心率和皮肤电导率都会降低，相反如果暗示参与者是在一种刺激性气味环境当中，则心率和皮肤电导均会增加（宋志宇等，2019）。

森林药用植物挥发物通过不同的方式对人类健康产生不同的影响，长期处于这样的环境中，这些影响会自主调控我们的身体状况。森林药用植物挥发物未来一定会在医学、康养方面起到重要的辅助作用，甚至是一些化学药物起不到的作用。鉴于森林植物挥发物对人体生理和心理的重要影响，在建设森林康养基地时，一定要选择交通相对方便，无污染、无噪声、林相较好，生物多样性丰富的森林地块，对林相相对较差的地块，可以通过补植彩叶树种、林相改造等措施进行美化，形成一年四季层林尽染、鸟语花香，充分挖掘奇峰怪石、瀑布、气象等自然景观资源，为游客打造赏心悦目的优美环境(吴孝元等，2020)。

9.2 森林药用植物中的主要化学成分

森林药用植物在生长过程中进行了一系列的新陈代谢生化过程，产生并积累了各种各样的化学成分。根据所考虑的角度不同，可以进行不同方式的分类。如根据其是否对人类有用，可分为植物提取物的有效成分和无效成分。森林植物提取物的有效成分是指具有医疗效用或生理活性的单体，能用一定的分子式、结构式表示，具有一定的熔点、沸点、旋光度、溶解度等理化常数。除了植物中的有效成分外，共存的其他化学成分则被称为无效成分。此外，还可以根据传统习惯、生物合成途径以及化合物的结构特征对植物化学成分进行分类划分(温普红，2001)。植物中化学成分的主要类型见表9-1。

表 9-1   植物中化学成分的主要类型

项目	分类
物质基本类型	有机物、无机物
结构	苷类、醌类、苯丙素类、黄酮类、萜类、甾类、生物碱等
物质的酸碱性	酸性、碱性、中性
物质在溶剂中的溶解性	非极性、中极性、极性
化学成分的活性	有效成分、无效成分

森林药用植物的化学成分按照传统习惯可分为糖类、氨基酸、蛋白质及酶类、有机酸类、油脂和蜡类、树脂类、挥发油类、生物碱类、苷类、鞣质、色素、橡胶、植物细胞壁成分、无机成分等。

9.2.1 糖类和苷类

植物中的糖类是植物光合作用的初生产物，通过它们进而合成了植物中绝大部分其他有机物。所以糖类不仅仅是植物的贮藏养料和骨架，还是其他有机物质的前体。糖类物质在植物体中占比很大，占植物体干重的80%~90%。一些具有营养、强壮作用的森林植物，如山药、何首乌、地黄、大枣等均含有大量的糖类物质。根据糖类分子水解反应的情况，可将其分为单糖类、低聚糖和多聚糖类及其衍生物。

苷类在生物化学中又称为苷，它是糖或糖醛酸等与另一非糖物质通过其端基碳原子连接而成的化合物，其中非糖部分称为苷元，又称为配糖基，其连接的键则称为苷键。苷类有多种分类方法(刘修树等，2017)。根据苷在生物体内是原生的还是次生的，可将苷分为原生苷和次生苷(从原生苷中脱掉一个以上单糖的苷称为次生苷或次级苷);根据与苷元直接相连的糖链数目分为单糖链苷和双糖链苷等;根据糖苷中所含单糖的数目分为单糖苷、双糖苷、三糖苷等;根据苷元的化学结构类型可分为黄酮苷、蒽醌苷、生物碱苷等;根据苷的生物活性或特殊性质可分为强心苷、皂苷等;最常见的分类方法是按苷键原子的不同分类,常分为氧苷、硫苷、氮苷和碳苷四类,其中氧苷最多。

9.2.2　生物碱

目前,在多数教科书中定义生物碱为天然产物中的含氮有机化合物。更为确切的表述是:生物碱是含负氧化态氮原子的存在于生物有机体中的环状化合物。环状结构排除了小分子的胺类、非环的多胺和酰胺。生物碱是森林植物含有的一类重要天然有机化合物。生物碱广泛地分布于植物界,其中许多重要的植物药如麻黄、金鸡纳、番木鳖、汉防己、苦参、乌头(附子)等主要含有生物碱成分。

9.2.3　香豆素类和木脂素类

香豆素类和木脂素类在植物体内都是由酪氨酸脱氨,先生成对羟基桂皮酸,然后再通过氧化等一系列反应而形成的。香豆素类广泛分布于植物界,只有少数来自动物和微生物,它在伞形科、豆科、芸香科、茄科和菊科等植物中分布更广,如秦皮、茵陈等都含有这类成分。在植物体内,它们往往以游离状态或与糖结合成苷的形式而存在,且大多数存在于植物的花、叶、茎、果中,通常在幼嫩的叶芽中含量较高。木脂素多数是游离的,也有少量是与糖结合成苷而存在,由于它较广泛地存在于植物中,或在开始析出时呈树脂状,故称为木脂素。

9.2.4　黄酮类化合物

黄酮类化合物在森林植物中分布广泛,大部分以苷的形式存在,一部分以游离形式存在,种类较多。森林植物中的黄酮类化合物具有多种生物活性,如山楂浸膏具有扩张冠状血管和降低血压作用,主要的有效成分为槲皮素、金丝桃苷、牡荆素、表儿茶素和矢车菊素等。还有其他多种黄酮类物质具有显著的生理活性。增强心脏收缩,减少心脏搏动数的黄酮类物质有芦丁、槲皮苷、槲皮素;具有抗菌消炎作用的黄酮类物质有黄芩苷、木樨草等;具有抗毛细血管脆性和异常透过性作用的黄酮类物质有橙皮苷、儿茶素类、无色花色素类;具有抑制肿瘤细胞作用的黄酮类物质有牡荆素、汉黄芩素、槲皮素等。这些富含黄酮类化合物的植物提取物越来越多地被发现及应用,可以助力森林康养产业的健康发展。

9.2.5　醌类化合物

森林植物中的天然醌类化合物主要有苯醌、萘醌、菲醌和蒽醌4种类型。其中,蒽醌及其衍生物是重要的一类化合物。蒽醌类化合物具有多种生理活性,如泻下作用(大黄、番泻叶、芦荟等)、抗菌作用(如大黄酸、大黄素等)及抗癌活性(如大黄素、大黄酸、芦荟大黄素具有抑制人肝癌细胞的作用等)。

9.2.6　皂苷

植物中的皂苷是存在于植物界的一类比较复杂的苷类化合物。皂苷水溶液易引起肥皂样泡沫,且具有溶血和与胆固醇形成复合物等特性。皂苷在森林药用植物中广泛存在,如人参、柴胡、桔梗等植物中均含有皂苷。皂苷是由皂苷元和糖、糖醛酸组成的,组成皂苷的糖常见的有葡萄糖、半乳糖、鼠李糖、阿拉伯糖及木糖等,常见的糖醛酸有葡糖醛酸、半乳糖醛酸等,皂苷多数是由多分子糖或糖醛酸与苷元组成。

9.2.7　萜类和挥发油

萜类是所有异戊二烯的聚合物以及它们的衍生物的总称。森林植物中萜类成分的生物活性是多方面的,如穿心莲内酯是穿心莲清热解毒、消炎止痛的有效成分,青蒿中的青蒿素对恶性疟疾有速效作用等。

植物挥发油(精油)是存在于森林植物体中,可通过水蒸气蒸馏得到的与水不相混溶的挥发性油状成分的总称。这类物质在植物界分布极为广泛,主要存在于植物的花蕾、茎叶以及根茎中。在植物科属中含挥发油较为丰富的有松柏科、樟科、芸香科、伞形花科、唇形科、姜科等。森林植物中含挥发油的量一般在1%以下,也有少数含油量高达10%以上。

森林植物精油的含量与不同的植物采集时间和植物部位都有密切关系。植物采集的时间会影响挥发油的含油量,如薄荷、荆芥、紫苏、藿香等。这类全草类药材一般以开花前期或含苞待放之时含油量最高;当归、川芎、白术、苍术等根茎类药材则以秋天成熟后采集为宜。不同植物部位挥发油的含量也有所不同。如荆芥的全草、紫苏、薄荷叶、檀香的树干、桂树的皮、当归的根、茴香的果实等部位含油量均较高。森林植物中的挥发油在临床上有止咳平喘、祛痰发汗、祛风解表、消炎镇痛、抗菌杀虫等多方面功效。

9.2.8　其他成分

在植物中,除了上述介绍的各种成分外,还包含有机酸、氨基酸、蛋白质和酶、鞣质、植物甾醇、无机成分等。

(1)有机酸

有机酸(不包括氨基酸)广泛存在于植物森林植物中,多数是与钾、钠、钙等阳离子或生物碱结合成盐存在的,也有结合成酯存在的。森林植物中的有机酸具有很好的生理活性。例如,植物鸦胆子的有效成分油酸具有抗癌作用;地龙的有效成分丁二酸具有止咳平喘的作用;四季青中的原儿茶酸具有较强的抑菌作用等。

(2)氨基酸

氨基酸广泛存在于森林植物中,具有多种生物活性,如毛边南瓜子中的南瓜子氨酸有治疗丝虫病和血吸虫病的作用;天冬、玄参中的天门冬素有镇咳、平喘的作用;半夏、天南星和蔓荆子中的 γ-氨基丁酸则有短效降血压作用。

（3）蛋白质和酶

森林植物中存在一定量的蛋白质和酶，有的具有一定的医疗价值。例如，天花粉蛋白有引产作用，临床上用作中期妊娠引产；半夏蛋白具有抑制早期妊娠的作用；雷丸中含有一种蛋白分解酶，可用以治疗肠寄生虫病。

（4）植物甾醇

植物甾醇是森林植物细胞的重要组分，在植物界分布很广，一般多以游离状态或与糖形成苷而存在，并常与油脂共存于植物种子或花粉粒中。森林药用植物中较重要的植物甾醇有谷甾醇、豆甾醇和菠甾醇。

（5）鞣质

鞣质又称植物单宁或鞣酸，是一类分子较大的多元酚类化合物。鞣质具有与蛋白质结合形成不溶于水沉淀的特性。自然界存在的鞣质广泛分布于高等植物中，尤其在杨柳科、山毛榉科、蔷薇科、豆科、桃金娘科和茜草科中。一般在草本植物中鞣质的含量不如木本植物中的高。鞣质主要用于止血、收敛及治疗烧伤。

（6）无机成分

森林植物体内的无机成分主要是钾盐、钙盐和镁盐。它们有的与有机酸结合，有的是以特殊形状的结晶存在于细胞中。如大黄中含有较多量的草酸钙结晶体；附子中含有磷脂酸钙等。

9.3 森林药用植物提取物及其对健康的作用

森林植物资源的高效利用，本质上是植物化学成分及其功能的高值化利用。近年来，我国药用植物提取物开发利用的研究进展迅速。利用天然森林植物提取物的化学特性和生物活性开发成各种产品，可产生显著的社会效益和经济效益。森林药用植物中的生物活性物质，如植物多酚、多糖、生物碱、黄酮类、萜类等物质的生物活性功能不断被人们所发现，并逐步被重视。以此类活性物质为主要成分开发的产品，因其具有天然、营养、无污染而备受人们的欢迎，在天然药物、保健品、化妆品及食品添加剂等行业广泛应用。

9.3.1 药用植物提取物的抗肿瘤作用

恶性肿瘤严重威胁着人类健康，肿瘤的有效治疗是人类医药难题之一。将药用植物提取物用于抗肿瘤的药效研究已经取得进展。如乌梅、昆布、大枣、玉竹、肉桂、苦杏仁、益智仁、蒲公英、蜂蜜等水煎液、热水提取物、水提取物及水溶液通过灌胃、皮下注射等方法对动物肿瘤及体外肿瘤细胞均有抑制作用；淡豆豉、益智仁、枸杞子、薏米等醇提取物对肿瘤亦有抑制作用。还有一些药食同源的森林植物提取物也具有显著的抗肿瘤作用，如栀子多糖、枸杞多糖、茯苓多糖、苦杏仁苷、橘红的 β-隐黄素、紫苏油、葛根多糖、葛根素、人参挥发油、人参多糖和皂苷及姜黄素等。

王君敏等（2015）研究发现，硫酸化后的枸杞多糖抗肿瘤效果活性明显增强。王晓菲等(2014)研究发现，茯苓多糖和乙酸乙酯组分具有抗胃癌和乳腺癌的作用，并呈现一定的时间剂量依赖关系。朱虎虎等(2012)研究表明，大枣多糖浓度越高，抑瘤率越高，肿瘤细胞生长周期越短，裸鼠生存时间越长。韩旭等(2014)报道了薏米素能抑制肿瘤生长，使癌肿缩小或消失，减轻癌肿对组织、器官和神经的压迫，使损伤的神经得到修复。

药用植物提取物对肿瘤有明显的抑制作用，如果能按照传统医学理论、病人的具体症状和药用植物的有效成分进行分型治疗，可大幅提升药用植物提取物治疗肿瘤的效果。如气滞痰凝、寒痰凝聚、气血瘀滞证型肿瘤病人，适合用以下药用植物：山楂、昆布、沙棘、桃仁、当归、姜黄；热毒蕴结型肿瘤病人适合用以下药用植物：橘红、姜黄、肉豆蔻、菊花、栀子、甘草、蒲公英；放化疗后气阴两虚的病人适宜用以下药用植物：人参、蜂蜜、玉竹、大枣、百合、茯苓、枸杞子、乌梅等，此类植物能益气养血、滋阴助阳，同时兼有解毒散结的功效，既能最大限度地调动机体的抗癌能力，又能增加机体免疫力，亦可降低化疗药的毒副反应，达到解毒、保护骨髓造血功能的作用(唐卫红等，2017)。

9.3.2 药用植物提取物的抗氧化与自由基清除作用

药用植物抗氧化剂的研究与应用由来已久。森林植物中大多都含有多酚类物质，这类物质是天然的抗氧化剂。如葡萄籽提取物中的低聚原花青素，具有良好的抗氧化、清除自由基、抑制肿瘤、抗诱变的能力(李春阳，2006)。落叶松提取物低聚原花青素清除羟自由基和超氧自由基的能力是维生素C、维生素E、BHA和BHT的几倍到二十几倍，具有很强的自由基清除能力(杜晓，2006)。从银杏叶提取的萜类和黄酮类成分的抗脂质过氧化、清除自由基、扩张血管、抗衰老等作用已广为人知，并在临床、保健方面得到广泛应用。

9.3.3 药用植物提取物在化妆品中的应用

天然植物活性成分具有功效好、副作用小的特点，以植物活性成分为主的天然美容日化产品越来越受到消费者的喜欢(龚盛昭，2002；袁敏之，1996)。从森林植物中提取的活性物质如精油、多酚、黄酮类、有机酸等，具有不同的生物活性，非常适合在各种各样的化妆品中添加应用。森林植物中提取的精油成分对人体皮肤有滋润、保湿、清洁皮肤、防冻的明显效果，如冷杉精油、杉木精油、沙棘精油、芳樟果精油已经广泛应用于洗面奶、香皂、香水、护肤露、润肤膏等护肤美容化妆品的配制。从茶叶、银杏叶提取的植物多酚、植物黄酮类具有独特的化学和生理活性，在护肤品中可起到抗氧化、抗衰老、抗紫外线、增白及保湿等多重功效(陈笳鸿，2008)。

9.3.4 药用植物提取物在食品添加剂中的应用

天然色素是重要的食品添加剂，主要从植物中提取。许多植物色素不仅无毒和无副作用，具有天然植物的颜色，而且具有生物活性，兼具营养、保健等功能(尤新，2003)。

森林植物色素在成分的化学结构上，主要可分为类胡萝卜素、黄酮类、花色素类、卟啉类等类型；在颜色的类型上，主要可分为绿色色素，是木本植物组织中存在最广泛的色素，多以桑叶及松树针叶为原料提取生产叶绿素铜盐等；红色色素，可从桑葚、越橘等植物组织中提取；黄色色素，可从栀子、牵牛花、木棉花等植物组织中提取；蓝色色素，可从乌饭树叶、栀子等植物组织中提取；棕色色素，可从橡子壳、板栗壳等植物中提取(张镜，2005)。

9.3.5 药用植物挥发油的药用价值

植物挥发油，又称植物精油，是天然药用植物的活性成分之一，属于天然产物，具有分子量小、可随水蒸气蒸出的特性，常见于芸香科、菊科、伞形科等植物中。其化学成分组成复杂，具有镇静、镇痛等作用于中枢神经系统的功效，还有抗菌、抗氧化、抗肿瘤等药理作用。提取森林植物中的挥发油并研究其药理作用，对人类健康具有重要意义。

挥发油是一种混合物，含有多种化学成分，也具有多方面的药用价值。药理活性研究报道，挥发油具有抗肿瘤、抗菌、抗氧化以及镇静、镇痛、抗抑郁等作用。恶性肿瘤是危害人类生命健康的严重疾病之一，其发病率越来越高，寻找有效防治恶性肿瘤的治疗手段迫在眉睫。目前，化学药物是现今治疗肿瘤的主要方法之一，但化疗药物在作用于靶细胞时也通常会累及正常细胞，产生免疫功能低下、骨髓抑制、脏器受损等毒副作用。与化学药物不同，天然植物提取药物具有多成分、作用靶点多的特点，可在肿瘤发病的不同环节发挥作用，同时其毒副作用较低，机体免疫力得到提高，耐药性不易产生，因此，天然药物及其活性成分成为近年来抗肿瘤药物研究的热点。多种研究表明，挥发油具有一定的抗肿瘤活性。研究发现，土荆芥挥发油能抑制人肝癌 SMMC-7721 细胞生长，发挥抗肿瘤作用，这可能与其能阻滞细胞周期，诱导细胞发 Caspase 依赖性凋亡的机制有关(王亚男等，2016)。香菜挥发油可体外抑制 Saos-2 细胞生长及迁移，发挥抗肿瘤作用(赖家玲等，2016)。薰衣草挥发油对前列腺癌具有抗增殖作用，其机制可能与抑制癌细胞增殖和诱导癌细胞凋亡有关。

植物挥发油中富含的萜类、酚类、醇类物质均有很强的抗菌活性。萜类是挥发油中的主要化学成分，主要为单萜和倍半萜，包括柠檬烯、蒎烯等。研究报道，柠檬烯和蒎烯对真菌或细菌有较好的抑制作用(关天旺等，2015)。酚类物质广泛存在于百里香属、牛至属、丁香属等植物中，研究表明，酚类化合物对细菌和真菌均有较强的抑制作用。丁香挥发油中的主要成分为丁香酚，研究发现丁香挥发油具有很强的抗真菌活性，对金黄色葡萄球菌、枯草芽孢杆菌、大肠杆菌、沙门氏菌和志贺氏菌具有显著的抑制作用(李京晶等，2006)。

多种植物挥发油对中枢神经系统具有一定的作用，如黑水缬草、芫荽、大活、石菖蒲等药用植物挥发油。挥发油对中枢神经系统的作用也表现在抗抑郁作用。研究表明，多种挥发油具有明显的抗抑郁活性。例如，滇红椿挥发油、紫苏挥发油、番樱桃属叶挥发油、石菖蒲挥发油等均已被证明具有抗抑郁作用。

9.3.6 森林药用植物提取物产品开发示例

(1)松塔多糖——治疗胃炎、咳喘产品

松塔，是松科植物的种子，成熟后内有松籽。松塔资源丰富，在中国分布较广，如东北的红松，华北、西北地区的油松、樟子松，西南地区的华山松，华中地区的马尾松，川滇地区的云南松、思茅松等。

松塔的化学提取物种类较多，主要包括松塔多糖、多酚、萜类、黄酮类等化合物，其中松塔多糖因其多种活性价值而被研究最为广泛（张大伟等，2012）。

松塔多糖的提取主要通过水提、醇沉的方法将松塔中的多糖组分与其他有机类物质分离得到松塔粗多糖。近年来，在水提醇沉法的基础上逐渐衍生出超声波辅助提取法、微波辅助提取法、热回流法、膜分离法、大孔吸附树脂法等多种提取方法。

森林植物松树的废弃物松塔可以提取松塔多糖，松塔多糖具有增强免疫力、抗氧化、抗病毒等生物活性。利用松塔多糖可以开发系列保健食品及化妆品，应用于各地的森林康养基地中，这样既实现了松塔资源的高值化利用，又实现了森林康养基地药用植物提取物产品的多元化。

（2）枸杞多糖——护眼、补肾、抗衰老产品

枸杞作为药食同源类植物，因其具有独特的药理价值和丰富的营养价值，被认为是开发功能性食品的最佳原料。枸杞中最有开发利用价值的成分是枸杞多糖。枸杞多糖为白色略带棕色纤维状疏松固体，是酸性杂多糖同多肽或蛋白质构成的复合多糖，其中单糖主要由阿拉伯糖、鼠李糖、木糖、甘露糖、半乳糖及葡萄糖组成，不溶于乙醇、丙酮等有机溶剂。其药理作用主要有抗氧化、调节机体免疫功能、抗肿瘤、降血脂、降血糖等（Wu et al.，2010）。

目前枸杞多糖的提取方法主要有水提法、碱液提取法、酶解提取法、微波法、超声波萃取法等。

现代医学研究表明，枸杞多糖可补肾养肝、明目、润肺止咳，同时具有良好的增强免疫力、抗氧化、延缓衰老、抗肿瘤、抗辐射危害等作用。枸杞多糖是一种天然植物多糖，无毒副作用，对人体安全，无论是在中医学应用还是营养食品深加工方面都有着广阔的开发前景。枸杞提取物可以开发枸杞多糖护眼产品、枸杞多糖补肾保健品或食品，应用效果良好，可以在康养基地临床应用。

（3）银杏叶提取物——调理"三高"病

银杏因具有独特的药理作用，历来为传统医学所重视。银杏叶的化学成分主要包括黄酮类化合物、银杏萜内酯、聚戊烯醇类、酚类、有机酸类、甾体化合物及营养元素等。其中，黄酮类和银杏萜内酯是银杏叶发挥多方面独特药理活性的主要化学成分，也是银杏叶及其提取物和植物药制剂质量控制的重要依据（霍锋等，2008）。

银杏叶的生物活性较为广泛，主要表现为：改善心脑血管循环的作用，降低冠心病的发病率，延缓动脉粥样硬化的发展；防止由血小板活化因子（PAF）引起的冠状动脉、主动脉血流量减少及心脏收缩射血量减少，抑制PAF的作用；抗病毒、抑菌消炎的作用；对自由基的清除和抗脂质过氧化作用；改善认知功能、用于治疗急性抑郁症、改善睡眠，对中枢神经系统的保护作用等。

银杏叶产品的开发研究已经取得了一定的成就。一是银杏化妆品。目前利用银杏提取物配制的护肤、护发、生发和减肥方面的系列产品多种多样。如护肤霜、洗面奶、美容霜、洗

发香波、牙膏等。这些纯天然的化妆品对皮肤刺激小,副作用也小,是爱美人士的最佳选择。二是银杏医药品。另外,银杏叶提取物还可以开发成银杏叶保健茶、银杏叶果汁、银杏叶保健食品等(汤建强,2018)。

(4)茶多酚——功效型化妆品

茶多酚作为茶叶关键活性组分,以其优异的活性功效和绿色天然属性在推动茶资源高值化利用方面至关重要。由于茶叶产量逐年增加,茶多酚系列产品的开发和应用可以解决产能过剩,实现茶资源高效利用。随着对茶多酚功能特性研究的不断深入,茶多酚广泛应用于食品饮料、医药保健、日化洗护、化工原料等领域的相关产品中。

茶叶提取物中的主要活性成分,包括茶多酚(儿茶素)、生物碱、芳香物质、糖类、氨基酸、维生素、矿物质、色素、蛋白质、脂类等物质。

茶多酚亦称"茶鞣质""茶单宁",分为四类:儿茶素(黄烷醇类)、黄酮醇类、花青素类、酚酸及缩酚酸类。茶多酚是一种新型天然抗氧剂,具有解毒和抗辐射的作用,在常温和低温下具有很强的抗氧化作用,对胶原酶和弹性蛋白酶有抑制作用,可阻止弹性蛋白的含量下降或变性,维持皮肤弹性,达到抗皱效果。基于茶多酚所具有的以上功效,在森林康养基地,可以研发富含茶多酚的相关功效型化妆品,满足康养基地顾客的需求。

(5)植物精油——杀菌剂、功效性化妆品

植物精油是通过蒸馏、萃取、吸附或压榨等方式从芳香植物的花、叶、皮、种子、果实等提取出来的具备芳香气味和挥发性的油状类物质,被广泛应用于食品、化妆品以及医药领域。植物精油具有广谱抑菌、杀菌功能,有望成为天然抗菌剂,得到众多科研人员的青睐。

在康养基地实践活动中,可以通过水蒸气蒸馏法提取洋甘菊、丁香、连翘、玫瑰、茉莉等植物精油,并将其添加至化妆品基质中,做成具有特殊功效的化妆品。

9.4 森林食品及药食同源食品

9.4.1 森林食品的定义及分类

森林食品是指以森林生态环境下生长的植物、微生物及动物为原料生产加工的食品。森林食品应具备以下条件:在产品范围上,森林环境是森林食品的前提,以食用林产品为对象;在产地环境上,森林食品来自森林,产于山野;在技术规程上,森林生态系统的能量和营养循环是森林食品生产的理论基础,不使用除草剂、农药及化肥;在产品质量上,森林食品达到国内先进标准和国际标准的质量安全要求(吕永来,2016;李梦,2010)。2019年,生态中国网更新了森林食品的定义,将森林食品定义为绿色、环保、有机、按照可持续经营的原则进行加工生产的一类健康食品。

森林食品具有原生态、无污染、健康、安全等特性。具体来说,森林食品主要包括以下几大类:森林蔬菜类、森林水果类、森林坚果类、森林肉食类、森林粮食类、森林油料类、森林饮料类、森林药材类、森林蜂品类、森林香料类、森林茶叶类等(表9-2)(黎云昆,2018)。

表 9-2　森林食品分类

分类	产品	分类	产品
森林蔬菜类	香椿、蘑菇、木耳等	森林饮料类	金银花、咖啡、竹叶青等
森林水果类	蓝莓、荔枝、柚子等	森林药材类	杜仲、人参、灵芝等
森林坚果类	核桃、榛子、松子等	森林蜂品类	蜂蜜、蜂王浆、蜜蜂蛹等
森林肉食类	畜类、禽类、蛋、奶等	森林香料类	花椒、胡椒、八角等
森林粮食类	板栗、枣、柿等	森林茶叶类	如龙井、铁观音、普洱茶等
森林油料类	油茶、油橄榄、核桃油等		

9.4.2　药食同源食品

药食同源食品，即按照传统既是食品又是中药材的物质，在新版《中华人民共和国食品安全法》第三十八条规定："生产经营的食品中不得添加药品，但是可以添加按照传统既是食品又是中药材的物质。按照传统既是食品又是中药材的物质目录由国务院卫生行政部门会同国务院食品药品监督管理部门制定、公布。"药食同源食品普遍具有抗氧化性能，其抗氧化活性成分主要有黄酮类、多酚类、皂苷类、鞣质类、维生素类、褪黑素类等（陈会良等，2006）。

2012 年，卫生部门公布的药食同源食品明细有 86 种：丁香、八角、茴香、刀豆、小茴香、小蓟、山药、山楂、马齿苋、乌梢蛇、乌梅、木瓜、火麻仁、代代花、玉竹、甘草、白芷、白果、白扁豆、白扁豆花、龙眼肉（桂圆）、决明子、百合、肉豆蔻、肉桂、余甘子、佛手、杏仁、沙棘、芡实、花椒、红小豆、阿胶、鸡内金、麦芽、昆布、枣（大枣、黑枣、酸枣）、罗汉果、郁李仁、金银花、青果、鱼腥草、姜（生姜、干姜）、枳子、枸杞子、栀子、砂仁、胖大海、茯苓、香橼、香薷、桃仁、桑叶、桑葚、橘红、桔梗、益智仁、荷叶、莱菔子、莲子、高良姜、淡竹叶、淡豆豉、菊花、菊苣、黄精、紫苏、紫苏籽、葛根、黑芝麻、黑胡椒、槐米、槐花、蒲公英、蜂蜜、榧子、酸枣仁、鲜白茅根、鲜芦根、蝮蛇、橘皮、薄荷、薏米、薤白、覆盆子、藿香。

2014 年，新增 15 种药食同源中药材：人参、山银花、芫荽、玫瑰花、松花粉、粉葛、布渣叶、夏枯草、当归、山奈、西红花、草果、姜黄、荜茇，在限定使用范围和剂量内作为药食两用。

2018 年，新增 9 种中药材物质作为按照传统既是食品又是中药材：党参、肉苁蓉、铁皮石斛、西洋参、黄芪、灵芝、天麻、山茱萸、杜仲叶，在限定使用范围和剂量内作为药食两用中药材。

9.5　森林康养对常见慢性病的调理

森林康养至少包含两个重要因素：一是健康的森林环境对人体心理和生理方面的健康调理；二是基于森林环境下开发出的具有医疗功效的相关森林产品。两者相互配合，对一些药物治疗效果不佳的情志病或慢性病可以起到很好的调理作用。

森林环境对人体生理和心理具有明显的疗养作用，主要体现在生理放松、提高人体免疫力、预防癌症，调节内分泌，改善情绪、减轻压力，增加睡眠时间，辅助治疗糖尿病、心脑血管疾病、心理疾病、高血压等慢性疾病。另外，合理搭配使用森林产品可以有效调理中老年人的各种慢性疾病。本章以常见的慢性病（高血压、高血脂、糖尿病、抑郁症等）为例介绍森林康养环境及相关森林植物产品对慢性病的调理作用。

9.5.1　森林康养调理高血压

9.5.1.1　森林环境对高血压症的影响

高血压是指以体循环动脉血压增高为主要特征，可伴有心、脑、肾、血管等器官损害的临床综合征。高血压是最常见的慢性病之一，此病最大的风险是其引起的一系列并发症，高血压是引发心脑血管病的重要危险因素。中国高血压人群最常见的并发症是脑卒中，脑卒中致残率较高，给个人和家庭带来沉重的负担。另外，冠心病、心力衰竭、左心室肥厚、心房颤动、终末期肾病也是高血压病常见的并发症。因此，早期有效合理地控制血压对减少高血压并发症的发生有重要的临床意义。

森林环境下可以降低血压的机理主要在于以下两方面：一方面，人体的交感和副交感神经系统在调节血压中发挥着至关重要的作用，交感神经增加血压，而副交感神经能降低血压。当人长期处于森林环境中时，会通过降低交感神经活动和增加副交感神经活动使血压降低（李卿等，2011）。另一方面，在森林环境中，高浓度的负氧离子能够增加组织氧化过程，调节神经反射，增进体液循环、改善细胞功能，从而减轻炎症反应，同时增加皮肤温度，扩张周围毛细血管，同时，森林康养能够降低血管紧张素 II 受体 1，升高血管紧张素 II 受体 2，减弱 RAS 的作用，从而实现降低血压。

森林康养除了可以降低血压外，对其他心脑血管疾病也有调理效果。如森林康养对慢性心衰患者也有积极的调养作用。有学者对慢性心衰患者开展了 4 d 的森林浴旅行的辅助疗法，可以观察到受试者脑钠肽水平逐步下降。脑钠肽水平与炎症反应、氧化应激一样，是心脏衰竭的生物标志物。研究证实森林浴对老年慢性心衰患者的健康益处，可为进一步分析心血管病干预措施的方法提供参考。

9.5.1.2　森林植物调理高血压症

高血压病的治疗是一个系统工程，单纯依靠森林浴治愈高血压有很大难度，需要配合相应的森林产品来进行综合调理。森林中含有众多可以降低血压的药用植物，这些植物按其功效可以分为以下几类：清热类、平肝熄风类、活血祛瘀类、补益类、利水类等。

清热类的森林植物主要包括夏枯草、野菊花、决明子、菊花、莲子心、鬼针草、木贼、生地等；平肝熄风类的森林植物主要包括钩藤、石决明、珍珠、珍珠母、羚羊角、水牛角、天麻、地龙等；活血化瘀类的森林植物主要包括牛膝、丹参、川芎、红花、田七、赤芍、丹皮、三七、毛冬青、益母草等；补益类的森林植物主要包括熟地、何首乌、桑寄生、杜仲、党参等；利水类的森林植物主要包括车前子、泽泻、猪苓、茯苓、木通、玉米须、猫须草等；消导类的森林植物主要包括山楂、樱桃叶和莱菔子。

传统中医认为，高血压的中医证型主要分为肝阳上亢、肝肾阴虚、痰浊中阻、气阴两虚以及瘀血阻滞证型。肝阳上亢型可以选择天麻钩藤饮治疗；肝肾阴虚型可以选择镇肝熄风汤治疗；痰浊中阻型可以选择半夏白术天麻汤治疗；气阴两虚型可以选择生脉饮和六味地黄汤治疗；瘀血阻滞型可以选择通络活血汤治疗。

针对以上有明显降压作用的森林植物，可以开发相应的森林食品、保健品、中医外治药品等功效型产品，配合森林环境治疗各类高血压症。

9.5.2　森林康养调理糖尿病伴焦虑抑郁症

糖尿病是中国临床高发的慢性疾病类型之一。目前，国内 20 岁以上糖尿病发病率约为9.7%，患病人数已突破 9 800 万，严重威胁患者的身体健康。糖尿病不仅会引发多种微血管、大血管并发症，还会影响患者的精神、心理健康。传统中医临床中常规针灸、饮食疗法对糖尿病伴发焦虑、抑郁患者展开疗养，应用效果有限。研究表明，将森林环境疗法结合森林产品调理糖尿病伴焦虑、抑郁症，可取得理想效果。

9.5.2.1　森林环境对糖尿病伴焦虑抑郁症的调理作用

当较长时间处于森林环境中时，可以有效舒缓紧张、焦虑情绪，而机体压力激素、皮质醇的分泌量会随之减少。糖尿病伴焦虑抑郁患者，在日常工作中一般都是面临工作时间长、劳动强度大、环境差、岗位变动、夫妻长期两地分居等问题，时常伴有较大的精神和心理压力，严重影响患者的生活质量。有学者研究发现，在调理糖尿病伴随焦虑抑郁状态时，采用森林浴疗养，能够有效缓解患者负面情绪，提高患者生活质量。

糖尿病的发生与内分泌系统关系密切，森林环境可以调节人体内分泌系统，增强免疫力。森林环境对内分泌系统的影响机理：神经系统通过下丘脑—垂体门脉循环释放神经递质，影响内分泌和免疫系统。内分泌系统通过分泌激素影响神经和免疫系统，免疫系统通过细胞因子反馈给神经和内分泌系统。森林疗法可作用于内分泌系统，降低压力激素（如尿肾上腺素、唾液皮质醇和血液皮质醇）水平。研究者提出，除了增加热量消耗和改善胰岛素敏感性外，在森林环境中散步对降低患者的血糖水平具有有益的作用。

9.5.2.2　森林植物对糖尿病的调理

糖尿病，中医称为"消渴"症。患者多表现为口渴多饮、形体消瘦，伴随有疲乏、多汗、四肢麻木、水肿等症状，一般认为与外感邪毒、饮食失节、情志失调所致，进而伤阴、伤精，形成气滞血瘀、痰湿阻滞，患者主要表现为热盛阴虚、气阴两虚、阴阳两虚（王成艳，2019）。

在糖尿病的临床治疗中，与西医药相比，中医药方法优势明显，不但可以控制血糖稳定，而且可以有效延缓或逆转早期慢性并发症的发生，减轻疾病对人体的危害。森林药用植物除了可以有效控制血糖外，在抑制炎症反应和降低蛋白尿方面也有良好的作用。

中医治疗糖尿病，需要对病症分型治疗，以增强治病疗效。热盛阴虚者，需要清热泻火，生津止渴，选用消渴方。气阴两虚者，益气养阴，滋补肝肾，选用生脉饮和六味地黄汤。阴阳两虚者，滋阴温阳，补肾固摄，选用金匮肾气丸加减方。以上方剂中的药物均为常见的森林药用植物，源自天然，取材方便，药效明显，可以选用以上药物进行提取，制作出相应的产品，作为治疗糖尿病的一个有效方法。

9.5.3 森林康养调理高脂血症

森林康养研究显示，森林环境不仅能减低血压而且能大幅改善血管舒张功能。长期身处森林环境中，血液中的总胆固醇、高密度脂蛋白、颈总动脉内中膜厚度、动脉弹性度均可得以明显改善。森林活动对处于都市高压力状态人群的健康具有促进作用，表现在可降低尿中去甲肾上腺素和多巴胺的水平，提高血清中脂联素的水平。临床试验已证实，脂联素具有抗糖尿病、抗动脉粥样和炎症的潜力。

高脂血症是一种常见的脂肪代谢异常疾病，由于血液中脂质如甘油三酯、胆固醇、低密度脂蛋白等高于正常人群，导致血脂代谢紊乱，极易引发心脑血管疾病。随着高脂血症患病人数的不断增加和患病年龄趋向青年化，高脂血症的临床治疗刻不容缓。中医在临床治疗高脂血症中取得了一定的疗效。中医学研究认为，高脂血症属"血瘀""痰浊"的范畴，主要是因为患者饮食不节、滋生湿热等引起的代谢不畅、气滞血瘀、脾虚痰浊等病症。因此，中医治疗高脂血症大多采用具有补益肝肾、健脾益气、滋阴养血、活血化瘀、清热通便、消化痰之类的药用植物（胡书云等，2019）。

森林产品调理高脂血症作用机制：森林药用植物调理高脂血症的机制是多通路、多靶点发挥降血脂作用的，具体机制尚不明确，但大多数表现为以下几个方面：

一是清除自由基抗氧化作用，例如，山楂、荞麦、银杏等药用植物，水煎后汤剂中含有黄酮苷类物质可以增加超氧化物歧化酶活性，减少有害物质丙二醛的含量，从而调控血脂紊乱，发挥降脂作用。

二是抑制外源性脂类和胆酸的吸收，例如，何首乌、大黄、虎杖、决明子等药用植物能阻断肝肠循环中胆酸的重吸收，增加胆酸及其衍生物的排泄，同时反馈性激活胆汁酸合成限速酶活性，促进胆固醇转化为胆酸，降低血脂水平，实现降血脂目的。

三是抑制脂类物质的合成，例如，月见草、南瓜、姜黄、香菇等药用植物，水煮后皂苷类物质可以上调高密度脂蛋白胆固醇的表达，减少低密度脂蛋白胆固醇水平，达到降低胆固醇目的。

四是降低血黏度、抑制凝血，减少脂类物质在血管内皮的沉积及粥样斑块的形成，例如，丹参、黄芪、泽泻等药用植物具有抑制血小板聚集和抗血栓形成的作用，同时软化血管、减少动脉硬化的发生，发挥消脂作用。中药汤剂治疗高脂血症的具体作用机制还有待进一步研究。

9.5.4 森林康养调理抑郁症

9.5.4.1 森林环境对抑郁症的调理作用

抑郁症是一种常见的精神疾病，主要表现为与其处境不相符合的情绪低落，兴趣减退，厌食，睡眠质量差。严重者可伴有自杀观念，自杀行为，或木僵状态，部分患者可出现幻觉、妄想等精神症状，严重影响患者的生活质量和自我照料的能力。大多数人将抑郁症与中医学中的郁证归为同一种疾病。

研究人员表明，森林浴或森林活动对精神抑郁有显著的调理作用。这种调理作用体现在既可以减轻由心理过程(如压力)导致的疾病，又能治疗与压力有关的疾病(如抑郁症和疲劳)。

日本学者对身处森林环境的测试人员进行情绪状态测试，结果发现：森林疗法可以降低焦虑、抑郁、愤怒、疲劳和困惑的得分，提高活力得分，表明其对精神抑郁具有预防作用。中国学者在竹林中开展体育活动对大脑活动的影响实验，得出森林浴是有效的放松方式的结论。另外，有学者探讨森林疗法对慢性中风患者抑郁症和焦虑症的治疗效果，也证实森林疗法是一种有效的治疗慢性脑卒中患者抑郁和焦虑症状的方法，显示了森林疗法对健康促进作用的优势。

9.5.4.2　森林产品调理抑郁症

目前，针对抑郁症的病因病机研究，西药所主张的基于"单胺类神经递质缺乏"学仍处于主导地位，但此学说却无法解释许多抗抑郁药物临床效应滞后现象及少数抗抑郁药非单胺机制。传统中药(森林植物)在延缓抑郁症进程、提高西药疗效、减轻不良反应、保护神经细胞等方面具有显著作用，越来越受到业界重视。中医郁证涵盖现代医学的抑郁症，而情志内伤是郁证的主要致病原因，但情志因素是否能造成郁证，除了与精神刺激的强弱和时间长短有关之外，也与人的机体对情绪的调节能力有密切关系。郁证的中医病因病机主要有以下几方面：肝失疏泄、脾失健运、肾阳不足。

据国内外相关研究报道，目前已有研究的抗抑郁单味药用植物有很多种，如石菖蒲、茯神、佛手、香附、莲子、巴戟天、赤芍、黄连、淫羊藿、补骨脂、黄芪、刺五加、人参、葛根、厚朴、积雪草、甘松、尖叶紫苏、番红花、印度冷杉、竹叶兰、大麻、无毒棉籽、枳实、枳壳、知母、绞股蓝、葡萄柚、遍地金、蛇麻花、田字草、乳香树、万寿菊、鼠尾草、大王椰子、番石榴、大枣、马齿苋等，以上药物的抗抑郁作用均有不同程度的临床或实验报道。表 9-3 列举了治疗抑郁症常用的中医方剂及方剂中起效的主要药用植物有效成分，可作为康养基地治疗抑郁症患者时的重要参考。森林基地实践中，可以选用合适的森林药用植物进行配伍组方，结合森林环境的有效情绪调节作用，利用森林基地制作的药用植物提取物产品可以高效地调理抑郁症患者。

9.5.4.3　森林芳香药用植物对抑郁症的调理作用

芳香疗法是指用芳香植物或药物来预防治疗疾病，包括内服法、外用法。芳香疗法中的芳香药物通过嗅觉器官或皮肤吸收而起到预防和治疗疾病的作用，属于外治法。芳香疗法的外用途径常见的有嗅鼻法、香佩法、香身法、环境香气法等(刘瑶等，2009)。

在治疗抑郁症方面，应立英等(2007)研究发现特定的芳香精油(如薰衣草、天竺葵)可以影响脑电波，从而引起行为的改变，基于此原理，可以利用香薰疗法降低抑郁症患者的焦虑水平。此外，其团队还发现香薰触摸疗法可有效地降低妇科患者的术前焦虑水平。在 1 例高龄阿尔茨海默病患者综合能力训练过程中，联合香薰抚触对其进行护理，获得了良好的疗效。香薰疗法起效的原因是香薰精油为小分子结构，易溶于水，通过皮肤按摩能很快吸收，将信息直接传递到脑部，使大脑前叶分泌出内啡肽和脑啡肽两种激素，使患者精神舒适，不

表 9-3 抗抑郁代表中药方剂组成及主要活性组分

中药方剂	基本组成	抗抑郁活性组分
逍遥散	柴胡、当归、白芍、白术、茯苓、生姜、薄荷、炙甘草	黄酮类、萜类、苯丙素类成分
小柴胡汤	柴胡、黄芩、人参、半夏、甘草、生姜、大枣	黄酮类成分、皂苷类、黄芩、人参、甘草为核心组合
柴胡疏肝散	柴胡、陈皮、川芎、香附、枳壳、白芍、甘草	皂苷类、黄酮类、酚酸类及萜类
越鞠丸	香附、川芎、栀子、苍术、神曲	起效成分为栀子或苍术及川芎醇提物
酸枣仁汤	酸枣仁、川芎、知母、茯苓、甘草	皂苷类、黄酮类、挥发油、多糖、有机酸等
百合知母汤	百合、知母	百合提取物、知母提取物、百合知母汤提取物

仅有利于安抚患者的焦虑情绪，改善睡眠质量，同时还具有促进血液循环，排出体内毒素，增强免疫力、利胆、抗胃肠胀气的作用(冯敏等，2017)。

本章小结

　　森林药用植物和食用植物开发是一项多重价值的生态经济活动。通过研究和利用森林中的药用和食用植物资源，不仅可以获得自然药物和营养丰富的食品，还有助于维护生态平衡和促进可持续森林管理。在森林康养中，这些植物资源发挥了重要作用，药用植物可以用于自然疗法和身体健康的促进，而食用植物提供了丰富的天然食材，为康养饮食提供了多样性和营养。因此，森林中的药用植物和食用植物的开发与应用在森林康养中有助于提升人们的身心健康，同时保护和可持续利用生态系统的丰富资源。

　　森林康养对慢性病的调养优势明显，尤其对情志病、神经系统疾病，具有其他医疗无可比拟的优势。森林康养要深入挖掘和筛选更多功效型森林植物提取物，加强研究其有效成分的化学结构、理化特性、功能特性、分布规律等，为拓宽森林植物资源的高效利用提供依据。同时，要加强研究森林植物有效成分的高效提取分离关键技术，提升有效成分的生物活性、安全稳定性，研发出适合森林康养产业的健康、安全的系列保健品和食品。最后，要加强森林植物提取物标准化体系建设，从粗放型加工到精深加工过渡，实现森林植物提取物产业的可持续发展。

思考题

　　1. 森林植物挥发性有机化合物主要包括哪几类？
　　2. 森林药用植物的化学成分按照传统习惯可分为哪几类？
　　3. 森林食品如何界定？需要具备什么条件？
　　4. 药食同源食品普遍具有抗氧化性能，其抗氧化活性成分主要有哪些？

推荐阅读书目

　　1. 蒋泓峰. 森林康养[M]. 中国林业出版社, 2018.
　　2. 雷巍娥. 森林康养概论[M]. 中国林业出版社, 2016.

第10章　森林康养市场需求及服务设计

在现代城市居民生活节奏不断加快、工作压力持续增大的背景下，亚健康问题变得越来越突出。作为大健康工程的重要组成部分，森林康养不仅可以作为传统医疗服务体系的补充，还可以为亚健康人群和各类疾病患者提供治疗和康复场所。越来越多的人追求健康生活，选择回归森林、回归自然，因此森林康养的建设既满足了追求健康的人群需求，又高度契合健康中国的时代主题。此外，对于森林景观丰富度、景区监察和管理完善度、内部交通便利性以及森林景观艺术审美和康养项目丰富度也有不同程度的需求和期望。在当今以体验为主的时代，消费者的消费习惯已经从商品型转向了服务型和体验型。在新冠疫情结束后，健康意识被全年龄层人群所接受和重视，森林康养产业成为后疫情时期的重要发展机遇。在森林康养产业中，通过发掘森林的综合功能，森林康养可以满足公众对森林深度体验的需求，对改善人们的生活品质等方面具有积极促进作用。同时，森林康养的开展需要更加综合地考虑和统筹，利用服务设计进行全链路地思考服务流程，有助于发现森林康养中的更多问题和痛点。

10.1　森林康养市场需求特征

后疫情时代，森林康养服务逐渐会成为旅游的热点项目，带来产业的机遇。无论是健康人（放松心情、调节压力），还是存有健康困扰的病人（缓解疾病痛苦、促进康复治疗），都具备森林康养的动机。在全民追求健康生活的大环境下，康养旅游的需求也将会迎来"爆发式"增长（张洋等，2019）。因此从年龄来看，森林康养具有全龄需求。全龄康养能够满足不同年龄层人群物质、精神、情感等多方面的康养需求。

在复愈性环境理论和旅游需求理论的支撑下，本节将重点分析森林康养市场对目的地功能的需求、目的地设施需求、康养地服务需求，以及不同年龄群体对森林康养产品需求的差异。

10.1.1　目的地功能需求

依据市场对森林康养地功能的需求，主要分为5类：健康需求、养生需求、养老需求、游憩需求和亲子需求。

（1）健康需求

森林康养基地的一个重要功能是满足游客的身心健康需求。森林康养对高血压、冠心病、更年期障碍、血管病变、呼吸系统病变、头痛等显著治疗效果已被证实，对抑郁、糖尿病、肿瘤及心肺疾病等都有辅助治疗作用，森林生态对慢性病康复具有特殊价值。森林康养/疗养的核心价值在于其保健/预防/康复/辅助治疗效果，日本已经将森林康养发展成了"森林医学"，德国早在200多年前就把森林浴场、森林疗养基地换成了"森林医院"。全世界只有5%的人是健康的，20%的人处于疾病状态，余下75%的人则处于亚健康状态（赵艳青和滕晶，2014）。在中国疾病人群中患有高血压、高血脂、高血糖的"三高"人群预计有4.5亿人。生活方式不健康、饮食不合理、锻炼不科学是"三高"人群大量出现的根源。传统的药物治疗的方法对"三高"人群来说效果甚微，不能治本；森林康养则从改变"三高"人群的生活方式入手，在森林这一特殊环境下，利用食物调节、睡眠调节、休息调节、锻炼调节、心情调节等综合手段，让疾病人群回归大自然，顺其自然，吃得健康，提高睡眠质量，身心愉快，精神兴奋，从根本上增强"三高"人群的免疫力，进而增强体质、改善健康，而这正是森林康养对于疾病患者最需要的医学功能价值。

（2）养生需求

养生是现代人极为强烈的需求。森林康养是一种全系列、多形式、多工具的养生方式：一是森林食品，让人们吃到纯天然、在城市中很难吃到的食物。二是森林体验，让人们在森林中获得特殊的锻炼，体验森林的宁静、森林的景观、森林美妙的生态系统、森林里的攀爬锻炼、森林的睡眠方式、森林的漫步方式等。这些在城市中无法实现的体验方式将是养生的最佳工具。三是休闲方式，创新和改变休闲方式，将文化、旅游、修身养性等结合起来，使人们感受民族优秀文化的魅力，提升自我的修养水准，增强对社会的责任感和事业的使命感。这些养生方式是高水平的养生创新，远比单纯依靠养生食品高级得多，效果也会好得多。

亚健康是现代社会的通病，养生成为重要的社会热点问题。森林康养作为一项新型的保健方式，从增强自身免疫力角度入手，从根本上提供坚实的预防功能。森林康养可以调节血压和降低心跳数；缓和心理紧张，增加活力；增强免疫功能；减轻疼痛。香樟林环境可以较好地降低病人的血压、改善其心情、增强抗氧化功能，松树、椴树、苹果树和白蜡树等提高人体的紧张度和抗病能力，消除疲劳，橡树还能改善大脑活动。森林是一个巨大的红外/远红外线能量库。森林康养能够提供满足人体慢性病康复对于外部（生态）能量的需求，是恢复人体自愈力的重要条件，非常适合亚健康人群的身心调养和恢复。处于亚健康状态的人群，其免疫力还处于强势地位，如果这个时候进行健康保养，可以产生非常好的效果。中国处于亚健康人群比例高达70%。根据中国健康学会调查结果，北京在中国16个人口超过百万的城市中，亚健康人群比例最高。数据显示，2019年北京市常住人口数高达2 153万人，快速的生活节奏及雾霾等天气使得舒适的自然环境对于拥挤的城市人群弥足珍贵。对于以北京为代表的大城市而言，工作与生活给了当地居民较大的压力，不仅在心理和情绪上面常常无法得到合适的疏解，在身体上也常有颈椎病、免疫力低下、呼吸慢性病等困扰，亚健康群体对养生需求迫切。

（3）养老需求

养老功能是森林康养基地未来的重要发展目标。森林康养作为一种新兴的养老方式，以森林资源为依托，配套医疗养生等服务功能，能够很好地满足老年人追求舒适、健康的生活需求（郑贵军等，2018）。老年人喜欢宁静的环境，森林正好可以满足这一需求，在森林中感受大自然的魅力是不少老年人的心愿。森林康养将提供一种新颖的养老方式，给有经济实力的老人群体提供最舒适、最健康的养老条件。按照国际惯例，当一个国家 60 岁以上人口比例达到 10% 或 65 岁以上人口比例达到 7%，这个国家就开始步入老龄化社会阶段。中国在 2000 年就已跨入老龄化社会，中国在 2016 年 65 岁以上人口比例已达到 10.8%，老龄化阶段逐步深入，养老问题将成为社会发展的一大难题。面对庞大的老年群体，养老服务业将是最大的老龄产业，拥有广阔的市场。中国已进入老年社会，城市养老成为一大社会难题，预计中国目前 1.5 亿老人需要养老，城市养老人群难以保障。

（4）游憩需求

中国每年的旅游人次超过 8 亿，其中森林旅游人数超过 1 亿人次，人们喜欢到森林中旅游，体验特殊的森林旅游，这是森林康养的社会基础。喜欢森林旅游的人士，将是未来森林康养的主要人群之一。传统意义上的森林旅游，大多是走马观花，时间比较短，医学价值并不大，健康恢复功能也不大，不能纳入严格意义上的医学程序，也不能形成完整的森林康养产业链。锻炼是强身健体的基本手段，森林康养将提供一种森林环境下的锻炼方式，人们在森林里可以开展各类锻炼活动，比如在树木之间的索道上攀走，这对人们来说将是一个全新的体验，不仅可以锻炼体魄，还可以修炼心灵、倍增勇气，可以成为锻炼人士最喜爱的锻炼方式。森林行走锻炼也是一个非常好的方式。森林步道有硬道路、软路、石子路、泥泞路、斜坡路等各种方式，人们行走在不同的森林步道上，取得的锻炼效果不同，心境也不同。森林康养的一个重要内容是文化性质的身心康养。比如禅宗文化源远流长，得到较高的社会认可，修行人士在森林里进行禅宗文化修养，将是一件十分美妙的事情。中国道教之所以将修道场所选在名山大川，根源之一是发挥森林这一特殊环境下的修身功能。森林康养的真正鼻祖在中国，就是因为道教文化。如今现代人追求高素质、高品位、高品德，最需要在一个宁静的环境里修身养性，森林康养正好满足这一特殊的需求，必将得到修行人士的青睐。

（5）亲子需求

森林康养基地亲子服务功能仍有待开发和提升。儿童和青少年一直是家庭和社会的重点关注对象，亲近自然对儿童的成长发育具有重要作用。森林学校就是其中的一种形式，将原来位于城市深处的各种课外辅导课程移步到森林环境中，在自然中学习，在学习中玩乐成长。从中培养儿童、青年对自然生态环境的认知和激发想象力、创造力和感知力，培育同情心理，小孩可以在森林环境下感受大自然的魅力，增强人生的信心和勇气。

10.1.2　康养设施需求

为了实现森林康养的康养效果，康养设施需求包括住宿设施、活动设施、餐饮设施、健康管理设施、标识系统等多个方面。康养设施需求特征主要包括环境特色、功能性、智能化、安全性和可持续性等多个方面。企业应该根据自身的定位和市场需求，设计和规划符合康养设施的各项要求，并逐步推进康养设施的建设和完善，提供全方位、细致化、贴心化的服务，以提高企业的市场竞争力。

（1）住宿设施

基于森林康养的住宿设施需求特征主要包括与自然环境的融合、私密性和安全性、设施和设备、个性化服务和生态环保等多个方面（图10-1）。企业应该根据不同客户的需求和偏好，提供个性化的住宿服务。

（a）   （b）

图10-1　森林康养住宿设施
（a）内蒙古根河源国家湿地公园　（b）北京平谷熊儿寨乡

①与自然环境的融合　森林康养的客户通常喜欢自然环境，因此住宿设施应该与周围的自然环境融为一体，让客户感受到大自然的美妙。例如，使用天然材料建造房屋，让建筑与自然环境相互呼应。

②私密性和安全性　森林康养的客户通常希望享受舒适的住宿环境，同时也需要保持私密性和安全性，因此，住宿设施需要提供必要的隔离和安全保障措施。例如，私人花园或院子、安全门锁、防盗和防火设备等。

③设施和设备　住宿设施需要提供必要的设施和设备，如卫生间、淋浴、厨房、空调、暖气、电视等。此外，森林康养的客户通常也需要其他配套设施，例如，健身房、室内游泳池、烧烤设备等。

④个性化服务　基于森林康养的住宿设施需求是多样化和个性化的，客户的需求和偏好也各不相同，因此，企业需要提供个性化的住宿服务。例如，提供不同类型的房间和套房、按客户要求提供不同的床垫、床上用品、枕头等。

⑤生态环保　森林康养的客户通常关注环境保护和可持续性发展，因此，住宿设施需要符合生态环保的要求。例如，使用绿色能源、节能环保设备、垃圾分类和回收等。

（2）活动设施

森林康养涉及各种户外活动项目，如漫步、徒步、健身等，需要提供相应的设施和设备，如步行道、健身器材、露天剧场等，以支持客户在森林中进行各种活动。

①步行道、健身路线和自行车道　这些设施是森林康养中的基础设施，能够提供客户漫步、徒步、骑行等健身活动，同时也可以享受自然风光和森林气息，增强身心健康。

②野餐区和露营区　客户可以在这些设施中享受美食和自然环境的结合，以增加森林康养的乐趣和体验。同时，露营区也可以提供给客户一个亲近大自然的体验，让客户更好地体

验森林康养的效果。

③室外运动设施　森林康养需要提供一些健身器材和运动场所，如篮球场、羽毛球场、网球场等，可以让客户进行多种运动和体育活动，以达到身心健康的提升。

④冥想和瑜伽室　这些设施可以帮助客户放松身心，达到情绪稳定和身体健康的目的。企业可以设置冥想和瑜伽教练，以满足客户个性化需求，提供个性化的康养服务。

⑤森林 SPA 和按摩服务　这些设施可以为客户提供放松和舒适的体验，帮助客户舒缓压力和缓解疲劳，增强身体免疫力，提升身心健康。

（3）餐饮设施

餐饮设施是森林康养的重要组成部分，需要提供符合健康饮食的营养餐点和环保餐具等，以提供客户健康、安全、舒适的用餐环境。

①健康饮食　森林康养的客户通常关注健康和营养，因此餐饮设施需要提供健康、新鲜、优质的食材和食品，如有机蔬菜、无公害水果、本地特色食材等。同时，餐饮服务也应该具有合理的膳食搭配，营养均衡，满足客户的身体健康需求。

②环境氛围　餐饮环境是客户用餐时的一个重要因素，森林康养的餐饮设施应该提供一个温馨、舒适、自然的用餐环境。例如，在森林中的餐饮设施可以营造出一种回归自然的氛围，让客户在用餐中享受森林的美好。

③服务质量　餐饮服务需要提供专业、周到的服务，例如，提供菜单、解释菜品、推荐食品等。同时，餐饮服务人员需要具备良好的服务态度和礼仪，让客户感受到优质的服务体验。

④多样性和个性化　餐饮设施需要提供多样性的菜品选择，包括特色菜、地方菜、健康食品等。此外，客户的饮食偏好也各不相同，因此餐饮设施也需要提供个性化的服务，例如提供特殊餐饮定制服务、考虑客户的口味和营养需求等。

综上所述，基于森林康养的餐饮设施需求特征主要包括健康饮食、环境氛围、服务质量、多样性和个性化等多个方面。企业应该根据客户的需求和偏好，提供健康、多样性、个性化的餐饮服务，以提高客户的满意度和信任度。

（4）健康管理设施

森林康养还需要提供专业的健康管理设施，如健康检测设备、健康咨询室、中医按摩等，以帮助客户了解自身身体状况，制订合理的健康管理计划，促进身心健康的提升。

①健康监测　森林康养的客户通常关注健康和养生，因此健康管理设施需要提供健康监测服务，如提供体检、血压、血糖、心电图等基本健康指标的检测和监测。

②健身设施　健身是森林康养中的一个重要环节，健康管理设施需要提供健身设施，如器械健身房、瑜伽房、舞蹈房等，让客户能够进行全面、科学、有效的健身锻炼。

③保健服务　健康管理设施需要提供保健服务，例如，按摩、理疗、SPA、针灸、中医等，让客户在放松身心的同时，获得身体的调理和修复。

④健康咨询　健康管理设施需要提供专业的健康咨询服务，如提供健康食品、营养补充品、保健品等产品推荐，同时提供健康咨询、营养咨询、心理咨询等服务，帮助客户更好地

了解和管理自己的身体健康。

⑤个性化服务 健康管理设施需要提供个性化的服务，如根据客户的身体状况、年龄、性别等因素，为客户提供个性化的健康方案和健身计划，满足客户的不同需求和偏好。

综上所述，基于森林康养的健康管理设施需求特征主要包括健康监测、健身设施、保健服务、健康咨询和个性化服务等多个方面。企业应该根据客户的需求和偏好，提供科学、全面、个性化的健康管理服务，以提高客户的满意度和信任度。

（5）标识系统

基于森林康养的标识系统需求特征主要包括标识设计、标识规范、标识传播、标识应用和标识保护等多个方面。企业应该根据自身的发展战略和品牌定位，设计和规划符合标识系统的各项要求，并逐步推进标识系统的建设和完善，以提高品牌的市场价值和品牌形象。

①标识规范 标识系统需要具备规范性，包括标识的大小、颜色、字体、比例等设计要素，以及标识的使用范围、场景、方式等规范，确保标识的一致性和规范性。

②标识传播 标识系统需要具备传播力，能够传达森林康养的核心价值、服务理念和品牌文化，同时能够在各种媒介和平台上进行有效的传播，包括宣传册、网站、微信公众号、APP 等。

③标识应用 标识系统需要具备实用性，能够满足森林康养的不同应用场景和需求，包括室内和室外、平面和立体、固定和移动等多种应用方式，以提高客户的使用体验和满意度。

④标识保护 标识系统需要具备保护力，能够保护森林康养的商标和知识产权，避免侵权和抄袭，同时能够维护品牌形象和品牌价值，提高品牌的市场竞争力。

10.1.3 康养服务需求

森林康养服务需求包括森林康养产品体系、森林康养专业人员和服务人员、森林健康服务管理和其他精神文化服务需求。

（1）康养产品体系

森林康养产品体系一般结合登山、散步、太极拳、瑜伽、健美操、冥想、采摘、插花、有机耕种等活动设置，并根据不同人不同的身体状况采取有针对性的课程方案。饮食疗法也是其中很重要的环节，在日本和韩国都会选择当地特有的、自然山林中天然野生无污染的食材为原料，菜单也会随季节而变，符合时令原则。此外，课程套餐应根据不同的需求人群进行设置，针对上班族，设置三天两晚体验套餐，使其利用周末时间放松身心，功效可维持一周；处于亚健康状态或心理评测值偏低的人群，适合六天五晚疗养套餐，利用一周的时间进行有针对性的森林疗养，可以有效改善身体情况；术后康复病人，适合 15 d 深度套餐，疾病治疗的同时配合深度森林疗养，利用自然的力量，可进行更好的身体恢复（李慧等，2017）。

（2）专业森林疗养师

专业人才是森林康养产业发展的重要保障，森林解说员、森林康养师及其他专业医师人员等都是发展森林康养过程中的重要角色，森林解说员从某种程度上来说可以说是游客与森林之间的媒介，起到引导与传递情感的作用，让游客更快更好地进入康养状态。森林康养师与专业医师更多的是相当于医疗机构医生的角色，主要负责体验者康复、养生、心理等方面的专业指导与调理。

（3）健康服务与管理

健康管理服务主要是指为游客开展健康检查、健康咨询、健康档案管理、健康服务的活动。具体产品项目例如健康检查评估中心、健康管理中心和康养培训学校等。健康监测管理系统包括体脂监测仪、超声波身高体重机、全自动电子血压计、总胆固醇仪（血脂重要指数）、尿酸仪、血氧仪、血糖仪、心电监测仪、人体成分测量仪、IC 卡或二代身份证读卡系统、工作站电脑、触控显示屏、热敏打印机等。检测项目包括身高、体重、*BMI*、腰臀比、血压、脉率、血糖、血氧、血尿酸、总胆固醇、心电图、水分含量、脂肪含量、基础代谢率等。

（4）文化康养需求

是指体验者通过参观、学习或互动，让其参与森林文化活动，从而提升自身文化内涵和文化素养，达到放松身心、愉悦情感的效果。主要包括艺术体验、参观地方文化、文化讲坛、文化沙龙、书法绘画作品鉴赏会、乐器表演、森林文化体验（森林体验馆）以及生态科普等。

10.1.4　个性化需求

森林康养以其多样化的康养服务和活动项目，可以满足不同人群的个性化需求。为了满足客户的个性化需求，森林康养企业需要不断研究市场，提供定制化服务，打造完善的服务体验，并且不断进行数据分析来优化个性化服务策略，以满足不同客户的需求，提高客户满意度和忠诚度。

（1）市场调研

了解目标客户的需求、偏好和消费行为，分析不同客户群体的个性化需求，以便根据市场情况和客户需求提供个性化服务。以下是进行森林康养个性化需求市场调研的几个步骤。

①确定调研目标和范围　确定调研的目标客户群体、调研的地点、时间和调研的方式等。

②采用多种调研方法　通过面对面、电话、在线等多种调研方法，收集客户的需求和反馈。同时，还可以借助第三方调研报告分析行业趋势，以便更好地了解市场和客户需求。

③分析调研结果　对收集到的数据和信息进行整理和分析，包括对客户的需求和行为的分析，对市场趋势的预测等，以便为森林康养提供个性化服务提供指导。

④制定个性化服务策略　根据调研结果，制定针对不同客户群体的个性化服务策略，包括运动项目、餐饮和住宿等方面的服务，以满足不同客户群体的需求。

⑤持续跟踪和优化　进行定期的客户满意度调查和市场调研，持续跟踪和优化个性化服务策略，以确保服务质量和客户满意度的提高。

（2）定制化服务

定制化服务是实现森林康养个性化需求的一种重要手段。通过为客户提供个性化的服务和体验，企业可以更好地满足客户的需求，以下是几种实现森林康养个性化需求的定制化服务方式。

①个性化的康养计划　根据客户的身体状况、健康目标和个人需求，为客户制订个性化的康养计划，包括康复训练、饮食计划、运动计划等。定期对客户的康养计划进行调整和评估，确保客户能够达到预期的健康效果。

②定制化的餐饮服务　针对客户的饮食习惯和需求，提供个性化的餐饮服务。例如，为客户提供特殊的饮食需求，如素食、无麸质、低糖等，或根据客户的健康状况提供特别的餐饮营养建议。

③个性化的活动安排　为客户提供定制化的活动安排，根据客户的需求和偏好，提供个性化的体验。例如，针对不同客户提供不同类型的户外活动，如徒步、骑行、皮划艇、溯溪等。

④专属管家服务　为客户提供专属的管家服务，协助客户完成行程规划、餐饮安排、运动训练等事宜，并提供私人定制的服务，如定制专属的康养产品、贴心提供健康知识和建议等。

⑤个性化的住宿服务　提供个性化的住宿服务，如提供豪华客房、特色木屋、帐篷营地等多种住宿体验。根据客户的需求和偏好，提供个性化的住宿服务，提高客户的住宿体验。

（3）完善的服务体验

要完善森林康养的个性化服务体验，需要从深入了解客户需求、建立个性化服务流程、提供多元化的服务选择、引入科技手段、不断改进服务质量等多个方面入手。只有通过不断的努力和优化，才能够提高客户满意度和忠诚度，提高企业的竞争力和品牌价值。

①深入了解客户需求　企业需要积极主动地了解客户的需求和偏好，建立客户档案，通过问卷调查、面谈、社交媒体等方式获取客户反馈，并根据客户的反馈进行服务改进和调整。

②建立个性化服务流程　企业需要制定个性化服务流程，包括服务的预订、接待、住宿、餐饮、运动、康养等各个环节。在服务流程中，针对不同的客户需求，提供不同的服务和体验，确保每一位客户都能够享受到个性化的服务体验。

③提供多元化的服务选择　企业需要提供多种服务选择，让客户能够根据自己的需求和偏好自由选择服务内容。例如，提供不同类型的住宿选择、各种类型的户外活动、丰富多样的餐饮选择等。

④引入科技手段　企业可以借助科技手段，提高个性化服务体验的质量和效率。例如，通过智能化管理系统、移动应用程序等手段，实现客户信息管理、服务流程管理、在线预订、实时监控等功能，提高服务的便利性和效率。

⑤不断改进服务质量　企业需要持续改进服务质量，通过客户反馈、员工培训、质量检查等手段，不断提高服务质量和水平。同时，也需要不断地开展市场调研和竞争分析，及时

调整和优化服务内容和形式，以满足客户的不断变化的需求。

（4）数据分析

通过数据分析反馈和提高森林康养个性化服务体验需要企业具备数据分析和处理能力，并能够有效地将数据分析结果与实际服务流程相结合，不断改进和优化个性化服务体验的质量和效果。以下是通过数据分析反馈和提高森林康养个性化服务体验的几种方法。

①客户行为分析　企业可以通过客户行为数据分析，了解客户的偏好和行为特征，例如，客户的住宿时间、活动类型、餐饮偏好等。通过对这些数据的分析，企业可以更好地了解客户需求和行为特征，从而提供更符合客户需求的个性化服务。

②服务质量评估　企业可以通过客户评价和满意度调查等方式，了解客户对服务质量的评价和反馈。通过对这些数据的分析，企业可以了解客户对服务的满意度和不满意的地方，从而针对性地进行改进和优化，提高个性化服务体验的质量。

③实时监控系统　企业可以通过实时监控系统，对客户的服务流程进行监控和评估。例如，通过监控客户的住宿、餐饮、活动等服务环节，及时发现和处理服务质量问题，提高个性化服务体验的效率和质量。

④数据挖掘和人工智能技术　企业可以使用数据挖掘和人工智能技术，对大量客户数据进行深入分析和挖掘，从而更好地了解客户的需求和行为特征。例如，通过对客户历史订单、评价和偏好等数据的分析，预测客户的未来需求和行为，提前做好服务准备，提高个性化服务体验的效果和质量。

10.2　基于市场需求的森林康养服务设计

10.2.1　服务设计视角下的森林康养

康养产品作为典型的复杂产品系统，具有融合度更高、系统性更强的特点，因而对于体验感的要求更高，引入服务设计有助于增加解决问题的思路广泛性，并有效提升服务质量。服务设计主要运用设计的方法，使服务流程中涉及的利益相关方之间的关系清晰化，给出创新性的解决方案（哈霜，2017）。森林康养系统作为整体性流程性很强的产品类型，借助服务设计整合优化过程中的各个要素，实现对服务提供、服务过程、服务结束每个接触点的系统创新，可以保证用户在整个流程中都能得到好的体验，达到全局改善服务质量与游客体验的效果。

对于康养产品来说，此类复杂产品的评判依据主要基于用户体验，无论是针对目标人群的探索还是具体项目的实施，有了服务设计的加持就能够更好地开展康养活动。服务设计可以帮助针对森林康养的不同用户群体、不同需求之间作出适时调整，而非处理单一情境下的用户问题。服务设计贯穿用户接触、活动体验、结束离开等环节，将所有的触点连接并形成一整套连续的用户体验。毕竟对于用户而言，贯穿始终的优越体验才能留下一个完美印象，通过服务设计分析用户体验旅程可以总结出设计机会点，在消费者与服务者之间建立有效的沟通方式，并有效降低用户的焦虑情绪。

（1）服务设计起源、概念、目的、原则

服务设计起源于欧洲，最早是由德国科隆国际设计学院的 Michael Erihoff 教授于 1991 年创立。全球服务设计联盟主席 Birgit Mager 提出："服务设计旨在创造有用的、可用的、理想的、高效的和有效的服务；这是一种以人为本的方法，成功的关键价值在于客户体验和服务接触的质量；这是一个以综合方式考虑战略、系统、流程和触点设计决策的整体方法（胡飞和李顽强，2019）；这是一个整合了以用户为中心、基于团队的跨学科方法的系统迭代过程。"

服务设计具有以人为中心的系统性的创新等特点，作为融合型的学科，通过对人、物、行为、环境和社会之间系统关系的梳理，以用户为中心，围绕用户重新规划组织资源、促进组织运作、提高员工效率，最终提升用户体验感（丁熊等，2021）。其关键点在于战略、系统、流程、触点（其中包括人员、环境、设施、信息等）。服务设计主要由人（people）、资产（propserty）和流程（processes）3 个要素构成，而每个要素都必须被正确地设计，并且能够整合到一起。

- 人：指的是任何直接或间接与服务有关的利益相关者。
- 资产：指的是任何服务所需的实体或虚拟的物件。
- 流程：指的是任何利益相关者于服务中执行的流程。

服务设计是一个共创过程，和传统行业部门分工不同，服务设计需要跨团队合作，并能大幅提升不同团队之间的联系性，增加沟通，协调好单方利益与整个系统资源优化之间的关系，避免忽视用户潜在需求恶化用户体验。

服务设计的原则如图 10-2 所示。

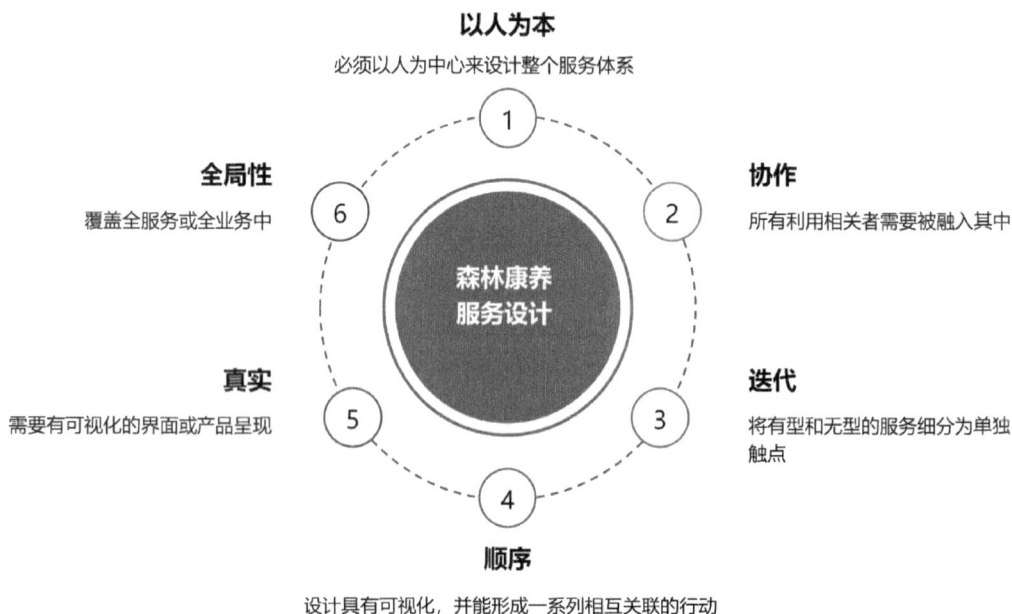

以人为本
必须以人为中心来设计整个服务体系

全局性
覆盖全服务或全业务中

协作
所有利用相关者需要被融入其中

森林康养服务设计

真实
需要有可视化的界面或产品呈现

迭代
将有型和无型的服务细分为单独触点

顺序
设计具有可视化，并能形成一系列相互关联的行动

图 10-2　森林康养服务设计原则

（摘自 *This Is Service Design Doing*，2017 版）

①以人为本　无论是服务还是产品，其本质都是为了最终解决用户的问题。考虑受服务的所有人的体验，包括用户及服务提供人员。

②协作　在共创过程中，各种背景和职能的利益相关者都应参与到设计过程中，借助不同背景、不同职能的人不同维度的思考，共同探索最优解。

③迭代　服务设计是一种探索性的、实验性的和适应性的方法，没有一个服务可以永远获得青睐，为了顺应用户不断变化的需求，必须通过用户的反馈对服务进行优化，这是一个不断重复的过程(程通，2021)。

④顺序　服务应该可视化并设计为一系列相互关联的行动，而且，为了能够在前台提供一个整合的用户体验，需要保证中台和后台的活动及业务流程的密切配合，并解决这些流程的实施问题。

⑤真实　服务设计需要在真实环境中研究需求，在实践环境中创建想法，以及在物理或数字环境中证明无形服务的价值。

⑥全局性　用户体验就像一场有计划有组织的精心演出，环环相扣地讲述一个故事，用户身在其中，把握用户情绪和服务节奏尤为重要，但更重要的是通过全服务和全业务的角度，由点及面地全局思考，满足所有利益相关者的需求。

以上六大原则是服务设计的核心，它们息息相关，服务设计的过程就是对这六大原则周而复始、不断迭代的应用过程。

(2)森林康养中的服务设计

服务设计最重要的切入点是人：洞察人的需求，理解人的情感。这里的人不仅指用户，还包括员工和各种不同身份的利益相关者。从服务设计的角度打开森林康养，需要从接触用户、活动体验、离开结束等环节作出清晰的规划，建立以被服务方为中心的服务系统。

在前期了解用户需求，筛选样本，对用户做面对面的深度访谈与调研，通过小数据发现用户的个性与共性，洞察他们的底层需求，在森林康养的前期阶段通过调研收集目标用户的相关信息，划分出几个有代表性的用户画像。例如，偏重从森林和环境中得到认知的青少年、偏重森林休闲和放松压力的职场年轻人、希望得到疗愈放松和健康管理服务的老年人，不同年龄阶段及不同目标人群对森林康养服务的需求和偏好是不一样的，据此作出用户画像，可以帮助完成后期的用户旅程图、服务蓝图，以及服务系统图等其他工具。

①角色扮演　设计师通过角色扮演来建立潜在的服务旅程，通过换位思考获取消费者的需求，该好处是可以帮助设计师身临其境地去了解用户在森林康养服务体验过程中遇到的问题，挖掘用户更深层次的需求。例如，IDEO(一家顶尖的创新设计咨询公司)在一项医疗项目调研过程中，通过角色扮演模拟医生、护士、麻醉师和病人在手术中相互之间的任务要求，这样的亲身演绎可以帮助团队想象更具体的情况，促发实际项目的移情来解决问题。

②五感设计　用户对于体验的感知，通常是从五感(视、触、味、嗅、听)开始的，在森林康养中将五感设计融入各个场景触点设计中，提升其五感体验的质量，并依据场地特色结合运动疗法、芳香疗法、艺术疗法、心理辅导等多种形式提升森林康养的功效及质量，可以实现共同提高用户的满意程度。

③接触点　不同的森林康养基地都会有自己的品牌，不同品牌的康养基地通过触点向用户传达自己的理念，触点就是品牌在服务的各个环节与用户的接触点，不同类型的触点会有不同特点：

物理触点　如实体门店、产品等，与人类产生实际交互，可以通过固定的标准去衡量和统一。

数字触点　具有无实物的特点，从简单的背景音乐到 APP、AR、VR 技术，具有很多的可能性。

人际触点　比前两者更灵活，能动性更强。在森林康养中，合理的触点设计可以帮助人们有效地打开心扉，好的物理触点设计能够打动用户，而提供好的人际触点能够带给用户"被重视"的感受，在传播中也更容易产生共情和共鸣。

④行动者地图　用来表达各个人物角色之间的关系地图。可以帮助设计师从系统的角度看待服务及服务产生的背景，帮助设计师从系统的视角定位服务及服务的内容。其基本步骤：a. 明确服务设计的目的；b. 定义主要服务对象或关键性的人物角色；c. 在服务场所中的有形物和无形的服务中寻找服务触点；d. 设想行动者的需求；e. 发现行动者在该系统中可能会碰到的问题；f. 解决这些问题，并提出初步的构想。

⑤服务蓝图　用来检查服务产生过程之论述，是服务流程分析的重要工具之一。服务蓝图是用来显示给客户看的一个技术化的图表，分为上方的功能过程和下方的可视化线条：所有的接触点和后台进程被记录与用户体验相一致。服务蓝图完全可以帮助设计师寻找新的机遇点。

⑥用户旅程图　呈现用户预服务过程中产生不同接触点的过程，描述用户在使用产品或经历服务时的体验、主观反映和感受，包含阶段、行为、触点、用户期待、用户需求以及用户体验情感曲线。用户旅程图可以帮助团队更深入地了解用户，进行产品或服务的重构进行再设计。可以让用户体验过程中有形或无形的交互可视化，并能促进项目团队之间的成员达成共识。

10.2.2　森林康养服务设计流程

服务设计的关键点在于服务设计更关注流程与流程之间的流畅性与整体性，并将用户需求与用户体验作为设计出发点贯穿整个设计流程，是从整体到细节再到整体的过程。森林康养服务设计的流程可分为分析与规划、创新与设计、中后台组织设计、迭代与评估四个步骤，整个设计流程是可循环的(图 10-3)。

(1)分析与规划

通常，森林康养课程由相关专业人员根据所针对人群进行制定，表 10-1 是一套从中医角度设置的森林康养课程。活动时间为立春至立夏，康养目标是利用森林本身的疗愈因子、植物杀菌素、负氧离子、芬多精、光、温度、湿度等森林中的自然要素进行身体疗愈提高人体健康水平。

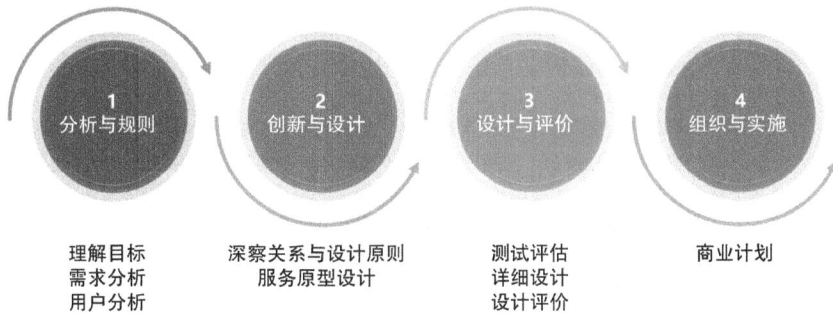

图 10-3　森林康养服务设计流程

表 10-1　中医角度的森林康养课程设置

序号	活动名称	活动简介	参考时长/min	物品准备
1	虎虎生威	利用传统功法五禽戏之虎戏、坤道抻筋热身、破冰、疏肝理气、舒筋活络、柔肝	60	抻筋器、虎啸视频、抻筋视频
2	我的生命之光	立志，放松减压，分享各自的 2020 年故事	90	植物园铭牌、A4 纸、彩笔、签字笔
3	春之味	习五行，品五味，借一缕来自太阳的能量晒背，冥想	90	户外茶具、五行卡、野餐布、软布、美食
4	赏而勿罚	学习鼓励，生发肝气，养肝护肝	30	明信片、白乳胶、自然素材、签字笔、A4 纸
5	坤道抻筋	前后对比抻筋、柔筋的效果	20	抻筋器
6	我思故我在	分享心得感悟，体悟身心的变化，体验身心合一的感觉	30	

该课程由具有专业知识的森林康养师进行设计的典型的森林康养课程。从课程设置中可以发现与设计师视角的不同。森林康养师更多关注的是课程本身的设置，课程与课程之间相对独立，系统性还可以进一步加强，设计出发点还可以站在整体视角去考虑。

从设计师的角度看，在活动规则与要求的设置中（表 10-2），并未给出具体的行动方案，例如，在课程之前对用户的前测和沟通，是利用什么样的形式进行，是以传统的调查问卷形式，还是森林疗养师对每一位用户进行单独的谈话并记录，这一步骤并未进行详细的设计。设计师认为，作为森林康养课程与用户直接接触的第一步，这是影响用户体验的关键。

表 10-2　活动规则与要求表

序号	事件	规则与要求
1	活动前的准备	①对象前测及沟通：收集体验者背景资料，询问个人健康问题 ②体验者装备：防滑运动鞋、运动衣（长袖长裤）、防晒霜、防蚊虫喷雾、饮用水（注意保持水分摄入）、常用药品，衣着宽松，尽量穿绿色、青色系衣服 ③森林康养师应急准备：急救包 ④做好各项风险应急措施

（续）

序号	事件	规则与要求
2	实施过程中的要求	①自我介绍，破冰 ②向参加者说明当日行程和活动安排，减少焦虑和不安。在各活动开始前，请及时使用卫生间 ③全程不要随地吐痰，乱扔废弃物，不要损坏森林植被，采集凋落、掉落的自然物，爱护大自然，尽可能遵守"无痕山林"的原则 ④活动场所较多，场地较大，不应随处乱跑，容易迷失，因此需要注意水系的地区。活动时请跟随组织者的引导，通过吹响口哨，集合组织队伍，方便森林康养师管理团队 ⑤注意安全标示，清晰辨别出入口和地图引导，聆听园内广播安全提示 ⑥园内水系水深危险，请勿戏水。禁止攀爬假山及园区内危险、陡峭山体 ⑦森林疗养师和工作人员定时清点人数，确保所有成员均在
3	注意事项	①户外环境变幻莫测，请做好防雨防晒防寒工作 ②请保管好自身携带物品，对个人安全负责。意外风险性无法预测，计划行程有不确定因素，如发生意外，责任自负，组织者不承担赔偿责任

用户感受得到的永远是全流程的服务，而不是单个设计，用服务设计的思维去改善现有的服务体验，这是设计战略，处于整个设计价值链顶端。不仅是设计师，更是协同消费者、内部员工、同行或合作伙伴等一起营造整体的服务体验，改善与提升行业服务品质。森林康养服务设计可以弥补传统森林康养课程系统性弱、整体性不足的缺点，利用服务设计工具将森林康养的整体流程串联起来，以横向时间为基础，以用户触点为亮点，提高森林康养服务的整体体验。

（2）创新与设计

服务设计的整体性强调的不只是以用户需求为主的事物与事物的相互联系，还有企业品牌文化的传达。将体验设计做到极致的品牌公司，例如星巴克、海底捞、宜家等企业，都是将用户需求与企业利益、品牌文化相结合，考虑企业或品牌自身的策略与资源限制进行有针对性的设计。

在进行整体设计之前要明确森林康养基地的地点、气候、植被等自然因素，森林康养服务设计在确定地点、气候等自然因素后，首先要确定的是针对什么样的人群服务。因用户个体的差异，每位用户的需求各不相同，森林康养服务设计在设计时不必一味地满足用户所有的需求。若将用户体验的好感度用线表示的话，它不应该是一条紧绷的直线，而是需要有起伏关系、有紧有松的曲线，每一个转折都环环相扣，将用户拉进整个森林康养的大情境中来，这就要求设计者对需要对用户的需求进行筛选。

（3）中后台组织

任何行业的服务都有前、中、后台，前台是与用户直接接触的部分，是看得见的服务平台，是影响用户体验的主要因素。而这些反映在森林康养中则可以是森林康养师、领队、接待人员等。

中台是指为前台业务运营提供专业的共享平台，其核心能力是专业化、系统化、组件化、开放化。在森林康养中可能就是用户管理系统、各个业务部等。

后台是提供基础设施建设、服务支持、风险把控的部门。森林康养的后台是森林医学基础研究、物资提供部门等。

体验设计关注设计触点，力图以消费者为中心，提升消费者在每一个触点的体验。服务设计关注由内而外的设计。前台设计是体验设计，前台加中后台设计就是服务设计，失去中后台组织的支撑，前台服务是没有长期生命力的。优秀的中后台组织设计是多门学科知识支持下的结果，使森林康养整个流程实现端到端的用户体验和由内而外的组织变革。

中后台的组织创新在互联网行业体现得非常典型和高效，这一行业的中后台是大家最为熟知的场景，在世界处于虚拟和现实相互交融的时代，用户利用互联网可以将需求迅速反馈，同时将迅速迭代等中后台问题也搬上台面。组织创新一般有 6 大条件：创新文化，组织高层的重视、授权与投入，创新人才与团队，方法论，宽松的物理空间，创新的社会环境；森林康养服务以知识型员工为主，可以利用服务蓝图规划服务流程和组织形式，将服务过程、顾客消费行为过程的每个步骤以流程图方式展现出来，并合理分解相应服务项目的任务和方法，以帮助森林康养服务及各类客户理解服务过程及其意义，通过这种方式进行中后台组织创新，对森林康养服务的品质提升大有裨益。

(4)迭代与评估

迭代这一概念最早是从互联网行业开始，但它并非行业专利，事实上，它能应用在任何行业。对于服务设计来说，在投入使用前以及使用时，对已成型的概念或者服务进行迭代，才是降低风险损失取得成功的明智选择。

在用精益思维审视和迭代已成型的森林康养的服务设计流程时，需要强调的是一定要紧跟用户需求，这样才能进行有意义的迭代。如从前家长带着孩子在自然环境中游玩，希望得到的是放松和亲子互动的体验，但随着教育的多样化和全面化发展，除了基础的需求，现在家长们或许还期待孩子能在自然环境中获取知识，锻炼生存能力。不同时期用户的需求是会发生变化的。

与此同时，迭代还应该权衡优先级，明确清晰的目标和迭代程度，甚至作出实际的服务设计原型或故事板等方式，将脑海中的设计具象化，当再向人们介绍时，就能更清晰明确地向客户展示森林康养基地的基础设施、活动路线、场地等安排，这样既能增加客户的参与感也能更及时地找出问题进行再升级。

但迭代也不是单纯的功能叠加，每一次迭代的起点都要回到用户体验感上，服务好不好，只有长期评估说了算。

因此，基于这一点，在对服务设计进行评估的时候，一方面可以让客户做出直接评价，另一方面从组织内部也可以看到变化。用户进行评价最常用的 3 个指标分别是净推荐值(net promoter score，NPS)、用户满意度(customer satisfaction score，CSAT)和用户费力度(customer effort score，CES)，该三组数据能反映出是否为用户创造了愉快的体验以及用户在接受服务中所付出的努力为多少。而组织内部不管是财务指标还是上市时间等，都是对服务是否可行的一种反馈。在这个快速变化的时代，时间对于企业来说尤为宝贵。更快地向用户呈现更新、更好的服务是保持领先的前提，自然也会给用户带来更好的体验。

本章小结

随着社会发展，现代城市居民生活节奏逐渐加快，工作压力变大，居民亚健康问题突出，成年人常受慢性病的困扰，大健康背景下森林康养的市场需求广泛。在复愈性环境理论和游憩需求理论的支撑下，森林康养市场对目的地功能的需求主要包括健康需求、养老需求、养生需求、游憩需求和亲子需求五类，因此森林康养地需要结合市场的需求和出游动机，提供针对性的森林康养设施和森林康养产品。对森林康养需求市场的细分有利于提升参与者的体验和优化服务管理内容，从用户的需求与用户的体验出发，将森林康养与服务设计进行结合，按照森林康养服务设计流程进行森林康养服务设计，最大程度地提升森林康养在促进身心健康的疗愈效果。

思考题

1. 市场对森林康养地功能的需求有哪些？
2. 市场对森林康养地的设施和服务产品的需求有哪些？
3. 森林康养服务设计有哪些痛点？
4. 依据"五感"体验理论，如何进行森林康养服务设计，进而提升森林康养效果？

推荐阅读书目

1. 王春波 . 中国森林康养需求分析及需求导向的产业供给研究[M]. 中国林业出版社，2020.
2. 吴章文，吴楚材，文首文 . 森林旅游学[M]. 中国旅游出版社，2008.
3. 胡飞 . 聚焦用户：UCD 观念与实务[M]. 中国建筑工业出版社，2009.
4. 胡鸿 . 中国服务设计发展报告[M]. 电子工业出版社，2016.
5. 黄蔚 . 服务设计驱动的革命[M]. 机械工业出版社，2019.

第11章 森林康养基地建设

11.1 森林康养基地建设的背景及发展历程

11.1.1 森林康养基地的基本概念

森林康养产业在中国得到迅速发展的标志之一是不同类型、不同规模、不同级别的森林康养基地大量涌现。在国家层面、地方层面也相继出现了多个有关森林康养基地建设、管理与评价的技术规范、标准等，并给出了森林康养基地的定义，其中引用较多的有如下几个：

在《森林康养基地建设 资源条件》(DB51T 2262—2016)中，森林康养基地(the community of forest health care)是指森林覆盖率较高、森林健康、生态环境优良、生物多样性较为丰富、具有维持自身生态平衡，配备相应的设施设备和专业服务人员，从事森林康养经营活动，经专门机构认定并取得"四川省森林康养基地认定证书"的森林康养综合服务体。

在《贵州省森林康养基地建设规范》(DB52T 1198—2017)中，森林康养基地(base of forest health and wellness)以森林资源及其赋存生态环境为依托，通过建设相关设施，提供多种形式的森林康养服务，实现森林康养各种功能的森林康养综合服务体。

在《森林康养基地建设与管理规范》(DB43T 1494—2018)中，森林康养基地(forest wellness base)是指在优质的森林环境中，有相应的设施设备和专业服务人员，能提供森林康养产品与服务，经林业行政主管部门组织评定的能开展森林康养的场所。

综上，森林康养基地的基本构成为：第一，有适宜的森林环境，其林相、树种结构和自然环境(水质、空气、风向、地质地貌等)都相宜，营造生态优良、林相优美、景致宜人、功效明显的森林康养环境。第二，有森林康养主导产品，如休闲旅居型、休养康复型、健康养老型、医养结合型、自然教育体验型等，即主导产品类型明确，并且有与之相适应的措施。第三，有适宜的森林康养基础设施，住、行、游、水、电、路匹配森林康复中心、森林疗养场所、森林浴、森林氧吧、森林康养步道等服务设施。第四，有适宜的服务项目，餐饮安全营养，康养技艺到位，森林浴、森林食疗、药疗、运动康复疗法、森林养生疗法等项目匹配。第五，有优良的康养师队伍及管理人员，具有一支懂康养业务、爱康养事业、会经营管理的经营型人才队伍和技术优良、服务意识强、职业操守好的康养技术人员队伍。第六，有规范周到的康养服务，居住安全便利，饮食科学便民，游览观赏散心，健体疗养得法。第七，有应急处理预案及专业人员、设施。

11.1.2 森林康养基地建设现状、问题和发展趋势

森林康养起源于德国在20世纪创建的森林浴(吴后建等,2018)。世界上第一个森林康养基地是德国巴登·威利斯赫恩镇于20世纪40年代建立的以"自然健康疗法"为主题的森林浴基地(吴后建等,2018;吕火明,2019)。1982年日本林野厅首次提出将森林浴纳入健康生活方式(柏方敏和李锡泉,2016),2006年正式提出森林疗法的概念(吴后建,2018)。进入21世纪后,森林浴和森林疗养在全球得到了快速发展,并不断向森林康养层面演进,Konu(2015)提出了利用虚拟产品开发森林康养产品,并提出了基于人种志方法与游客共同开发森林康养产品。

11.1.2.1 森林康养基地在中国的发展

台湾省是中国最早研究森林康养的地区,自20世纪50年代至今,已建设森林康养基地70多处,台湾省的森林康养沿袭了欧洲和日本的模式,但其基地规模及影响都较小(刘纹卉,2019)。森林康养在中国大陆起步较晚,2012年北京率先在中国大陆引入森林康养的概念,组织翻译出版了《森林医学》专著,开始探索建设森林疗养示范区。同年,湖南省在省林业科学院试验林场率先建立起了湖南林业康养中心,打造了绿色健康产业新品牌(戴琦,2020),2016年湖南省出台了首个省级层面的森林康养规划——《湖南省森林康养发展规划(2016—2025)》(广西森林康养协会,2018)。在四川,自2015年以来,制定、出台了森林康养发展意见、基地建设标准、基地评定办法和"十三五"森林康养发展规划等多项有关文件,并确定了63处森林康养基地。

在国家层面上,由中国林业产业联合会发起,中国林业产业联合会森林医学与健康促进会于2015年年底启动了全国森林康养基地试点建设单位遴选,截至2022年1月已先后确定了7批1321家全国森林康养基地试点建设单位、88个全国森林康养基地试点建设县和多个森林康养试点建设乡(镇)、中国森林康养人家。2019年3月,国家林业和草原局、民政部、国家卫生健康委员会和国家中医药管理局四部门联合印发了《关于促进森林康养产业发展的意见》,要求向社会提供多层次、多种类、高质量的森林康养服务,到2022年建设国家森林康养基地300处,2035年建设1200处(吕火明,2019),2020年6月5日,这四部门联合公布了国家森林康养基地(第一批)名单,共96个基地入选,其中以县为单位的国家森林康养基地有17个,以经营主体为单位国家森林康养基地有79个。

11.1.2.2 森林康养基地建设与发展中存在的问题

虽然森林康养产业在中国发展迅猛,森林康养基地数量不断攀升,但由于建设理念不同、建设主体不同、资源类型不同,使得森林康养基地在建设中仍存在不少问题,其中主要问题有如下几个:

(1)概念与规划问题

目前,中国森林康养产业发展迅猛,森林康养基地数量迅速攀升,相对于以前已经有了长足的进步,但是中国当前对于森林康养产业发展的研究过于简单,多数都是定性分析,缺少实证研究与定量分析(肖雁青,2019)。在森林康养概念理解、思想认识、发展理念方面

存在模糊不清的问题，导致很多地区在森林康养基地的规划过程中主观性很大，多数情况下"各自为战"，规划内容"五花八门"，甚至还存在着明显的本末倒置的情况，给森林康养产业可持续发展带来了非常大的负面影响(冀慧萍，2019)。

(2)康养建设问题

森林康养基地建设是一项非常系统、整体的工程，需要科学系统地规划，并按照规划进行建设。森林康养基地建设涉及的行业领域众多，包括林业、商业、交通、旅游等诸多行业领域(肖雁青，2019；张宝红，2019)，因此需要这些领域的专业人才协同开展规划，方能使森林康养基地建设不致"误入歧途"。当前国内很多地区在建设森林康养基地的过程中，大都热衷于戴上森林康养的"帽子"，康养设施、设备简单，主要还是以森林旅游活动为主，基本没有或者只有很少的康养活动。

(3)服务质量问题

森林康养是伴随时代发展而产生的新型综合性跨学科产业，但这一领域的人才队伍及后续人才的培育力度都明显不足(黄雪丽，2019；龚宁，2019)。从当前国内森林康养基地的发展来看，很多地区在康养基地的规划建设过程中，往往是照搬其他地区森林康养基地的发展模式，这就非常容易导致森林康养基地在发展的过程中，触及自身发展的"天花板"(冀慧萍，2019)。行业人才匮乏，服务形式单一，导致很多优质的生态资源未转化为经济的健康服务产品，缺乏在森林康养方面持续性、有效性的研究，其生态价值未曾量化(张宝红，2019)。

11.1.2.3　森林康养基地在中国的发展趋势

(1)丰富康养产品体系、多维立体供给

打造多维度森林康养产品体系。一是主抓居民用以早晚康体健身的城市森林康养产品；二是打造供居民周末休闲、自然教育、疗养的城郊森林康养产品；三是打造居民用以短期度假、生态旅游、自然教育、森林徒步的远郊森林康养产品；四是打造以森林步道为主、城市绿道为辅的森林康养步道产品；五是运动和医养结合，提供防、养、治于一体的森林康养产品体系。力求做到森林康养产业的全域、全时、全龄覆盖。

(2)注重细节服务、增强消费黏性

森林康养是追求高质量发展的体验经济，旨在提升生命质量，讲究身心疗愈和自然体验，既要讲求服务的标准化，又要注重服务的人性化、精细化。细节是品质，服务是生命。细节服务彰显品质、服务细节提升体验。对消费者的个性化感受给予充分、高度重视，才可能通过持续的反馈和改进，超越消费者的期待，促成森林康养高质量发展。另外，要运用大数据建立会员制跟踪回访机制，提升服务附加值，以人为本、定期回访，切实将森林康养服务常态化、亲情化，不断增强消费黏性，强化森林康养服务的品牌传播。

(3)培养森林康养人才、持续提质升级

森林康养基地的高质量发展要依赖专业人才和技术创新驱动，方能实现持续发展。一方面，从事森林康养行业的队伍必须是专业的管理和技术队伍。森林康养从业人员需要掌握生态学、医学、康复学、养生学、美学、心理学、动植物学等多学科知识，更需要有专业性的动手教学能力。要靠专业人才指导，避免产品和服务流于模式化、低水平而缺乏竞争力和生命力。另一方面，森林康养基地必须实现产品的升级迭代，才能不断地满足市场日益多样化、个性化的需求。

11.2 森林康养基地功能区划与总体布局

11.2.1 森林康养基地的规划原则

(1)生态优先，合理利用

尊重自然、保护自然、顺应自然，对自然环境和历史人文环境最小干扰和影响，避免大拆大建。在保护好森林、湿地生态系统环境的前提下，高效、合理利用森林康养资源，促进(维持)人们身心健康。

(2)因地制宜，突出特色

应充分结合当地森林康养基地的自然资源、人文资源和环境特征，突出地域森林康养资源特色，强调森林康养产品差异化，避免同质化重复建设。

(3)引领发展，协同推动

推动林业与旅游、健康、医疗、体育、养生、养老、疗养、教育等产业融合，形成国家森林康养产业体系和发展布局，注重区域协同，与土地利用规划、林地保护利用规划、生物多样性保护、人文景观资源保护规划相衔接。

(4)尊重市场，积极创新

以森林康养市场为导向，引进先进理念、技术，鼓励和推进森林康养产品的创新，推动森林康养基地可持续发展。

11.2.2 森林康养基地的总体布局

11.2.2.1 区划原则

第一，有利于保持森林康养基地生态功能和景观资源的完整性、稳定性，突出森林康养资源特点和生态服务功能，保护森林、湿地生态系统，兼顾森林、湿地、草原等自然资源与景观资源的保护利用。

第二，有利于对接基础服务设施，充分利用房屋、道路等现有设施，避免重复建设和资源浪费。

第三，注重与现有村落、民居的协调性，突出民俗特色，加强保障功能，促进可持续发展，实现低碳、循环、绿色发展。

11.2.2.2 主要功能区类型

不同的森林康养基地，自然景观和自然资源等也不一样，根据市场和人群产生的康养产品及功能也不一样，需对森林康养基地进行科学的分区。森林康养基地的分区至少需要综合服务区、森林康养区、游憩体验区等，并结合资源条件和康养需求等，合理分配各区域面积、位置及相应各区之间的关系。

（1）森林康养区

森林康养区应充分体现基地的特色。根据森林康养基地中的不同资源禀赋，可以分为养生康复、健身运动等不同小区。

养生康复区：通过休闲、养生、养老、疗养等途径，结合检查、诊断、康复等手段，建立以预防疾病和促进大众健康为目的的区域。

健身运动区：利用森林康养基地的高山、峡谷、森林等自然环境及景观资源，建立以森林康养步道、生态露营地、健身拓展基地为代表的区域，满足自然健身、体验的需求。

（2）体验教育区

依托森林康养基地现有的生物资源、水文资源、地文资源、天文资源和人文资源，通过自然教育、认知认养、科普修学等活动，满足康养身心需求的区域。

（3）综合服务区

为满足森林康养基地管理和接待服务需求而划定的区域，可包括业务办公、接待中心、停车场和一定数量的住宿、餐饮、购物等接待服务设施，配套的供水、供电、供暖、通信、环卫、污染及垃圾处理等设施区域，以及必要的职工生活区域。

11.2.3　基于森林康养资源评价的森林康养基地规划设计

森林康养基地的规划设计是一个系统工程，通常需经历康养基地现状及自然资源调查、自然资源评估与分析、依据各类项目建设的适宜性划定大致范围和基地的规模、明确森林康养产品的类别及布局，以及康养产品的细化设计等过程。

具体过程如下：

（1）基地现状及自然资源调查

主要对拟建设森林康养基地及周边的自然环境、自然资源以及社会经济状况进行调查。针对不同的资源类型或者目标采用不同的调查方法，具体调查方法这里不再赘述。

（2）康养资源评价与适宜性等级划分

为康养基地建设寻找最为适宜的森林资源是使其充分发挥作用的重要基础。如何筛选出适宜建设康养基地的森林康养资源，又如何对其中的森林康养资源进行评价，以发挥其最大潜力，都是康养资源评价的内容。

首先，要确定评价单元，可以土地利用小班或者森林小班作为评价单元。

其次，在此基础上，构建森林康养资源评价的指标体系及评价标准；参照《森林康养基地建设　资源条件》《森林康养基地建设基础设施》《国家康养旅游示范基地标准》等国家和地方评定标准，结合实际情况制定出每个等级赋分的标准，可采用单项指标评分方法，每项指标的最高分可设置为 100 分。

再次，根据具体指标解释评分，给各项指标打出合理的分数。

最后，将森林康养基地适宜性评价等级分为三级：0~60 分，不符合森林康养评价指标要求；60~80 分，基本符合森林康养评价指标要求；80~100 分，十分符合森林康养评价指标要求，指标等级越高分值越大。

通过 GIS 软件建立基地范围内的地理信息数据库来实现场地信息的储存与分析，在搭建完成的康养型森林资源筛选评价分级分类框架指导下，对场地地理空间范围内的康养型森林资源进行计算机空间分析，并通过图解的方式将场地康养型森林资源的相关信息呈现出来。从而科学直观地指导规划设计，实现场地内资源的最大利用率与合理性。

（3）森林康养基地的系统营建

根据自然资源与环境适宜性评价结果，结合森林康养基地基本要素、相关的约束条件等，大致划分出几个自然资源与环境相对一致的区域，分别确定为综合服务区、森林康养区、游憩体验区等不同区域。其中，森林康养基地基本要素，即组建一个森林康养基地所必需以及应当具有的一些康养设施及其相关建设要求。森林康养基地营建相关约束条件，即森林康养基地建设过程中不能突破的红线，如环境承载力、游人容纳量等为森林康养基地的建设提供约束。

（4）确定森林康养产品的类别及布局、康养产品的细化设计

摸清场地森林康养资源，划分康养空间，就可以针对不同的资源特点，匹配不同的康养活动，策划不同的康养项目，营建不同的康养产品。

森林康养可以划分为康、养、娱、教四大类型。以康为主的森林康养追求康养疗效最大化，注重森林生理、心理的疗养功效，如森林中康养因子水平、康养功能疗效；以养为主的森林康养追求康养舒适性最大化，注重森林人体舒适度、服务质量和品质，如游憩环境、服务设施与服务水平；以娱为主的森林康养追求森林休闲活动最大化，注重森林的可建设性、可游性、景观水平，如森林景观的好坏、森林可开发活动项目的多少；以教为主的森林康养追求森林文化氛围最大化，注重森林文化的发掘与创造、研究资源的开发。不同类型的森林康养可以结合森林资源现状特点相互组合，形成综合性的森林康养活动。

11.3　森林康养项目建设及产品设计

森林康养项目和产品是实现康养的最小细胞，通过对基地资源现状进行分析，发现基地资源自身的优劣势和外部威胁，并将基地的自身资源优劣势和外部威胁进行归类总结，分析、发现基地所面临的发展问题。然后，针对问题和需求，规划设计产品类别，初步构建森林康养产品体系框架。最后，根据基地空间布局及空间资源特点进行产品细化设计，完善森林康养产品体系内容，最终实现森林康养产品体系的构建。

11.3.1　森林康养项目建设和产品设计的原则

森林康养产品规划需要把握开发的层次布局，并且要掌握以下 3 项原则：

首先，森林康养产品的开发不能以牺牲环境的代价来发展，应谋求人与自然的共同发展，保证森林康养产品的可持续开发。

其次，森林康养产品应充分结合自身特色和优势，考虑不同市场和人群的需求，有针对性地进行森林康养产品的开发。也就是说，在设计过程中，产品设计人员要充分考虑受众的

喜好以及森林康养产品的娱乐性，使得消费者在使用康养产品时既能释放自身压力，又能得到精神的滋养。

最后，要注重森林康养产品的核心竞争力，避免不同康养基地的康养产品同质化竞争，要使森林康养产品拥有较强的吸引力，就需要相关产品设计人员充分挖掘森林资源的优势，围绕核心康养产品，不断开发新型康养产品，促进基地长远发展(吴后建等，2018)。

11.3.2　常见康养项目与产品

在森林康养基地规划建设中，康养产品体系规划是最为重要的一部分。森林康养产品体系可分为市场导向型和资源导向型产品体系。市场导向型森林康养产品体系以游客参与活动的目的和形式为分类标准；资源导向型森林康养产品体系基于高等级资源的特点进行产品分类。从功能上看，中国森林康养产品类别能够满足市场健康、休闲、教育等多方面的需求。从形式上看，中国森林康养产品的主要形式可分为生活型、游憩型和生产型产品，能够为市场提供丰富的康养体验(程静琦等，2018)。

森林康养产品设置应根据森林康养基地建设条件和康养资源情况确定，充分利用森林康养基地资源优势，突出森林康养资源特色，梳理和挖掘健身、养生、疗养、休闲、认知、体验等类型的森林康养产品。根据不同的森林康养产品类型，明确具体的森林康养产品内容和开展方式等，明确康养服务人群。

11.3.2.1　运动康养类项目

运动康养是指游人在优美的森林康养环境中，自主地通过活动锻炼，来增强身体机能，以及促进身心健康的康养活动。森林运动康养主要产品内容有森林太极、森林瑜伽、森林漫步、山地自行车、山地马拉松、森林极限运动、森林球类运动等。森林运动康养产品主要从场地和步道两方面进行，需要考虑植物搭配、地形设计、市场需求等方面的问题。

场地位置选择应考虑康养活动类型和空间效果，平坦开阔的地形适合设置休憩、瑜伽等类型活动，也给人以轻松愉快的感觉。陡峭崎岖的地形适合攀岩等极限运动，更容易让人产生兴奋的感觉。场地周边植物搭配应具有相应的康养效果，如森林瑜伽场地周边种植清香型植物，更容易使人进入状态。

步道位置选择应考虑康养人群需求、步道长度和坡度、铺装材料等，以满足人群需求。森林康养步道长度应根据青年人、成年人、老年人或残疾人的不同需求进行设置，符合不同人群的需求。森林康养步道的坡度一般较为平缓，要求在5°以下，最大不超过7°，尽量避免设置台阶。康养步道的位置在安全的前提下，应满足一定的景观功能。铺装材料应尽量采用软质铺装，减轻运动对游人腿部关节的负担。

11.3.2.2　体验康养类项目

森林体验康养是指以良好的森林环境为基础，游人通过身体各种感官去感受和认知自然，回归自然的森林康养活动。体验康养通过让游人融于自然，感受自然，从而获得身心上的愉悦，维持人体身心健康。森林体验康养产品主要包括森林食品体验，如森林采摘、康养餐饮等；森林住宿体验，如森林康养木屋；森林休闲体验，如森林观光、森林浴、植物精气浴、负氧离子呼吸体验、森林冥想、森林药浴等。

森林体验康养产品主要从人的五感进行设计，包括视觉、听觉、触觉、嗅觉、味觉等方面进行，利用身体上的感觉来影响心境的变化，使人恢复并保持心情的愉悦，从而促进身体的健康。

视觉是人获得外界信息的主要渠道。森林植物常见的色彩有绿色、橙色、红色、蓝色、紫色、白色及各种混合色。绿色吸收阳光紫外线，减少太阳光对眼睛的刺激，缓解眼部疲劳；红色和橙色能增进人的食欲；紫色会使人心情舒畅；白色对缓解高血压患者病情有一定效果；暖色系有益于白内障、弱视等人群。通过了解不同植物的季相变化，结合不同康养环境，运用植物的色彩和形态来丰富康养基地的色彩情感，促进康养基地的康养效果（谢晨，2018）。

听觉对外界信息的接收仅次于视觉。听觉疗法主要是利用水声、风声、鸟声、雨声等声音营造让游人融于自然的环境，长时间在自然声音环绕的环境中，容易缓解游人疲劳和紧张的感觉。常见的听觉手法有借声、补声、掩声。借声是将自然界的风、雨、鸟、虫声等借到景观中，作为渲染整体环境气氛的一部分出现。补声是弥补因历史变迁、环境变化、季节变化等而消失的原有声音，丰富场地景观元素。掩声是为了营造良好的景观环境，而需要屏蔽一些杂音（彭晓，2012）。

触觉是最直接的感觉形式。触觉景观可以分为软质触觉景观和硬质触觉景观，游人通过触碰感受不同植物、铺装、设施以及水等，获得不同的触觉体验，从而达到愉悦身心的效果（李明洋，2012）。软质触觉景观包括水、植物、土壤等拥有自然特性的景观。在自然特定场所可以设置相应的设施供游人的触觉体验，如自然水源周边设置水疗设施；活动场地周边种植可触摸植物等。硬质触觉景观主要包括铺装、园林设施小品等。道路铺装应选择软质材料，如菠萝格木板等，且相同材质的道路不可过长，要富于变化。

味觉一般通过空间体验和饮食活动的结合来实现。康养基地中可设计一些特殊的区域进行森林食物的生产，通过森林康养食品的品尝，可以增加游人对森林的认识，对游人康养科普和森林保护都有一定的作用。

嗅觉通常与视觉、听觉、味觉相辅相成。嗅觉疗法主要是在特定场所，配置多种能散发植物气味的特殊植物，这些植物气味往往具有一定康养保健的功效。植物尽量选择具有芳香气味的植物类型，不但生理上具有保健效果，也能使游人产生好的心情。在节点设计时，可以根据不同主题选择不同类型的植物气味，使游人有多种嗅觉体验（胡欣等，2018）。

11.3.2.3　科普康养类项目

森林康养科普主要对游人宣传森林保护、森林康养以及森林养生等相关知识，从而可以让游人更好地实践康养的活动。森林康养科普主要康养内容有森林康养体验馆、森林养生文化馆、森林教育基地、森林野外课堂和森林康养宣传设施等。

森林康养科普产品设计主要包括科普场地和宣传设施的设置。科普场所最好接近和康养相关的自然环境，如森林野外课堂可以和森林采摘结合，在教授康养知识的同时，也能体验森林康养饮食。康养宣传设施主要设置在基地与康养相关的场地周边，保证设施功能完善的同时，选择合适的材料，使设施较好地融于环境。

11.3.2.4　医疗康养类项目

森林医疗康养主要是结合优质森林康养环境，辅以先进的医疗设备，对亚健康人群、患病人群以及老年人，开展康复医疗、养生保健等康养活动。森林医疗康养主要产品内容有森林疗养中心、森林康复中心、森林养生苑、森林颐养中心等。

森林医疗康养产品主要是靠医疗设备达到康养效果，但对周边环境的要求更高，包括植物环境、声环境、水环境。首先，地点的选择应尽量避免外界的干扰，场地相对独立。植物选择应避免易过敏、安全性低的植物，而应选择对人体有一定康养效果的类型。通过引入一定的自然之声，使康养人员更容易产生平静、快乐的心情。人对水具有天然的亲近感，通过水环境的打造，提高康养场所舒适的环境氛围。

11.3.3　森林康养产品设计中需要注意的问题

（1）合作精神、邻里关系

大部分森林康养基地，处于村庄及周边区域，大部分乡村相对落后，村民相对缺乏合作精神、法治意识和契约精神。个体竞争对森林康养的投资者和经营者而言都是巨大的压力。在民族地区，还有民族矛盾与信仰差异的问题。例如，西藏的松赞集团，创始人白玛先生深谙藏区的文化，"文化的差异与认同是松赞最大的优势"。森林康养与周边村民、邻里及地方各级官员的关系处理最为关键。

（2）基础设施、情怀的坑

森林康养一般位于郊外，环境好，但往往基础设施不能短时间接受高水平项目的要求，比如，交通、物流、网络等。康养设施缺乏必备的配套设施，舒适度和安全感不足。不能把情怀当产品卖，而忽略了产品的本质。情怀与现实差距较大，康养客群不会为经营者的情怀买单。

（3）设计建造、成本过高

看得见的成本：太多的森林康养基地都是非标准化施工的，有的选址地区较偏远，运送材料的运输成本非常高，从城里请到基地的人工费用也非常高。

看不见的成本：即便基地建设非常好，基地周边配套设施都没有，无处可以康养、游玩，游客无法消费，也会丧失很多游人。项目太少，这是一个康养基地的整体氛围问题。客源不稳定性、季节性影响，淡旺季明显始终是无法解决的问题。一般基地的旺季只有 4 个月，年均入住率不会超过 40%，不可能带来高回报。

（4）不接地气、连锁扩张

乡村互联网创业是国家鼓励大众创业的组成部分。然而，目前康养基地的发展尚不成熟，远未达到可以直接运用一、二线城市技术进行改造的阶段。若未充分规划好森林康养基地的发展路径就盲目扩张，是存在风险的。一家康养基地的成功，并不意味着其他家也能轻易复制。其发展受到诸多因素影响，如选址、产品、团队成长、市场容量、所在市场的区域性、消费习惯等。

11.4　森林康养基地的基础设施建设

森林康养基地的基础设施主要包括开展森林康养活动的场所和设施，主要分为综合服务、体验教育和医疗康养3个类别，以满足森林康养基地内开展休闲、健身、养生、养老、疗养、认知、体验等康养活动的要求。

11.4.1　综合服务设施

综合服务设施包括森林康养接待中心、服务点、住宿接待设施和餐饮娱乐购物设施等。综合服务设施布置应充分利用现有资源，使用环境友好型建筑材料，鼓励使用装配式建筑。

森林康养接待中心为康养人群提供与森林康养相关的咨询辅导、预约、展示、应急医疗等综合性服务，服务点应当提供咨询服务。

住宿接待设施和餐饮娱乐购物设施应根据森林康养基地的服务接待能力合理配置，实现共享。

11.4.1.1　管理服务设施

管理服务设施包括接待中心、服务点、管理用房、员工住宿、停车场、临时休憩设施等。管理服务设施应在交通便利、位置明显区域进行建设，方便基地维护管理。服务设施体量应根据康养人群容量、停车数量统筹安排进行建设。

（1）接待（服务）中心（含办公管理用房）

接待（服务）中心是森林康养基地的管理中心，功能应包括游客接待、咨询、集散、基地资源与环境保护管理、基础设施维护、行政办公和通信、邮电等便民配套服务。森林康养接待设施数量与布局应与接待能力相匹配，可设置森林康养接待中心和若干服务点。接待中心与服务点之间应具有统一的服务信息平台。

①位置　接待（服务）中心一般位于康养基地的综合服务区。地势开阔平坦，没有地质灾害，便于建设停车场等集散场所。便于接入水、电等基础配套设施的地区。森林康养接待中心规模与布局应与接待能力相匹配。参见《自然保护区生态旅游规划技术规程》（GB/T 20416—2006）。

②外观　接待（服务）中心建筑可独立设置，也可与其他建筑合设，但应拥有独立的单元和出入口。建筑外观（造型、色调、材质等）应突出地方特色，并与所在地域的自然和历史环境相协调。民族地区游客服务中心建设还应增加民族风情元素，反映民族文化内涵。

接待（服务）中心建筑应有醒目的标识和名称，建筑物附近200 m范围宜设置游客中心的引导路标。

建筑和设施设备应符合国家消防、安全、卫生、环境保护等有关法规和标准。

③内部分区　接待（服务）中心应包括服务区、办公区和附属区。其中：

服务区应包括咨询处、临时休息处、展示宣传栏和信息查询设备、书籍和纪念品展示处及公共厕所。服务区建筑面积不应少于游客中心建筑面积的60%。

办公区为工作人员办公、休息和资料储存提供相应的空间。办公区不对外开放，与服务区应相对分离，既有联系又互不干扰。

附属区应包括室外铺装、绿地、停车场和室外设施。

（2）停车场（集散区）

停车场（集散区）具有广阔的空间，平坦的地势，出入方便，便于看护和管理，最好能与接待（服务）中心结合建设。停车场总面积应根据康养基地容纳的人数确定，地面应硬化处理，道路平整干净。应配备车辆调度室、停车站台和发车线路牌。停车场内司机视线死角区的对面相应位置应设置反光镜。车辆进出口区应配备通行管理指示灯和限速标志。车辆进出口应设置门禁。宜按车辆车型分区，保证车辆行驶顺畅。可参考《城市旅游集散中心等级划分与评定》（GB/T 31381—2015）。

在《贵州省森林康养基地建设规范》（DB52/T 1198—2017）中提出应按照《旅游景区质量等级的划分 5 评定》（GB/T 17775—2003）中生态停车场建设执行。

在《贵州省康养基地规划技术规程》（DB52/T 1197—2017）中提出停车场应与环境相协调，采用生态式设计，一般宜在接待区。在森林康养基地主出入口、森林康养服务中心设置生态停车场，配套车辆维护与维修等服务功能。

在《森林康养基地建设基础设施（四川）》（DB51/T 2261—2016）中提出森林康养基地应建立专门停车场，宜采取生态停车场形式。

生态停车场是指周围有高绿化和高承载能力的停车场；是指在露天停车场应用透气、透水性铺装材料铺设地面，并间隔栽植一定量的乔木等绿化植物，形成绿荫覆盖，将停车空间与园林绿化空间相结合的停车场。

生态停车场特点：

上有大树：为车遮阴，降低车内温度，减少能源消耗，增加人的舒适感。

下能透水：让雨水回归地下，调节地面温度，减少排泄量，提升地下水位，兼作绿化灌溉。

绿树环抱：不仅吸尘减噪，提升景观品质，还能缓解炎炎夏日下的烦躁心情，提升环境质量。

交通通畅：布局、运转、流程合理，交通便捷，用地经济，符合停车各项规章制度。

设备优良：各种清洗、加油、检修、生活、休息设施齐全、技术先进、服务周到。

（3）临时休憩设施

供游客旅游康养过程作较大停歇，观景，临时躲避风雨，或者野餐的地方，应建设游憩亭（野餐亭），内设简单桌椅。

游憩亭（野餐亭）位置一般设于旅游康养路线上，位置相对较高的地方。样式一般以方亭、圆亭为主；材质应就地取材，常见休息亭多为木质、石质或者混合结构。

除了游憩亭（野餐亭）之外，还应设置一些临时座椅，这些临时座椅一般设置在康养路线上风景优美的地方，或是消耗体力较大的地段，主要用于游客的临时的休息，如爬坡之后的平台上等。临时座椅的样式可分为固定圆凳、靠椅、摇椅、带有小桌的长凳、靠椅等。材质就地取材，多以石、木、竹结构居多。

11.4.1.2 住宿餐饮设施

生态康养的核心是"康养"——康体养生、康复疗养，因此，这类人群对餐饮、住宿的要求也相对较高，大多希望能够真正找到"家"的感觉。这就要求生态康养基地必须高度重视食宿配套，否则，就留不住这类人群，进而无法发展生态康养产业。食宿设施实际上包括餐饮与住宿两类配套。餐饮配套就是指为康养人群提供食品、用餐及相关服务。住宿配套则指的是为康养人群提供居住、睡眠、休息的地方，这是任何人都离不开的基本条件。

由于生态环境良好、适宜康养的地区一般都远离大中城市，而生态康养人群主要来自大中城市，加之其客居时间往往较长，"远距离""长时间"的特点就决定了发展生态康养产业必须解决食宿配套问题。否则，便难以吸引康养人群聚集，发展生态康养产业也就无从谈起。从实践来看，随着康养业的发展，生态康养地区的服务也开始多元化、综合化，一些稍大一点的宾馆、饭店逐渐将住宿、餐饮、娱乐、购物等所有与康养相关的服务内容都有机地融合起来，形成康养服务综合体。例如，中国著名的康养胜地攀枝花市米易县，目前的食宿配套以商务酒店为主体。这些商务酒店虽然并不豪华，但除配置了一般的住宿设施外，电脑、餐饮、茶室等设施也一应俱全，让客人有"家"的感觉。而正在米易县建设的金郁金香酒店将是四星级酒店，它将法国文化与攀枝花本土特色进行融合，给客人带来独特的文化体验和享受。

生态康养食宿配套的基本要求是满足康养人群的吃与住，而其特殊要求则是满足康养客人的康与养。因此，生态康养人群一般希望居住的环境自然、舒适，吃的食品天然、健康，同时有康养设施和服务。进一步说，生态康养者收入的高低、居住时间的长短以及康复疗养需求的不同，都会影响生态康养产业食宿配套的要求。例如，翟媛(2013)通过对浙江省老年人发放乡村旅游要求的问卷调查发现，经济承受力高(每人每天可接受的费用大于150元)的老年人对"住宿设施达到城市住宿标准""能提供绿色、健康食品""有可口的农家餐饮""能享受惬意、自由的生活氛围"等8个方面更加重视，这8个方面是"享受型"乡村养老度假产品的典型特征。因此，生态康养地区应根据不同客户群来提供不同档次、不同类型的食宿配套。当然，对于那些发展专业化、特色化康养的地区，可以针对其主要客户群重点配备相应的餐饮、住宿、康养设施和服务。

基地住宿服务应根据康养人群的规模及淡旺季需求变化情况，确定宾馆、饭店、特色旅店的接待房间、床位数量及档次比例，应根据康养产业发展需要预留扩建条件。充分利用原有住宿设施，根据实际情况结合社区建设合理规划接待设施，避免过度开发。依据森林康养活动的内容、区内资源特色以及最适资源承载量等因子进行规划。

森林康养基地接待规模与环境容量相适应，康养住宿、餐饮设施数量与森林康养基地接待规模相适应，按20%~40%住宿率配备康养床位，按60%~80%餐饮率配备康养餐位。

(1)豪华享受型康养酒店

四星级以上的酒店，并且配置较高端的康养设施、有机食品及特色康养服务。其客户群是高端人群、重要会议的代表以及特定康养人群等。例如，可以配置网络中心、多功能影视厅、图书阅览室、高档健身房、室外多功能复合运动场、门球场、网球场、篮球场、巨星棋盘广场、量子检测仪、量子加能床、免疫发光检测仪、尿检测仪、足疗室、按摩室、美容室、太极养生堂、养生食府、室外田园生态餐厅、个性化营养餐餐厅、贵宾棋牌室、高端演艺大厅、乒乓球室、台球斯诺克室、舞蹈练功房、大中小型会议室、拓展培训中心、康乐会所、百草园、生态动物养殖园、健康环形跑道、个人和集体艺术创作室等。

建设标准应相对较高，内部设施应体现现代化，宾馆会议接待、餐饮娱乐一体化。一般用于接待具有一定关系的团体旅游观光者，如公司职员集体旅游康养等。样式应根据其所在位置大小，建设连体建筑，风格应尽可能体现当地特色。一般不提倡在康养基地内建设这类大型的宾馆。

（2）大众经济型康养酒店

三星级左右、商务连锁型的中档酒店，可配置大众化的康养设施和餐饮服务，其主要客户是中等收入的康养人群。例如，可以配置普通的健身室及一些简单的保健器械、普通餐厅或集体食堂、大众棋牌室、卡拉 OK 厅、足疗中心等。

（3）专业特色型康养酒店

针对有特殊康养要求的专业型酒店，例如，为针对中老年的一些慢性病的康养酒店配置相应的专业型健身器械、健康管理与咨询人员、营养师及定制化、个性化的药膳营养餐等。

（4）地方风情型康养酒店

具有浓郁地方特色、民族风情的康养酒店，例如，特色森林小木屋、蒙古包、吊脚楼、窑洞等，配套当地的特色养生美食、相应档次的健身器械以及足疗、按摩等康养服务。

（5）家庭功能型康养小旅馆

森林康养基地附近的农家、居民可开设家庭型康养小旅馆，如农家乐、乡村酒店等。这些功能型康养小旅馆一般只需配置普通客房等基本设施，融入浓郁乡土气息的养生元素，如踢毽子、跳皮筋、跳房、滚铁环、放风筝、抖空竹等健身运动，同时配套农家土菜、地方美食等。

此类设施具有较好的住宿条件，仅此而已，不具备其他功能。一般以接待家庭旅游为主，或者是中等消费水平的人群。样式应体现地方特色，或者家园特色，尽可能地淡化城市气息。

（6）自助型康养食宿设施

对于康养时间较长、个性化要求较高的康养人群，一是可以在康养酒店配置一些自助型生活设施，例如厨房及用具、洗衣机等；二是可以采取出租住房的方式提供自助型康养食宿设施，让康养人群过上居家式个性化康养生活。

在国外，适宜短期性生态康养的食宿设施除了普通酒店外，还包括野外宿营车（又称旅游拖车、移动式酒店）、营地帐篷等。

此外，餐饮配套除了在上述酒店、旅馆中融入药膳等养生美食及其服务外，还可以专门打造养生美食街、特色营养餐餐厅和药膳饭店，如韩国就有专门的高丽参鸡汤馆等，让康养人群能够多渠道、多形式、便捷地享受到养生佳肴。

11. 4. 1. 3 购物设施(商服)

康养基地内具有相对集中、便捷的购物设施。除常规的食物、衣物等商品外，售卖的商品应赋予地方特色，包括康养用品、户外防护用品，以及绿色健康食品、药品等。同时，各功能区可根据实际需要设立康养类有机绿色产品销售点、工艺品销售点、中草药销售点等。由于有一些康养人群外出康养时间较长，他们除了康养外，还要生活甚至还要工作。因此，生态康养地区的商贸配套既需要满足一般旅游者的购买要求(旅游品、应急性生活必需品等)，更需要满足康养人群特殊的购买要求(生活用品、办公用品、康养产品)。商贸配套实际上也可以看作是生态康养产业的"下游"，是生态康养的延伸，是实现附加价值的重要环节和手段。由于以康养为目的的人群，其居住时间较长，人均购买量一般超过普通旅游者，而且其购买的康养产品往往附加价值较高，这也就说明，商贸流通业是生态康养产业实现和发展经济效益的主要载体，从而决定了生态康养基地进行商贸配套具有重要的现实意义。

(1)旅游型商贸配套

旅游型商贸配套一般可以分为两类：一类是旅游品市场和商店。这里的旅游产品是广义的，包括当地的土特产品和工艺品。另一类是应急性生活必需品商店或者超市。

(2)康养型商贸配套

一是出售居家型日常生活品的市场或商店，甚至包括小型特色农贸市场，为自主生活型康养人群提供方便。二是办公用品商店和办公服务设施，如商务中心、会议中心、特色俱乐部、打印复印店等。虽然这些设施在绝大部分酒店中也会配置，但其往往较昂贵，不适宜长期康养者办公消费。因此，可以专门配置一些通用型的中低档办公用品商店和办公服务设施。三是出售康养产品的市场或商店，包括有当地特色的绿色食品、有机食品和各类康养用品。

(3)综合型商贸配套

一是综合型商业街、购物广场。二是专业化的特色商品市场，如土特产一条街、养生用品市场等。

11. 4. 2 医疗应急设施

应急医疗设施主要是应急医疗中心，旨在解决非危及生命的问题以及一些常规疾病，比如骨折、急性感染、外伤等。急救分为院前急救和院内急救。院前急救由急救通信设备、急救车辆、急救医疗设备、急救药品和相应的急救人员组成，能够单独完成院前急救任务。院内急救依托医疗机构急诊等相应科(室)进行专业救治。

鼓励与当地卫生医疗部门积极协调配合，充分利用基地周边现有医疗机构的医疗资源。急救中心、站依托条件较好的综合医院或具备条件的乡镇卫生院急诊科(室)设置。

一般来讲，急救中心一般由以下几部分构成。

①业务用房 具有一定面积的业务用房，房间布局合理，至少设有诊室、处置室、治疗室、抢救室、观察室(病房)、接警室等科室，每室独立。

②人员配备 应急中心负责人应由1名在急诊室工作至少半年、接受过急救专业知识培

训、取得主治医师以上职称或高年资医师(专业工作 10 年以上)担任。按医生∶护士 =
1∶2 比例配备医护人员,并配有护师或在急诊室工作 3 年以上的护士担任护士长。医疗人员必须有临床执业医师资格、护理人员必须有护士执业资格。

③设备与车辆 医疗设备配备有呼吸机、心电图机、除颤仪、洗胃机、吸痰器和气管切开包、静脉切开包、缝合包、胸穿包、腹穿包、腰穿包、导尿包、接生包等。急救车辆至少有 1 辆车况良好、装备齐全、运行正常的值班救护车,配有急救警灯、警报器。此外,应有停放救护车辆的专用场地和急救专用通道。

11.4.3 配套基础设施建设

森林康养首先需要良好的森林生态环境,但是,仅有良好的森林生态环境还不够,无法吸引以养生为目的的人群聚集。按照森林康养的相关理论,要聚集康养类人群,除了有良好的生态环境外,还必须有良好的医疗配套、食宿配套、交通配套、商贸配套、通信配套以及文化配套,并使之有机地融入康养产业,促进整个康养产业系统、协调、互动发展。

这里配套基础设施主要包括森林康养基地的道路、环卫、通信、供电、给排水、供热、燃气、广播电视等设施规划。

11.4.3.1 交通配套

交通是任何区域、任何产业发展的基础。正因为如此,交通设施也成为一切发展的重要基础设施之一。民间广泛流传的"要致富,先修路"的说法也充分说明了交通的基础性、重要性。显然,交通越好,康养人群进入就越方便,对康养人群的吸引力、聚集力就越强,生态康养产业的发展就越快。

森林康养基地的交通是康养人群进出森林康养基地和流动的通道。交通配套一般分为区域之间交通配套和区域内部交通配套两类。前者解决可进入性,后者则解决可流动性、可康养性。因此,可以分别从这两种类型出发,研究发展康养基地的交通配套问题。

(1)区域进出境交通配套

一个地区的进出境通道一般可以分为陆路、航空、水路 3 类。

①陆路交通 主要指公路和铁路。公路可以供汽车、摩托车、自行车等交通工具使用,铁路则供火车使用。不论是公路还是铁路都有等级之分,普通等级的公路、铁路只能供车辆以普通的速度通行,而高等级的公路、铁路则能够供车辆以高速的方式通行。一个地区具体修建什么等级的公路和铁路主要依据该地区在一定时期内可能进入人群量的多少、客源地的远近以及投资成本的承受能力而决定。若某地区周边的大城市较多、距离较近,进出人群的数量多,则可以考虑修建普通公路、摩托车、自行车道。而若某地区距离大城市较远,预计进出人群的数量多且能够承受较高的投资成本,则可以考虑修建高速公路甚至高速铁路、地铁。例如,四川的成—青(青城山)、成—绵—乐高铁的修建和雅(雅安)—西(西昌)高速公路的通车就分别为青城山、峨眉山、攀枝花市发展生态康养旅游产业提供了较好的交通配套条件。

②航空 一些地区远离大城市,但是其康养旅游条件极佳,对人流的吸引力和聚集力极

强，就很适合修建机场，采取航空运输。例如，九寨沟、黄龙等世界知名旅游景区，通过修建九黄机场，大大改善了进出的交通条件，为九寨沟、黄龙景区的康养旅游创造了较好的条件。

③水路交通　一些地区具有良好的航道资源，可以发展水路运输。例如，长江流域及其一些重要支流附近的许多地区可以通过航道整治和升级改造，改善水运条件，使之成为生态康养人群的水上大通道。

进出境交通配套除了从无到有，新建各类交通设施外，也包括某个地区的康养产业发展到更高阶段后对原有交通设施的改造升级和网络完善优化，以便提升其通行能力、通行速度及其便捷性，为进一步提升康养产业的规模和层次创造条件。这方面的例子很多，例如，九寨沟、黄龙景区发展到较高阶段后才修建了九黄机场；青城山、峨眉山的旅游业通过较长时期发展后，才修建了成—青(青城山)、成—绵—乐高铁，均进一步优化完善了交通体系，改善了交通条件。同时，对于距离客源地较远的生态康养地区来说，还应该注意长途运输交通干道的绿化植被和景观美化，使乘客和司机康养从起程开始、一路保持心情愉悦。

(2)区域内部交通配套

一个森林康养区内部的交通配套情况比较复杂，要根据该康养基地发展的规模、层次来规划设计。

以公共交通为主的配套：地理范围宽、康养人流大的康养基地，适合提供以电动公交观光车甚至地铁等公共交通为主的配套。

以人力运输为主的配套：对于地理范围窄、康养人流小的康养基地，适合提供以三轮车、自行车、步行绿道乃至索桥等人力运输为主的交通配套。

有河流、湖泊的生态康养地区可以视情况配备船只，作为康养基地内的交通游览工具。

11.4.3.2　供电与能源使用规划

(1)供电与能源使用规划原则

康养基地内管理机构、康养区、科教游憩区域等可根据实际条件设置供电设施，靠近城镇的应连接公用电网。同时，鼓励康养基地积极利用沼气及小型的太阳能、风能等清洁能源。

电力与能源建设应与道路交通、绿化、供水、排水、供热、燃气、通信等规划相协调，统筹安排，空间共享，妥善处理相互间影响和矛盾。

供电工程规划的内容包括：

①供电电源选择。

②用电量指标测算，包括总用电负荷、最大用电负荷、分区负荷密度。

③电网布设，包括输配电系统电压等级、布设方式。

④供电设施布设，包括变电站位置、变电等级、容量，配电室建设等。

(2)供电电源选择

供电电源可分为发电厂和接收域外电力系统电能的电源变电站。应综合研究所在地区的能源资源状况、环境条件和可开发利用条件，进行统筹规划，经济合理地确定供电电源。以系统受电或以水电供电为主的区域，应规划建设适当容量的本地发电厂，以保证用电安全及调峰的需要。在有足够可再生资源的地区，可规划建设可再生能源电厂。

（3）用电量指标测算

用电负荷：规划片区内，所有用电户在某一时刻实际耗用的有功功率的总和。

电力负荷预测方法：人均用电指标法、横向比较法、电力弹性系数法、回归分析法、增长率法、单位建设用电负荷密度法、单耗法等。

（4）电力线路布设

应根据地形、地貌特点和道路网规划，沿道路、河渠、绿化带架设，路径应短捷、顺直，减少同道路、河流、铁路等的交叉，并应避免跨越建筑物；森林康养基地的高压线路架设既要考虑不破坏基地的自然景观，要求尽力隐蔽，同时又要使供电安全经济。采用架空线路与地下电缆相结合，在地形复杂、施工及交通运输不便并影响景观地段，为不影响景观环境气氛，供电线路均应设地下电缆。

（5）供电设施布设

变电站是指电力系统中对电压和电流进行变换、接收电能及分配电能的场所。变电站规划选址应选择良好地质条件的地段，应靠近负荷中心，应便于进出，应方便交通运输，应减少对军事设施、通信设施、飞机场、领（导）航台、国家重点风景名胜区等设施的影响，应避开易燃、易爆危险源和大气严重污染区及严重盐雾区。

配电室是指安装有分配多路低压负荷开关的房间，主要为低压用户配送电能，设有中压配电进出线（可有少量出线）、配电变压器和低压配电装置，带有低压负荷的户内配电场所。规划新建公用配电室的位置，应接近负荷中心。公用配电室宜按"小容量、多布点"原则规划设置。在负荷密度较高的市中心地区，住宅小区、高层楼群、旅游网点和对市容有特殊要求的街区及分散的大用电户，规划新建的配电室宜采用户内型结构。

11.4.3.3　给排水规划

森林康养基地给水排水规划，应包括现状分析，给排水量预测，水源地选择与配套设施，给排水系统组织，污染源预测及污水处理措施等。

（1）给水规划

森林康养基地给水规划应根据其总体规划中接待区、康养区等分区确定给水方案，为给水工程设计提供指导原则及基础资料。

①给水水源　给水源选择前，必须进行水资源的勘查。宜采用多水源供水。

用地下水作为供水水源时，应有确切的水文地质资料，取水量必须小于允许开采量，严禁盲目开采。地下水开采后，不引起水位持续下降、水质恶化及地面沉降。

对高山水资源缺乏区，可因地制宜建设蓄积雨雪水的高山蓄水库，利用地形修建高位水池。

②设计供水量　在《室外给水设计规范》（GB 50013—2006）中，室外用水主要包括如下几类：

a. 综合生活用水（包括居民生活用水和公共建筑用水）；

b. 工业企业用水；

c. 浇洒道路和绿地用水；

d. 管网漏损水量；

e. 未预见用水；

f. 消防用水。

在森林康养基地的用水，除了上述中的工业企业用水外，其他类型都有涉及，可参照《室外给水设计规范》（GB 50013—2006）进行水量估算。

③给水管网布置　输水管（渠）线路的选择，应根据下列要求确定：

a. 尽量缩短管线的长度；

b. 尽量避开不良地质构造（地质断层、滑坡等）处，尽量沿现有或规划道路敷设；

c. 减少拆迁，少占良田，少毁植被，保护环境；

d. 施工、维护方便，节省造价，运行安全可靠。

地下管道的埋设深度，应根据冰冻情况、外部荷载、管材性能、抗浮要求及与其他管道交叉等因素确定。露天管道应有调节管道伸缩设施，并设置保证管道整体稳定的措施，还应根据需要采取防冻保温措施。

④泵房及相关设施　泵房及相关设施位于水质较好的地带；靠近主流，有足够的水深，有稳定的河床及岸边，有良好的工程地质条件；尽可能不受泥沙、漂浮物、冰凌、冰絮等影响；不妨碍航运和排洪，并符合河道、湖泊、水库整治规划的要求；尽量靠近主要用水地区。

（2）排水规划

康养基地排水规划主要是排放生活污水及天然降水两大体系，其主要任务是估算各规划期雨水污水的排放量，拟定污水、雨水排放方式，布置排水管网，研究污水处理方法及其设施的选择，并研究污水综合利用的可能性。

排水体制一般采用雨水污水分流制，散水、蓄水并重，综合安排。生活污水以散为主，借地势及管道分散排水，降水以蓄为主，因地制宜加以利用。

①污水量估算　居民生活污水定额和综合生活污水定额应根据当地用水定额，结合建筑内部给排水设施水平确定，可按当地相关用水定额的 80%~90% 采用。

②排水管渠系统　管渠平面位置和高程，应根据地形、土质、地下水位、道路情况、原有的和规划的地下设施、施工条件以及养护管理方便等因素综合考虑确定。

排水干管应布置在排水区域内地势较低或便于雨污水汇集的地带。排水管宜沿城镇道路敷设，并与道路中心线平行，宜设在快车道以外。管渠高程设计除考虑地形坡度外，还应考虑与其他地下设施的关系以及接户管的连接方便。

排水管渠断面尺寸应按远期规划的最高日最高时设计流量设计，按现状水量复核，并考虑城镇远景发展的需要。

管渠材质、管渠构造、管渠基础、管道接口，应根据排水水质、水温、冰冻情况、断面尺寸、管内外所受压力、土质、地下水位、地下水侵蚀性、施工条件及对养护工具的适应性等因素进行选择与设计。

11.4.3.4　通信工程规划

在信息化时代，通信已成为人们生活工作不可缺少的内容。而康养人群涉及面宽、结构复杂。其中，不少长期外出的康养者既要工作，还要以发微信、视频互动等多种方式向亲朋报平安、分享快乐，有的甚至还要理财炒股。因此，他们对于通信的要求较高。这就决定了良好的通信配套是聚集康养人群、发展康养产业十分重要的条件。

通信设施建设结合森林康养基地通信实况和发展趋势，确定规划期内森林康养基地通信的发展目标；合理确定邮政、电信、广播、电视等各种通信设施的规模、容量；科学布局各类通信设施和通信线路；制定通信设施综合利用对策与措施，以及通信设施的保护措施。

具体包括 4 个部分。一是邮政设施规划：快递；二是电话系统规划：有线电话；三是移动通信规划：无线信号塔，卫星电话；四是广播电视设施规划：主要是网络。

（1）基础性通信设施

任何区域都应该有保障基本通信要求的设施，这首先就要求有良好的通信网络的覆盖。同时，要保障基本的通信服务，如保障电视机、固定电话、移动电话能正常使用和上网流畅、语音清晰、Wi-Fi 覆盖等。

（2）增值型通信设施

由于外出康养时间较长的人群有的需要办公，有的需要与亲朋畅谈、交友，有的需要医疗，还有的需要理财等。这就要求生态康养地区必须牢牢把握"互联网+"和"智慧康养"等信息化、网络化大趋势，配套高质量的增值性通信设施，让康养者能享受到优质的远程医疗服务、远程康复训练、远程情感陪护和其他文化精神需求等。如宽带上网服务，条件允许的地区还应该安装大容量的光纤，以便保障网络速度；可视电话，以方便康养人群与家人进行生动交流；开电话会议或者电视会议的设施；3D 或 4D 眼镜，采用虚拟现实技术，用于交友和恋爱，以便快乐地打发时间；网上医疗设施，以便突发重病者能够及时接收专家级远程诊断和医疗。

11.4.3.5　环卫设施

森林康养基地的环境卫生设施主要包括厕所和垃圾桶的设置。

（1）厕所设置

参照《旅游厕所质量等级的划分与评定》（GB/T 18973—2003）中的有关规定，采用星级表示旅游厕所的等级。厕所应设置在人流较多的康养步道沿线、接待（服务）中心等公共活动场所附近，应尽量避开旅游景点；便于管理和维护。厕所的数量可根据访客的数量和需求情况确定。

从厕所的外观及外部环境方面应考虑：

①外观　新颖美观，有特点，与周边环境和建筑相协调。

②造型　根据建设地点及周边环境选择厕所主体造型，形成独特景观。

③色调　根据周边环境、厕所建筑主体及建筑形式设定色彩。

④厕所大门　厕所大门采用感应式自动门，男女厕所大门采用内外开式大门，与厕所建

筑风格一致，设有防蝇风帘。

⑤材料　防风化、防腐蚀、无污染高档建筑材料。

⑥环境绿化美化　户外旅游厕所周边需要有绿地、花坛，建筑物内所设厕所应在厕所周边摆放盆景，盆花或其他装饰品。

生态厕所(bio-toilet)是环保厕所中的一类，是指具有不对环境造成污染，并且能充分利用各种资源，强调污染物自净和资源循环利用概念和功能的一类厕所。

(2)垃圾桶设置

垃圾桶设置的基本原则：

一是要容易投放垃圾，让人们在公共环境中方便使用，为了方便投放垃圾，垃圾箱投放口的开放方向一般有朝上、侧向和斜向。

二是容易清除垃圾，清洁工人每天会对垃圾桶进行多次清洁，因此公共场所垃圾桶的设计要方便清洁工人清除垃圾，垃圾箱内要避免有死角。

三是防雨防晒，户外垃圾桶多放置在公共环境、露天场所，需要防止食物等垃圾被日晒雨淋后变质发臭，流出污水、招引苍蝇蚊虫，影响环境。

四是造型与环境的协调，公共垃圾桶的造型包括形态、色彩、材质等，与整体环境相互协调是必须考虑的，同时注意选材的耐用性。

11.5　森林康养基地服务能力建设

11.5.1　森林康养服务团队建设

森林康养服务团队是开展康养服务的重要组成部分，建设由专业森林康养服务人员组成的团队，明确服务人员的类型、数量，保证其服务能力可以满足基地内森林康养项目的开展。团队组建是指聚集具有不同需要、背景和专业的个人，把他们变成一个整体、有效的工作单元的一个过程。各团队需要多少人？根据康养基地规模，尤其是不同康养类型容纳人的规模确定。

森林康养服务团队主要包括以下几种：

①森林康养/森林疗养团队。

②自然教育团队。

③养生保健团队。

④户外拓展/户外教育教练团队。

⑤森林食品团队等。

11.5.1.1　森林康养/森林疗养团队

森林康养团队主要是指为康养人群提供森林康养服务的专业人员。不同的地区有不同的称呼。湖南省地方标准《森林康养基地建设与管理规范》(DB43/T 1494—2018)中森林康养指导员(forest wellness trainer)是指从事森林康养服务，具备森林康养服务的专业知识和技能，能制定森林康养方案和能为森林康养参与人提供专业指导的从业人员。

四川省地方标准《森林康养基地建设　基础设施》（DB51/T 2261—2016）中森林康养师（forest health care therapist）是指拥有林学、医学、心理学、养生学、运动学、老年学及健康管理等综合知识体系，为广大受众传递森林康养知识、提供森林康养服务的专业人员。

也有人称为森林疗养师：是具有一定身心健康与森林疗养方面的专业知识和技能，利用森林资源进行身心健康管理的专业人员。受过专业训练的人员针对特定对象的需求，提出具体的目标，运用特定的森林场地和设施进行活动，评估效果，以促进人的身体、心灵健康。

森林康养团队成员需要经过专业的培训，目前在国家层面有专门的教学、考核和认定组织体系，很多省份是森林康养产业协会在组织运作。通过培训，使学员达到《森林康养师素养评价标准》要求，经考核、申报，获得全国职业信用评价网、全国职业技能测评鉴定中心颁发的《森林康养师》（中级）职业技能证书。

森林康养师培训分理论和实训两个阶段教学，开设基础理论、技术疗法、方案设计与实践三大模块，14 门理论课和 1 门实训课，共 50 学时。

11.5.1.2　自然教育团队

自然教育团队是指以森林环境为依托，开展自然科普教育活动的人员，也有多种称谓。

森林向导及讲解服务师：森林解说员不仅是一般意义上的"导游"，更是生态文明教育的积极传承者和践行者，通过特定的解说服务，充分发挥森林社会服务功能，不断传承和丰富森林文化的内涵，自然教育形式能够培养人的综合性思维和创造性思维，传播生态文明和森林文化的先进理念。

自然体验师，是一种概念性社会职业。他（她）们通过环境教育活动，普及自然生态知识、理念；倡导公众增强环境意识，提升行动意愿和能力，选择绿色生活方式的传播者；同时从事自然教育课程开发、培训或专题课程指导等工作的志愿者。

11.5.1.3　养生保健团队

随着生活质量的提高，维持健康平衡的肌体成为人们追求的目标。与养生保健有关的从业人员也有多种称谓，如运动健身营养师、中医健康管理顾问或称中医养生保健师。

运动健身营养师可根据运动人群的性别、年龄、体质和身体能量状态来制定科学、个性的膳食营养方案，达到提升人群体质的目的。

中医健康管理顾问是掌握中医药学基础知识，将中医药基础知识与生命发展规律有机结合，身体力行服务受众，助其预防疾病、减轻病灶、健康长寿的中医养生保健专业人才。

养生保健师是指利用传统养生理论和养生保健方法，对个体或群体的体质情况进行检测、分析、评估、调理、指导，通过学、练、检、调、养等综合性、针对性的调养措施，制定个性化养生保健方案，实现机体平衡协调，以促进健康、延长寿命的专业养生保健从业人员。

11.5.1.4　户外拓展/户外教育教练团队

户外拓展训练具有开放性、共享性、补充性和愉悦性等特点。户外拓展训练更注重对心理层面的磨炼与挑战，通过训练，挖掘团队潜力。拓展培训师（体验式拓展培训师），是指掌握拓展培训的基本方法和技能，熟悉拓展培训中的安全操作规程，能够保证拓展培训项目正常运营和管理的专业培训人员。体验式拓展培训师在拓展培训中主要负责拓展培训的策划、组织和管理，负责带领学员进行拓展项目的体验、分享和总结点评。

国家人力资源和社会保障部教育培训中心联合相关部门按照国家相关标准，结合中国人力资源培训、体验式训练、拓展培训、户外运动、青少年素质教育和体育产业现状及未来发展趋势，在经多方权威专家认证的基础上建立《拓展培训师》岗位能力培训，以推动拓展培训行业和中国素质教育事业的健康发展。

拓展培训师岗位能力培训项目是在人力资源和社会保障部教育培训中心指导下，国家体育总局、教育部、文化和旅游部、团中央、全国总工会等相关部门支持下，在全国范围内组织实施的岗位能力考核。

11.5.1.5 森林食品团队

森林食品是指以森林生态环境下生长的植物、微生物及动物为原料生产加工的各类食品。

森林食品应具备以下条件：

①在产品范围上，森林食品是以森林环境为前提，对象是可食用林产品。

②在产地环境上，森林食品来自山野，产于森林。

③在技术规程上，森林食品生产以森林生态系统的能量和营养循环为理论，不使用化肥、农药及除草剂。

④在产品质量上，森林食品达到国际标准和国内先进标准的质量安全要求。

中国森林食品认证(CFFC)是中国林业生态发展促进会依据民政部核准的业务范围开展的一项认证工作。通过对森林产品的认证和在林产品上加载标识的方式促进森林的可持续经营。带有中国森林食品认证(CFFC)的声明和/或标识的产品，向客户传递产品的原料源自可持续经营的森林。

11.5.2 森林康养培训体系

(1)培训的含义及构成

培训是指组织为了实现战略目标，为了转变工作态度、提高工作绩效或更新知识、技能，改进工作方法而进行的有计划、有组织的培养训练行为。

一个完整的培训体系主要包括四大部分：讲师、学员、课程和培训制度。

讲师是载体，是培训体系中的一个执行者，扮演课程演绎的角色。讲师水平的高低决定了培训质量的好坏，培训讲师来源基本上有两种途径：一是外部聘请；二是企业内部讲师。

学员是客体，主要是接受培训的内容。

课程是灵魂，包括课程设计、课件的制作、讲义编写、课程的审核评估。培训课程设置是建立在培训需求分析基础之上，根据培训课程的普及型、基础型和提高型将培训课程分为员工入职培训课程、固定课程和动态课程三类。员工入职培训课程设置较为简单，属普及性培训、固定培训课程是基础性培训，是从事各类各级岗位需掌握的应知应会知识和技能，固定培训课程设置是培训工作中工作量最大的工作。动态培训课程是根据科技、管理等发展动态，结合组织发展目标和竞争战略作出培训分析，这类培训是保证员工能力的提升，为组织的发展提供人才支持。

制度是基础，包括培训目标、管理办法、培训计划、相关表单、工作流程、培训评估办法及内部讲师制度。

（2）森林康养基地的培训对象与内容

从平台、基地、团队、产品上建立完整的森林康养培训体系，对相关康养服务人员进行定期的技术培训和知识更新。

对康养服务人员的培训，应主要侧重于业务能力的培训，包括专业知识和专业技能培训，也包括专业设备的使用等。此外还应有服务礼仪、规章制度方面的培训，包括有关法律法规的培训，相关规章制度的培训，基地的管理制度、工作规范等。

培训的内容可以包括森林康养认识、森林五感体验培训、养生方法培训、互动活动实训、人与森林融合培训、安全教育、健康产品培训、医疗食疗培训等方面的内容。

（3）培训的形式

①参加专业短期培训班　对于已在森林康养基地服务的从业人员，可以到基地外有关专业领域组织的各类培训班进行短期培训，掌握新知识、新技能等。

②基地内部培训　主要是为适应基地的服务需要，基地内组织有关服务人员开展的培训学习。

③自学考证　主要还是通过自学有关专业知识，参加社会有关认证部门的考试，以获得专业技术资格。比如森林康养师、拓展培训师等。

11.5.3　运营推广体系

在《森林康养基地　总体规划导则》（LY/T 2935—2018）中提出，森林康养基地应根据森林康养消费人群的显性和隐性需求，建立高效营销团队，使基地与消费者、分销商、网络机构等形成稳定的运营推广体系。

（1）运营和推广的概念

运营就是对经营过程的计划、组织、实施和控制，是与产品生产和服务创造密切相关的各项管理工作的总称。从另一个角度来讲，运营管理也可以指为对生产和提供公司主要的产品和服务的系统进行设计、运行、评价和改进的管理工作。

（营销）推广指在以等价交换为特征的市场推销的交易活动中，工商业组织以各种手段向顾客宣传产品，以激发他们的购买欲望和行为，扩大产品销售量的一种经营活动。

（2）运营推广过程

运营推广过程包括明确目标、明确用户、选择渠道、制作内容、数据监测、调整优化等过程。

①明确目标　是指明确产品类型、优势及特点，产品核心目标越准确就越利于产品推广。

②定位目标客户　要知道顾客是谁，要把顾客分类。找顾客的需求点、定位产品的卖点。

③选择合适的推广渠道和方式　在互联网发展至今，涌现出的推广渠道是数不胜数的，选择的渠道会决定传播的效果。推广渠道主要包括：线上推广、户外推广和媒体推广。

线上推广渠道很多，包括搜索渠道、导航广告、微博、公众号等。

户外推广也可以有多种形式，在多个地点进行，比如候车厅广告牌、霓虹灯广告牌、宣传海报等。

媒体推广形式也很多，比如电视广告、报纸广告、电台广告、杂志广告等。

④制作内容　按传播内容划分，可分为：介绍性广告、提示性广告、说服性广告、比较性广告。

介绍性广告：是指直接介绍商品、服务内容的传统形式的广告。

提示性广告：指加强消费者对已有购买和使用习惯的商品的了解和印象，提示他们不要忘记这个商品的商标、品牌及特色，刺激重复购买，巩固原有市场占有率。它是配合产品的生命周期进入成熟期和衰退期而实施的广告目标。

说服性广告：是以说服为目标的广告，也是竞争性广告。企业从消费者的切身利益出发，告诉消费者该品牌商品优于其他品牌商品的独到之处，改变消费者的看法，形成消费者对本企业的产品或服务的特殊偏爱，从而判定选择本企业的产品或服务。

比较性广告：有时也称为对比广告、竞争广告。比较广告的基本含义是广告主通过广告形式将自己的公司、产品或者服务与同业竞争者的公司、产品或者服务进行全面或者某一方面比较的广告。

⑤数据监测　在推广前，需要对用户的各种数据有详尽的记录。对这些数据应可区分、可追踪、可记录。

⑥调整优化　在拿到数据报表之后，分析用户主要来自哪个渠道，哪个渠道的用户质量比较高，接下来需要做的事情就是对这些渠道进行优化。

本章小结

本章主要讲述了森林康养基地的建设中，对森林康养资源的评价技术与方法，森林康养基地的康养资源应该达到的基本标准，同时也介绍了森林康养基地建设中的总体布局与功能区划技术方法，提出了森林康养产品或者项目的类型、设计原则及应注意的问题。介绍了森林康养基地的基础设施建设需求，基础设施的类型、用途、建设原则以及交通、通信、水、电等基本配套设施的建设情况。最后，介绍了森林康养服务能力建设的内容，主要包括康养服务团队的建设，培训体系以及运营推广等方面的内容。

思考题

1. 森林康养基地在选址上需要具备哪些条件？
2. 森林康养基地中常见的森林康养项目类型有哪些？

推荐阅读书目

1.《森林康养基地总体规划导则》(LY/T 2935—2018)

2.《中国森林认证 自然保护地森林康养》(LY/T 3245—2020)

3.《国家级森林康养基地标准》(TLYCY 012—2020)

4.《国家级森林康养基地认定实施规则》(TLYCY 013—2020)

参考文献

柏方敏，李锡泉，2016. 对湖南发展森林康养产业的思考[J]. 湖南林业科技，43(3)：109-113.

蔡登谷，2011. 森林文化与生态文明[M]. 北京：中国林业出版社.

曹净植，伍海泉，2020. 社会共生视角下的森林康养[J]. 林业经济，42(9)：43-52.

陈会良，顾有方，王月雷，2006. 中草药化学成分与抗氧化活性的研究进展[J]. 中国中医药科技(1)：26-28.

陈笳鸿，2008. 我国树木提取物开发利用现状与展望[J]. 林产化学与工业(3)：113-116.

陈葩，陈孝强，2020. 森林浴对康复疗养员睡眠质量的影响[J]. 中国疗养医学，29(7)：717-719.

程静琦，王佼，乌恩，2018. 森林康养产品体系规划设计方法研究——以湖南省天鹅山森林康养试点示范基地为例[J]. 林业与生态科学，33(4)：453-458.

程通，2021. 基于服务设计理念的中端酒店智能洗衣服务系统设计研究[D]. 南京：华东理工大学.

戴琦，2020. 中医药文化在森林康养中的应用研究——以涟源龙山康养基地设计为例[D]. 长沙：中南林业科技大学.

邓三龙，2016. 森林康养的理论研究与实践[J]. 世界林业研究，29(6)：1-6.

丁熊，周文杰，刘珊，2021. 服务设计中旅程可视化工具的辨析与研究[J]. 装饰(3)：4.

杜丽君，2000. 森林自然疗养因子在疗养医学中的应用[J]. 中国疗养医学，9(4)：11-13.

杜晓，2006. 落叶松原花色素的分级及精细化利用研究[D]. 成都：四川大学.

冯敏，胡平，姚俊，2017. 1例高龄阿尔茨海默病患者综合能力训练联合香薰抚触的护理体会[J]. 当代护士(上旬刊)(5)：147-148.

高岩，2005. 北京市绿化树木挥发性有机物释放动态及其对人体健康的影响[D]. 北京：北京林业大学.

龚梦柯，吴建平，南海龙，2017. 森林环境对人体健康影响的实证研究[J]. 北京林业大学学报(社会科学版)，16(4)：44-51.

龚宁，黄望华，2019. 绍兴市森林康养产业发展现状及对策研究[J]. 华东森林经理，34(1)：29-31.

龚盛昭，2002. 天然活性化妆品的概况和发展前景[J]. 香料香精化妆品(4)：16-19.

关天旺，刘嘉煜，2015. 柠檬烯的防腐作用及抑菌机理研究进展[J]. 保鲜与加工(6)：83-87.

郭伟，申屠雅瑾，郑述强，等，2010. 城市绿地滞尘作用机理和规律的研究进展［J］. 生态环境学报，19（6）：1465-1470.

郭悦楠，2019. 信息获取对农户亲环境行为的影响研究［D］. 咸阳：西北农林科技大学.

哈霜，2017. 大学生输液转诊的服务设计研究［D］. 广州：广东工业大学.

韩冰冰，冷红，2022. 寒地社区绿色空间对老年人主观幸福感影响研究——以长春市为例［J］. 风景园林，29（1）：115-121.

韩旭，高洁，韩冰冰，等，2014. 中药薏米现代临床研究进展［J］. 陕西中医，35（9）：1270-1271.

郝秀乔，冯蕾，宋博宁，等，2019. 芳香疗法对淋巴瘤患者焦虑抑郁的干预效果［J］. 临床医药文献电子杂志，6（41）：2.

何平，常顺利，张毓涛，等，2015. 新疆森林游憩区空气负离子浓度时空分布特征及其影响因素［J］. 资源科学，37（3）：629-635.

胡飞，李顽强，2019. 定义"服务设计"［J］. 包装工程，40（10）：37-51.

胡金连，2015. "90后"大学生亲社会行为研究［D］. 昆明：云南大学.

胡书云，韩冰，王金玲，2019. 中药汤剂在治疗高血脂症中的应用效果评估［J］. 四川中医（6）：219-221.

胡欣，王文婷，张彩霞，等，2018. 浅析大学校园水景空间的五感设计研究——以福建农林大学观音湖景观为例［J］. 中国园艺文摘，34（3）：128-133，238.

黄雪丽，张蕾，2019. 森林康养：缘起、机遇和挑战［J］. 北京林业大学学报（社会科学版），18（3）：91-96.

黄洋，卢海霞，刘颖，等，2020. 国家森林康养基地空间分布特征及影响因素［J］. 内江师范学院学报，35（10）：114-119.

黄云鹏，等，2014. 森林文化［M］. 北京：中国林业出版社.

霍锋，张渝皎，培贵，等，2008. 银杏的化学成分及生物活性研究进展［J］. 四川林业科技（29）：17-20.

冀慧萍，2019. 我国发展森林康养产业的探究［J］. 经济研究导刊（19）：38-40.

蒋冬月，李永红，2011. 植物挥发性有机物的研究进展［J］. 黑龙江农业科学（11）：143-149.

蒋泓峰，2018. 森林康养［M］. 北京：中国林业出版社.

金琪，严婧，杨志彪，等，2015. 湖北春季大气负氧离子浓度分布特征及与环境因子的关系［J］. 气象科技，43（4）：728-733.

赖家玲，付文垚，何欣，等，2016. 香菜挥发油体外抑制 Saos-2 细胞生长与迁移［J］. 中国现代医学杂志（5）：17-21.

雷海清，支英豪，张冰，等，2020. 森林康养对老年高血压患者血压及相关因素的影响［J］. 西部林业科学，49（1）：46-52.

雷巍娥，2016. 森林康养概论［M］. 北京：中国林业出版社.

雷巍娥，2018. 森林康养实务[M]. 北京：中国林业出版社.

黎云昆，2018. 森林食品：来自大自然的馈赠[J]. 中国林业产业(10)：61-65.

李晨，刘珊，楚梦天，等，2022. 短期森林疗养活动对年轻健康个体部分身心健康指标的影响[J]. 环境与职业医学，39(1)：4-9.

李春阳，2006. 葡萄籽中原花青素的提取纯化及其结构和功能研究[D]. 无锡：江南大学.

李洪远，王芳，熊善高，等，2015. 植物挥发性有机物的作用与释放影响因素研究进展[J]. 安全与环境学报，15(2)：292-296.

李后墙，1996. 非线性系统、人地协同论与系统辩证论[J]. 世界科技研究与发展，18(5)：36-40.

李后墙，艾南山，1996. 人地协同论——兼论人地系统的若干非线性问题[J]. 地理科学进展，11(2)：178-184.

李后墙，艾南山，汪富强，等，1998. 人地协同论：可持续发展模型构建的基础[J]. 中国人口资源与环境，8(3)：48-53.

李慧，李春义，南海龙，2017. 森林疗养[J]. 风景园林(5)：44-51.

李江婧，贾黎明，肖随丽，2010. 基于视觉美感的森林景观设计——以五台山森林公园为例[A]// 中国林学会. 第九届中国林业青年学术年会论文摘要集[C]. 成都：中国林学会第九届中国林业青年学术年会.

李京晶，籍保平，周峰，等，2006. 丁香和肉桂挥发油的提取、主要成分测定及其抗菌活性研究[J]. 食品科学(8)：64-68.

李梦，2010. 保护森林生态环境促进森林食品产业可持续发展[J]. 商品与质量(51)：18-19.

李卿，2013. 森林医学[M]. 北京：科学出版社.

李卿，贺媛，2011. 森林浴对健康的影响[J]. 中华健康管理学杂志，5(4)：116-117.

李瑞华，2020. 大学生自然联结对亲环境行为的影响[D]. 太原：山西大学.

李树华，2020. 绿色康养[J]. 西北大学学报(自然科学版)，50(6)：851.

李一茗，黎坚，伍芳辉，2018. 自然联结的概念、功能与促进[J]. 心理发展与交易(1)：120-127.

李照红，唐凡茗，2020. 健康中国背景下森林康养旅游研究态势[J]. 合作经济与科技(20)：21-23.

李志强，2014. 浅谈森林对大气污染的净化作用[J]. 农业开发与装备(7)：92.

刘爱维，2021. 长沙市居民对城市森林环境恢复性感知研究[D]. 长沙：中南林业科技大学.

刘芳辉，王瑞攀，王丹丹，等，2020. 安阳市森林康养基地发展现状、存在问题及建议[J]. 河南林业科技，40(2)：31-33.

刘强，张志杰，王琪，等，2008. 多种感觉信息整合的认知与神经机制研究[J]. 心理科学，31(4)：1021-1023.

刘思思，乔中全，金天伟，等，2018. 森林康养科学研究现状与展望[J]. 世界林业研究，31(5)：26-32.

刘伟，王敏彪，杨艺薇，2019. 丽水市森林康养产业发展现状及对策浅析［J］. 华东森林经理，33（4）：58-60.

刘纹卉，刘彦平，2019. 云南森林康养产业发展探析［J］. 西南林业大学学报（社会科学），3（6）：85-89.

刘贤伟，吴建平，2013. 大学生环境价值观与亲环境行为：环境关心的中介作用［J］. 心理与行为研究，11（6）：780-785.

刘修树，李收，冯彬彬，2017. 天然药物化学［M］. 武汉：华中科技大学出版社.

刘瑶，乔瑜，李玲，等，2009. 香疗法配合灸法治疗抑郁症临床研究［J］. 实用中医药杂志，25（4）：213-214.

吕火明，2019. 森林康养：内涵、作用与发展对策［J］. 中国西部（4）：103-107.

吕永来，2016. "十二五"期间全国森林食品产量完成情况分析［J］. 中国林业产业（10）：32-34.

梅中海，徐洪峰，吴传波，等，2020. 景宁县森林康养的负氧离子浓度成效分析［J］. 安徽农学通报，26（7）：132-133.

孟令爽，康宁，官辰，等，2022. 生物多样性水平对心理健康与福祉的影响系统性综述［J］. 中国园林，28（11）：82-87.

苗旭涛，刘佳，魏永祥，2014. 嗅觉传导通路的 MRI 评估［J］. 临床耳鼻咽喉头颈外科杂志，28（1）：4.

彭聃龄，2012. 普通心理学［M］. 4 版. 北京：北京师范大学出版社.

彭琳玉，许方岳，王立夫，等，2020. 九连山国家森林公园负氧离子浓度时空变化及影响要素研究［J］. 西北林学院学报，35（5）：233-239.

彭晓，2012. 环境景观的听觉艺术应用研究［D］. 咸阳：西北农林科技大学.

蒲应春，张晓庆，2020. 播州龙岩湖省级森林康养基地资源现状与评价［J］. 林业调查规划，45（5）：80-84.

任文春，李玫，李茜溪，2015. 城市绿化不同结构的负氧离子浓度对空气质量影响的研究［A］//云南省科学技术协会. 第五届云南省科协学术年会暨乌蒙山片区发展论坛论文集［C］. 昆明：云南省科学技术协会.

沈雪，张露，张俊飚，等，2018. 稻农低碳生产行为影响因素与引导策略——基于人际行为改进理论的多组比较分析［J］. 长江流域资源与环境，27（9）：11.

宋旸，2021. 不同自然度水景图片对认知与情绪影响的研究［D］. 北京：北方工业大学.

宋志宇，沈思琪，2019. 浅议植物挥发物与森林保健［J］. 林业勘查设计（3）：103-105.

苏祖荣，苏孝同，2004. 森林文化学简论［M］. 上海：学林出版社.

粟娟，王新明，梁杰明，等，2005. 珠海市 10 种绿化树种"芬多精"成分分析［J］. 中国城市林业，3（3）：43-45.

汤建强，2018. 药用植物银杏叶功能产品开发研究［J］. 经济研究导刊（30）：43-44.

唐卫红，杨宙，2017. 肿瘤患者的中医食疗护理体会［J］. 湖南中医，33（6）：116-117.

陶豫萍，吴宁，罗鹏，等，2006. 森林对污染物湿沉降过滤作用的研究［J］. 水资源保护，22（3）：16-19.

王琛，2010. 北京地区森林小气候特征研究［D］. 北京：北京林业大学.

王成艳，2019. 滋阴补肾中药治疗糖尿病肾阴虚证的临床疗效［J］. 内蒙古中医药，38（10）：25-27.

王洪俊，2004. 城市森林结构对空气负离子水平的影响［J］. 南京林业大学学报，28（5）：96-98.

王君敏，薛敬礼，葛蓓蕾，等，2015. 枸杞多糖及其硫酸酯体外免疫及抗肿瘤活性［J］. 郑州大学学报（医学版），50（6）：809-813.

王慷林，李莲芳，2018. 资源植物学［M］. 北京：科学出版社.

王薇，余庄，2013. 中国城市环境中空气负离子研究进展［J］. 生态环境学报，22（4）：705-711.

王小婧，贾黎明，2010. 森林保健资源研究进展［J］. 中国农学通报，26（12）：73-80.

王晓菲，刘春琰，窦德强，2014. 中药茯苓抗肿瘤有效组分研究［J］. 辽宁中医杂志，41（6）：1240-1244.

王亚男，朱晓换，马慧，等，2016. 土荆芥挥发油诱导人肝癌 SMMC-7721 细胞 Caspase 依赖性凋亡［J］. 中药材（5）：1124-1128.

王月容，段敏杰，刘晶，2017. 北京市北小河公园绿地生态保健功能效应［J］. 科学技术与工程，17（18）：31-40.

王铮，1995. 陆地系统动力学研究的现状与动向［J］. 云南地理环境研究，7（2）：1-3.

魏静宇，潘淼，2021. 基于森林康养对植物挥发物的探究［J］. 林业勘查设计（50）：89-91.

温普红，2001. 药用植物化学［M］. 西安：陕西科学技术出版社.

吴磊，孙奇，赵骥民，等，2019. 植物精气研究现状和展望［J］. 世界生态学，8（1）：9-14.

吴楚材，郑群明，2005. 植物精气研究［J］. 中国城市林业，3（4）：61-63.

吴楚材，郑群明，钟林生，2001. 森林游憩区空气负离子水平的研究［J］. 林业科学，37（5）：75-81.

吴后建，但新球，刘世好，等，2018. 森林康养：概念内涵、产品类型和发展路径［J］. 生态学杂志，37（7）：2159-2169.

吴孝兀，吴旭冬，郭桂芬，2020. 浅谈森林康养与森林资源的开发利用［J］. 现代园（24）：149-150.

吴章文，2015. 植物的精气［J］. 森林与人类（9）：178-181.

肖雁青，2019. 基于森林康养理念的产业发展思考［J］. 中国林业经济（2）：105-106.

谢晨，2018. 基于园艺疗法的植物色彩疗法探究［J］. 艺术科技，31（11）：233，251.

修淑秋，王焕琦，王洪俊，等，2021. 长白山二道白河地区森林康养缓解心理应激作用［J］. 中国城市林业，19（5）：40-45.

杨利萍，孙浩捷，黄力平，等，2018. 森林康养研究概况［J］. 林业调查规划，43（2）：

161-166.

杨盈，耿柳娜，相鹏，等，2017. 自然关联性：概念、测量、功能及干预[J]. 心理科学进展，25(8)：15.

杨之雪，孟祥江，唐成林，等，2018. "绿水青山就是金山银山"与森林康养发展道路[J]. 科学咨询(科技·管理)(6)：1-2.

姚兰，朱旻，朱江，等，2020. 森林康养研究进展与产业发展现状[J]. 湖北林业科技，49(5)：7.

应立英，2007. 香薰疗法和治疗性触摸对妇科患者术前焦虑的影响[D]. 杭州：浙江大学.

尤新，2003. 国内外天然功能性食品添加剂开发动向[J]. 精细与专用化学品(1)：3-5.

袁玲，王选仓，鲁亚义，等，2009. 高速公路林带声衰减量计算方法[J]. 中国公路学报，22(3)：107-112.

袁敏之，1996. 几种植物精油的提取及其在化妆品中的应用[J]. 日用化学品科学(5)：39-41.

翟媛，2013. 乡村养老度假偏好差异研究——以浙江省为例[J]. 旅游论坛，6(6)：15-20.

张宝红，2019. 基于发展森林生态康养新业态的思考[J]. 中国林业经济(5)：87-88.

张大伟，郝琳琳，李明谦，等，2012. 红松松籽壳和松塔天然产物研究进展[J]. 时珍国医国药，23(10)：2588-2590.

张镜，2005. 我国木本植物食用色素资源及其开发利用优势[J]. 四川林业科技，26(3)：42-47.

张茂杨，彭小凡，胡朝兵，等，2015. 宠物与人类的关系：心理学视角的探讨[J]. 心理科学进展，23(1)：142-149.

张淑梅，徐春红，苟敏，2020. 贵州景阳森林康养基地现状及发展建议[J]. 农业开发与装备(9)：85-86.

张洋，林楠，吴成亮，2019. 我国森林康养产业的供需前景分析[J]. 中南林业科技大学学报(社会科学版)，13(1)：89-95.

张颖，2020. 森林康养旅游发展轨迹研究[J]. 绿色科技(15)：201-204.

张玉旋，张红云，2014. 景观疗养中负离子对老年慢性病的疗效[J]. 中国疗养医学，23(11)：983-984.

张振国，李雪丽，张文忠，2021. 城市绿色空间质量优化管理研究——基于居民幸福感视角[J]. 山东社会科学(6)：133-138.

赵艳青，滕晶，2014. 亚健康与中医"治未病"[J]. 长春中医药大学学报，30(3)：548-549，564.

郑贵军，刘俊昌，曾巧，2018. 市场导向下森林康养产业发展的动力机制[J]. 中南林业科技大学学报(社会科学版)，12(3)：48-54.

周斌，余树全，张超，等，2011. 不同树种林分对空气负离子浓度的影响[J]. 浙江农林大学学报，28(2)：200-206.

周卫，聂晓嘉，池梦薇，等，2020. 森林康养消费者情绪状态对身心健康恢复的影响［J］. 林业经济，42(9)：53-62.

朱虎虎，玉苏甫·吐尔逊，斯坎德尔·白克力，2012. 新疆大枣的抗肿瘤作用［J］. 中国实验方剂学杂志，18(14)：188-191.

朱紫馨，欧阳秋月，程明亮，等，2022. 森林疗法对烟草依赖行为的干预效果研究［J］. 中国疗养医学，31(1)：1-7.

AGLER A H, KURTH T, GAZIANO J M, et al., 2011. Randomised vitamin E supplementation and risk of chronic lung disease in the Women's Health Study［J］. Thorax, 66：320-325.

ALCOCK I, WHITE M P, WHEELER B W, et al., 2014. Longitudinal effects on mental health of moving to greener and less green urban areas［J］. Environmental Science and Technology, 48(2)：1247-1255.

ALTUNDAG A, CAYONU M, KAYABASOGLU G, et al., 2015. Modified olfactory training in patients with postinfectious olfactory loss［J］. The Laryngoscope, 125(8)：1763-1766.

ALVARSSON J J, WIENS S, NILSSON M E, 2010. Stress recovery during exposure to nature sound and environmental noise［J］. International Journal of Environmental Research and Public Health, 7(3)：1036-1046.

APPLETON J, 1996. The Experience of Landscape［M］. Chichester：Wiley.

ATCHLEY R A, STRAYER D L, ATCHLEY P, 2012. Creativity in thewild：Improving creative reasoning through immersion in natural settings［J］. PloS One, 7(12)：e51474.

BALLING J D, FALK J H, 1982. Development of visual preference for natural environments［J］. Environment and Behavior, 14(1)：5-28.

BERMAN M G, JONIDES J, KAPLAN S, 2008. The cognitive benefits of interacting with nature［J］. Psychological Science, 19(12)：1207-1212.

BERMAN M G, KROSS E, KRPAN K M, et al., 2012. Interacting with nature improves cognition and affect for individuals with depression［J］. Journal of Affective Disorders, 140(3)：300-305.

BERTO R, 2005. Exposure to restorative environments helps restore attentional capacity［J］. Journal of Environmental Psychology, 25(3)：249-259.

BRATMAN G N, HAMILTON J P, HAHN K S, et al., 2015. Nature experience reduces rumination and subgenual prefrontal cortex activation［J］. Proceedings of the National Academy of Sciences of the United States of America, 112(28)：8567-8572.

BUCK L, AXEL R, 1991. A novel multigene family may encode odorant receptors：A molecular basis for odor recognition［J］. Cell, 65(1)：175-187.

CARSON K V, CHANDRATILLEKE M G, PICOT J, et al., 2013. Physical training for asthma［J］. Cochrane Database of Systematic Reviews(9)：CD001116.

CASABURI R, 2001. Skeletal muscle dysfunction in chronic obstructive pulmonary disease［J］.

Medicine and Science in Sports and Exercise, 33: S662-S670.

CECERE L M, LITTMAN A J, SLATORE C G, et al. , 2011. Obesity and COPD: Associated symptoms, health-related quality of life, and medication use [J]. COPD: Journal of Chronic Obstructive Pulmonary Disease, 8(4): 275-284.

CHEN Y M, JI J Y, 2015. Effects ofhorticultural therapy on psychosocial health in older nursing home residents: A preliminary study[J]. The Journal of Nursing Research, 23(3): 167-171.

CHENG H, 2022. Aromatherapy with single essential oils can significantly improve the sleep quality of cancer patients: a meta-analysis[J]. BMC Complementary Medicine and Therapies.

CLARK C, MARTIN R, VAN KEMPEN E, et al. , 2006. Exposure-effect relations between aircraft and road traffic noise exposure at school and reading comprehension: The RANCH project [J]. American Journal of Epidemiology, 163(1): 27-37.

CORTOPASSI F, CELLI B, 2015. Longitudinal changes in handgrip strength, hyperinflation, and 6-minute walk distancein patients with COPD and a control group[J]. Chest. , 148(4): 986-994.

COSS R, 1990. Picture perception and patient stress: A study of anxiety reduction and postoperative stability [J]. Unpublished paper, University of California, Davis.

CUI W, YANG Z, 2021. Associationbetween connection to nature and children's happiness in China: Children's Negative Affectivity and Gender as Moderators[J]. Journal of Happiness Studies, 23(1): 47-63.

DATTA D, ZUWALLACK R, 2004. High versus low intensity exercise training in pulmonary rehabilitation: Is more better [J]. Chronic Respiratory Disease, 1(3): 143-149.

DAVIES A, TITTERINGTON A J, COCHRANE C, 1995. Who buys organic food? A profile of the purchasers of organic food in Northern Ireland[J]. British Food Journal, 97(10): 17-23.

DELAQUIS P J, STANICH K, GIRARD B, et al. , 2002. Antimicrobial activity of individual and mixed fractions of dill, cilantro, coriander and eucalyptus essential oils[J]. International Journal of Food Microbiology, 74(1): 101-109.

DIENER E, SUH E M, LUCAS R E, et al. , 1999. Subjective Well-Being: Three Decades of Progress[J]. Psychological Bulletin, 125(2): 276-302.

DIERICH M, TECKLENBURG A, FUEHNER T, et al. , 2013. The influence of clinical course after lung transplantation on rehabilitation success [J] . Transplant Internationa, 26 (3): 322-330.

DONOVAN G H, MICHAEL Y L, BUTRY D T, et al. , 2011. Urban trees and the risk of poor birth outcomes[J]. Health and place, 17(1): 390-393.

DOWMAN L, HIL C J, HOLLAND A E, 2014. Pulmonary rehabilitation for interstitial lung disease (review) [J]. The Cochrane Database of Systematic Reviews (10): 1-53.

DYE C, 2008. Health and Urban Living[J]. Science, 319(5864): 766-769.

DZHAMBOV A M, DIMITROVA D D, DIMITRAKOVA E D, 2014. Association between residential greenness and birth weight: Systematic review and meta-analysis[J]. Urban Forestry and Urban Greening, 13(4): 621-629.

EBRAHIMI H, MARDANI A, BASIRINEZHAD M H, et al. , 2022. The effects of lavender and chamomile essential oil inhalation aromatherapy on depression, anxiety and stress in older community-dwelling people: A randomized controlled trial[J]. Explore, 18(3): 272-278.

EHRING T, 2021. Thinking too much: Rumination and psychopathology [J] . World Psychiatry, 20.

EMERSON R W, 2008. Nature[M]. Penguin.

ENGEMANN K, PEDERSEN C B, ARGE L, et al. , 2019. Residential green space in childhood is associated with lower risk of psychiatric disorders from adolescence into adulthood[J]. Proceedings of the National Academy of Sciences, 116(11): 5188-5193.

FAN V S, RAMSEY S D, GIARDINO N D, et al. , 2007. Sex, depression, and risk of hospitalization and mortality in chronic obstructive pulmonary disease [J] . Archives of Internal Medicine(21): 2345-2353.

FARMER E E, 1994. Fatty acid signalling in plants and their associated microorganisms[J]. Plant Molecular Biology, 26(5): 1432-1437.

FRANSSEN F M E, ROCHESTER C L, 2014. Comorbidities in patients with COPD and pulmonary rehabilitation: Do they matter[J]. European Respiratory Review, 23(131): 131-141.

FRIED L, TANGEN C, WALSTON J, et al. , 2001. Frailty in older adults: Evidence for a phenotype [J]. The Journals of Gerontology: Series A, Biological Sciences and Medical Sciences, 56(3): 146-157.

GALIE N, CORRIS P A, FROST A, et al. , 2013. Updated treatment algorithm of pulmonary arterial hypertension [J]. Journal of the American College of Cardiology, 62: 60-72.

GRILLI G, SACCHELLI S, 2020. Health benefits derived from forest: A review[J]. International Journal of Environmental Research and Public Health, 17(17): 6125.

GLADWELL V F, BROWN D K, BARTON J L, et al. , 2012. The effects of views of nature on autonomic control[J]. European Journal of Applied Physiology, 112(9): 3379-3386.

GORIS A H, VERMEEREN M A P, WOUTERS E F M, et al. , 2003. Energy balance in depleted ambulatory patients with chronic obstructive pulmonary disease: The effect of physical activity and oral nutritional supplementation [J]. British Journal of Nutrition, 89(5): 725-731.

GRANT I, HEATON R K, MCSWEENY A J, et al. , 1982. Neuropsychologic findings in hypoxemic chronic obstructive pulmonary disease [J]. Archives of Internal Medicine, 142 (8): 1470-1476.

GRONE O, GARCIA-BARBERO M, 2001. Integrated care: A position paper of the WHO European office for integrated health care services [J]. International Journal of Integrated Care, 1: 1-15.

GUTHRIE K M, 1993. Odor-induced increases in c-fos mRNA expression reveal an anatomical "unit" for odor processing in olfactory bulb[J]. Proceedings of the National Academy of Sciences, 90(8): 3329-3333.

HIROKO O, HARUMI I, SONG C, et al., 2015. Physiological and psychological effects of a forest therapy program on middle-aged females[J]. International Journal of Environmental Research and Public Health, 12(12): 15222-15232.

HIROKO O, HARUMI I, SONG C, et al., 2015. Physiological and psychological effects of forest therapy on middle-aged males with high-normal blood pressure[J]. International Journal of Environmental Research and Public Health, 12(3): 2532-2542.

HOLDEN L J, MERCER T, 2014. Nature in thelearning environment: Exploring the relationship between nature, memory, and mood[J]. Ecopsychology, 6(4): 234-240.

HOLLAND A E, SPRUIT M A, TROOSTERS T, et al., 2014. An official European Respiratory Society/American Thoracic Society technical standard: Field walking tests in chronic respiratory disease [J]. European Respiratory Journal, 44(6): 1428-1446.

HOYLE, HITCHMOUGH, JORGENSEN, 2017. All about the 'wow factor'? The relationships between aesthetics, restorative effect and perceived biodiversity in designed urban planting[J]. Landscape and Urban Planning, 164: 109-123.

HUMMEL T, 2009. Effects of olfactory training in patients with olfactory loss[J]. The Laryngoscope, 119(3): 496-499.

HUNTER M R, GILLESPIE B W, CHEN S Y, 2019. Urbannature experiences reduce stress in the context of daily life based on salivary biomarkers[J]. Frontiers in Psychology, 10: 722.

HUPPMANN P, SCZEPANSKI B, BOENSCH M, et al., 2013. Effects of impatient pulmonary rehabilitation in patients with interstitial lung disease [J]. European Respiratory Journal, 42(2): 444-453.

JANSSEN D J A, SPRUIT M A, LEUE C, et al., 2010. Symptoms of anxiety and depression in COPD patients entering pulmonary rehabilitation [J]. Chronic Respiratory Disease, 7(3): 147-157.

JIANG B, LARSEN L, DEAL B, et al., 2015. A dose-response curve describing the relationship between tree cover density and landscape preference - Science direct[J]. Landscape and Urban Planning, 139: 16-25.

JIDONG S, JONG-MIN W, WON K, et al., 2012. The effect of cognitive behavior therapy-based "forest therapy" program on blood pressure, salivary cortisol level, and quality of life in elderly hypertensive patients[J]. Clinical and Experimental Hypertension, 34(1): 1-7.

KAHN JR P H, 1997. Developmental psychology and the biophilia hypothesis: Children's affiliation with nature [J]. Developmental Review, 17(1): 1-61.

KALUZA J, LARSSON S C, ORSINI N, et al., 2017. Fruit and vegetable consumption and risk of COPD: A prospective cohort study of men [J]. Thorax, 72(6): 500-509.

KAO C C, HSU J W, BANDI V, et al., 2011. Resting energy expenditure and protein turnover are increased in patients with severe chronic obstructive pulmonary disease [J]. Metabolism, 60(10): 1449-1455.

KAPLAN R, KAPLAN S, 1989. The experience of nature: A psychological perspective [M]. Cambridge: Cambridge University Press.

KAPLAN S, BERMAN M G, 2010. Directed attention as a common resource for executive functioning and self-regulation[J]. Perspectives on Psychological Science, 5(1): 43-57.

KAUER J S, 1974. Responses of olfactory bulb neurones to odour stimulation of small nasal areas in the salamander[J]. The Journal of Physiology, 243(3): 717-737.

KENN K, GLOECKL R, BERH J, 2013. Pulmonary rehabilitation in patients with idiopathic pulmonary fibrosis-A review [J]. Respiration, 86(2): 89-99.

KERANIS E, MAKRIS D, RODOPOULOU P, et al., 2010. Impact of dietary shift to higher-antioxidant foods in COPD: A randomised trial[J]. European Respiratory Journal, 36 (4): 774-780.

KEVERNE E B, 1999. The vomeronasal organ[J]. Science, 286(5440): 716-720.

KIM M H, WI A J, YOON B S, et al., 2015. The influence of forest experience program on physiological and psychological states in psychiatric inpatients[J]. Journal of Korean Society of Forest Science, 104(1): 133-139.

KIM M, CHEON S H, KANG Y, 2019. Use ofelectroencephalography (EEG) for the analysis of emotional perception and fear to nightscapes[J]. Sustainability, 11(1): 233.

KIM W, LIM S K, CHUNG E J, et al., 2009. The effect of cognitive behavior therapy-based psychotherapy applied in a forest environment an physiological changes and remission of major depressive disorder[J]. Psychiatry Investigation, 6(4): 245.

KIZILBASH A H, VENDERPLOEG R D, CURTISS G, et al., 2002. The effects of depression and anxiety on memory performance [J]. Archives of Clinical Neuropsychology, 17 (1): 57-67.

KOLLNDORFER K, 2015. Olfactory training induces changes in regional functional connectivity in patients with long-term smell loss[J]. NeuroImage-Clinical, 9: 401-410.

KOMORI T, FUJIWARA R, TANIDA M, et al., 1995. Effects of Citrus fragrance on immune function and depressive states[J]. Neuroimmunomodulation, 2(3): 174-180.

KONU H, 2015. Developing forest-based well-being tourism products by using virtual product testing[J]. Anatolia(26): 99-102.

KUHN H G, 1997. Epidermalgrowth factor and fibroblast growth factor-2 have different effects on neural progenitors in the adult rat brain[J]. The Journal of Neuroscience, 17(15): 5820-5829.

KUO F E, SULLIVAN W C, 2001. Environment and crime in the inner city: Does vegetation reduce crimeJ]. Acoustics, Speech, and Signal Processing Newsletter, IEEE, 33(3): 343-367.

LAING D G, FRANCIS G W, 1989. The capacity of humans to identify odors in mixtures[J]. Physiology and Behavior, 46(5): 809-814.

LAMBERT G, REID C, KAYE D, et al., 2002. Effect of sunlight and season on serotonin turnover in the brain[J]. The Lancet, 360: 1840-1842.

LANGE N E, SPARROW D, VOKONAS P, et al., 2012. Vitamin D deficiency, smoking, and lung function in the normative aging study [J]. American Journal of Respiratory and Critical Care Medicine, 186(7): 616-621.

LAUMANN K, GÄRLING T, STORMARK K M, 2003. Selective attention and heart rate responses to natural and urban environments[J]. Journal of Environmental Psychology, 23(2): 125-134.

LEE I, CHOI H, BANG K, et al., 2017. Effects of forest therapy on depressive symptoms among adults: A systematic review[J]. International Journal of Environmental Research and Public Health, 14(3): 321.

LEE J, TSUNETSUGU Y, TAKAYAMA N, et al., 2014. Influence of forest therapy on cardiovascular relaxation in young adults[J]. Evidence-based Complementray and Alternative Medicine: 1-7. DOI: 10. 1155/2014/834360.

LEONE N, COURBON D, THOMAS F, et al., 2009. Lung function impairment and metabolic syndrome: The critical role of abdominal obesity [J]. American Journal of Respiratory and Critical Care Medicine, 179(6): 509-516.

LI Q, 2010. Effect of forest bathing trips on human immune function[J]. Environmental Health and Preventive Medicine, 15(1): 9-17.

LI Q, KOBAYASHI M, WAKAYAMA Y, et al., 2009. Effect of phytoncide from trees on human natural killer cell function[J]. International Journal of Immunopathology and Pharmacology, 951-959.

LI Q, MORIMOTO K, KOBAYASHI M, et al., 2008. Visiting a forest, but not a city, increases human natural killer activity and expression of anti-cancer proteins [J]. International Journal of Immunopathology and Pharmacology, 21(1): 117-127.

LI Q, NAKADAI A, MATSUSHIMA H, et al., 2006. Phytoncides (wood essential oils) induce human natural killer cell activity[J]. Immunopharmacology and Immunotoxicology, 28(2): 319-333.

LIEFLÄNDER A K, FRÖHLICH G, BOGNER F X, et al., 2013. Promoting connectedness with nature through environmental education [J]. Environmental Education Research, 19(3): 370-384.

LOTTERS F, VAN TOL B, KWAKKEL G, et al., 2002. Effects of controlled inspiratory muscle training in patients with COPD: A meta-analysis [J]. European Respiratory Journal, 20(3):

570-576.

LOTTRUP L, GRAHN P, STIGSDOTTER U K, 2013. Workplace greenery and perceived level of stress: Benefits of access to a green outdoor environment at the workplace [J]. Landscape and Urban Planning, 110: 5-11.

MAAS J, DILLEN S, VERHEIJ R A, et al., 2009. Social contacts as a possible mechanism behind the relation between green space and health[J]. Health and Place, 15(2): 586-595.

MADDOCKS M, KON S S C, CANAVAN J L, et al., 2016. Physical frailty and pulmonary rehabilitation in COPD: A prospective cohort study [J]. Thorax, 71(11): 988-995.

MAO G X, CAO Y B, LAN X G, et al., 2012. Therapeutic effect of forest bathing on human hypertension in the elderly[J]. Journal of Cardiology, 60(6): 495-502.

MARTIN S, PADILLA E, OCETE M, et al., 1993. Anti-inflammatory activity of the essential oil of bupleurum fruticescens[J]. Planta Med, 59(6): 533-536.

MARUNIAK J A, 1989. Effects of unilateral naris closure on the olfactory epithelia of adult mice [J]. Brain Research, 490(2): 212-218.

MBORA A, JAMNADASS R, LILLESØ J B, 2008. Growing high priority fruits and nuts in Kenya: Uses and management[M]. Nairobi: World Agroforestry Centre.

MEISAMI E, 1976. Effects of olfactory deprivation on postnatal growth of the rat olfactory bulb utilizing a new method for production of neonatal unilateral anosmia[J]. Brain Research, 107(2): 437-444.

MENA-MARTÍN F J, MARTÍN-ESCUDERO J, SIMAL-BLANCO F, et al., 2010. Influence of sympathetic activity on blood pressure and vascular damage evaluated by means of urinary albumin excretion[J]. The Journal of Clinical Hypertension, 8(9): 619-624.

MIYAZAKI Y, MORIKAWA T, HATAKEYAMA E, 2002. Nature andcomfort(Proceedings of 6th International Congress of Physiological Anthropology)[J]. Journal of Physiological Anthropology and Applied Human Science, 21(6): 302-303.

MORITA E, FUKUDA S, NAGANO J, et al., 2007. Psychological effects of forest environments on healthy adults: Shinrin-yoku (forest-air bathing, walking) as a possible method of stress reduction[J]. Public Health, 121(1): 54-63.

MORRIS N R, KERMEEN F D, HOLLAND A E, 2017. Exercise-based rehabilitation programmes for pulmonary hypertension [J]. Cochrane Database of Systematic Reviews (1): CD011285.

MOSER M-B, MOSER E I, 1998. Functional differentiation in the hippocampus[J]. Hippocampus, 8(6): 608-619.

MURRAY C, LOPEZ A D, 1996. Theglobal burden of disease: A comprehensive assessment of mortality and disability from diseases, injuries, and risk factors in 1990 and projected to 2020[J]. Cambridge Massachusetts Harvard School of Public Health.

MURRAY G B, SHEA V, CONN D K, 1987. Electroconvulsive therapy for post stroke depression [J]. Journal of Clinical Psychiatry, 47(5): 258-260.

NEWALL C, STOCKLEY R A, HILL S L, 2005. Exercise training and inspiratory muscle training in patients with bronchiectasis [J]. Thorax, 60: 943-948.

NILSSON K, SANGSTER M, GALLIS C, et al., 2010. Forests, trees and human health[M]. New York: Springer Science + Business Media.

O'BRIEN M E, ANDERSON H, KAUKEL E, et al., 2004. SRL172 (killed *Mycobacterium vaccae*) in addition to standard chemotherapy improves quality of life without affecting survival, in patients with advanced non-small-cell lung cancer: Phase III results[J]. Annals of Oncology, 15(6): 906-914.

O'DOHERTY J, KRINGELBACH M L, ROLLS E T, et al., 2001. Abstract reward and punishment representations in the human orbitofrontal cortex [J]. Nature neuroscience, 4(1): 95-102.

ONODA N, 1992. Odor-induced fos-like immunoreactivity in the rat olfactory bulb[J]. NeuroscienceLetters, 137(2): 157-160.

ORIANS G H, HEERWAGEN J H, 1992. Evolved responses to landscapes[A]// J BARKOW H, COSMIDES L, TOOBY J(Eds.). The adapted mind: Evolutionary psychology and the generation of culture[M]. New York: Oxford University Press: 555-580.

PARK B J, TSUNETSUGU Y, KASETANI T, et al., 2010. The physiological effects of Shinrin-yoku (taking in the forest atmosphere or forest bathing): Evidence from field experiments in 24 forests across Japan[J]. Environmental Health and Preventive Medicine, 15(1): 18-26.

PARSONS R, TASSINARY L G, ULRICH R S, et al., 1998. The view from the road: Implications for stress recovery and immunization[J]. Journal of Environmental Psychology, 18(2): 113-140.

POPA-VELEA O, PURCAREA V L, 2014. Psychological intervention-a critical element of rehabilitation in chronic pulmonary disease [J]. Med life, 7(2): 274-281.

PURVES D, 2001. Neuroscience[M]. 2nd ed. Sunderland, MA: Sinauer Associates.

RIES A L, 1990. Position paper of the Americanassociation of cardiovascular and pulmonary rehabilitation: Scientific basis of pulmonary rehabilitation [J]. Journal of Cardiopulmonary Rehabilitation and Prevention, 10: 418-441.

RIES A L, Bauldoff G S, Carlin B W, et al., 2007. Pulmonary rehabilitation: Joint ACCPI-AACVPR evidence-based clinical practice guidelines [J]. Chest, 131(5 suppl): 4S-42S.

ROBERTS R, KNOPMAN D S, 2013. Classification and epidemiology of MCI [J]. Clinics in Geriatric Medicine, 29(4): 753-772.

ROEDERER M, QUAYE L, MANGINO M, et al., 2015. The genetic architecture of the human immune system: A bioresource for autoimmunity and disease pathogenesis[J]. Cell, 161(2):

387-403.

ROSKAMS A J, 1996. Sequential expression of Trks A, B, and C in the regenerating olfactory neuroepithelium[J]. Journal of Neuroscience the Official Journal of the Society for Neuroscience, 16(4): 1294-1307.

RUBIN E, 1915. Synsoplevede Figurer[M]. Copenhagen: Gyldendalske.

RUOKOLAINEN L, VON HERTZEN L, FYHRQUIST N, et al., 2015. Green areas around homes reduce atopic sensitization in children[J]. Allergy, 70(2): 195-202.

SALLAZ M, 1993. Expression du proto-oncogène c-fos et plasticité dans le système olfactif du rat adulte[J]. Bibliogr, 14(2): 71-74.

SCHAIBLE H G, MATYAS J R, 2009. Encyclopedia of neuroscience[M]. New York: Academic Press.

SCHOLS A M, FERREIRA I M, MARTINEZ F J, et al., 2014. Nutritional assessment and therapy in COPD: A European Respiratory Society statement [J]. European Respiratory Journal, 44: 1504-1520.

SCHOLS A M, SOETERS P B, DINGEMANS A M, et al., 1993. Prevalence and characteristics of nutritional depletion in patients with stable COPD eligible for pulmonary rehabilitation [J]. American Review of Respiratory Disease, 147: 1151-1156.

SECUNDINO L, GLÓRIA B P, SÍLVIA M, et al., 2015. Sense of well-being in patients with fibromyalgia: aerobic exercise program in a mature forest—a pilot study[J]. Evidence-Based Complementray and Alternative Medicine, 614783.

SONG C, IKEI H, KOBAYASHI M, et al., 2016. Effects of viewing forest landscape on middle-aged hypertensive men[J]. Urban Forestry and Urban Greening, 21(Complete): 247-252.

SPRUIT M A, SINGH S J, GARVEY C, et al., 2013. An official american thoracic society/European respiratory society statement: Key concepts and advances in pulmonary rehabilitation [J]. American Journal of Respiratory and Critical Care Medicine, 188(8): 13-64.

SPRUIT M A, WATKINS M L, EDWARDS L D, et al., 2010. Determinants of poor 6-min walking distance in patients with COPD: The ECLIPSE cohort[J]. Respiratory medicine, 104: 849-857.

STAGE K B, MIDDELBOE T, STAGE T B, et al., 2006. Depression in COPD-management and quality of life considerations[J]. International Journal of Chronic Obstructive Pulmonary Disease. 1(3): 315-320.

STERN P C, DIETZ T, ABEL T, et al., 1999. A value-belief-norm theory of support for social movements: The case of environmentalism[J]. Human Ecology Review, 6(2): 81-97.

STIGSDOTTER U K, PALSDOTTIR A M, BURLS A, et al., 2011. Nature-based therapeutic interventions[A]// NILSSON K, SANGSTER M, GALLIS C, et al. (Eds.), Forests, trees and human health[M]. Netherlands: Springer: 309-342.

TAM K P, LEE S L, CHAO M M, 2013. Saving Mr. Nature: Anthropomorphism enhances connectedness to and protectiveness toward nature[J]. Journal of Experimental Social Psychology, 49(3): 514-521.

TASHKIN D P, MURRAY R P, 2009. Smoking cessation in chronic obstructive pulmonary disease [J]. Respiratory Medicine, 103(7): 963-974.

TAYLOR A F, KUO F E, 2009. Childrenwith attention deficits concentrate better after walk in the park[J]. Journal of Attention Disorders, 12(5): 402-409.

TAYLOR A F, KUO F E, SULLIVAN W C, 2001. Coping with ADD: The surprising connection to green play settings[J]. Environment and Behavior, 33(1): 54-77.

TAYLOR A F, KUO F E, SULLIVAN W C, 2002. Views of nature and self-discipline: Evidence from inner city children[J]. Journal of Environmental Psychology, 22(1-2): 49-63.

TENNESSEN C M, CIMPRICH B, 1995. Views to nature: Effects on attention[J]. Journal of Environmental Psychology, 15(1): 77-85.

THERESA L SCOTT, 2017. Horticultural therapy[M]. Singapore: Springer.

THOENEN H, 1995. Neurotrophins andneuronal plasticity[J]. Science, 270(5236): 593-598.

THRAILKILL E A, TODD T P, BOUTON M E, 2020. Effects of conditioned stimulus (CS) duration, intertrial interval, and I/T ratio on appetitive pavlovian conditioning[J]. Journal of Experimental Psychology: Animal Learning and Cognition, 46(3): 243-255.

TIRRANENL L S, BORODINA E V, USHAKOVA S A, et al., 2001. Effect of volatile metabolites of dill, radish and garlic on growth of bacteria[J]. Acta Astronautica, 49(2): 105-108.

ULRICH R S, 1981. Naturalversus urban scenes some psychophysiological effects[J]. Environment and Behavior, 13(5): 523-556.

ULRICH R S, 1983. Aesthetic and affective response to natural environment[A]// ALTMAN I, WOHLWILL J(Eds.). Human behavior and environment, Vol. 6: Behavior and natural environment[M]. New York: Springer-Verlag: 85-125.

ULRICH R S, 1993. Biophilia, biophobia, and natural landscapes[A]// KELLERT S A, WILSON E O(Eds.). The niophilia hypothesis[M]. Washington DC: Island Press/Shearwater: 74-137.

ULRICH R S, SIMONS R F, LOSITO B D, et al., 1991. Stress recovery during exposure to natural and urban environments[J]. Journal of Environmental Psychology, 11(3): 201-230.

VALERIE G, PEKKA K, MIKA T, et al., 2016. A lunchtime walk in nature enhances restoration of autonomic control during night-time sleep: Results from a preliminary study[J]. International Journal of Environmental Research and Public Health, 13(3): 280.

VAN EERD E A M, VAN DER MEER R M, VAN SCHAYCK O C P, et al., 2016. Smoking cessation for people with chronic obstructive pulmonary disease [J]. Cochrane Database of Systematic Reviews, 8: 1-76.

VARTASO R, FUNG T T, HU F B, et al. , 2007. Prospective study of dietary patterns and chronic obstructive pulmonary disease among us men [J]. Thorax, 62: 786-791.

VILJOEN A, VAN VUUREN S, ERNST E, et al. , 2003. Osmitopsis asteriscoides (Asteraceae)-the antimicrobial activity and essential oil composition of a Cape-Dutch remedy[J]. Journal of Ethnopharmacology, 88(2): 137-143.

VOGIATZIS I, TERZIS G, NANAS S, et al. , 2005. Skeletal muscle adaptations to interval training in patients with advanced COPD [J]. Chest, 128: 3838-3845.

WAYRA, CITLALI, PAZ-BALLESTEROS, et al. , 2019. Evaluation of physical and psychological dependence in Mexican adult smokers, Encodat 2016 [J]. Salud Publica De Mexico, 61(2): 136-146.

WHO, 2016. Ambient air pollution: A global assessment of exposure and burden of disease[R]. Geneva, Switzerland.

WHO, 2018. Air pollution: Maps and databases [EB/OL]. [2020-01-05]. www. who. int/airpollution/data/en.

WILSON E O, 1984. Biophilia[M]. Cambridge MA: Harvard University Press.

WOLFE J M, 2012. Sensation & Perception[M]. Sunderland, MA: Sinauer Associates.

WOO J, TANG N, SUEN E, LEUNG J, et al. , 2009. Green space, psychological restoration, and telomere length[J]. The Lancet, 373(9660).

WU H, HE X, HONG Y, et al. , 2010. Chemical characterization of *Lycium barbarum* polysaccharides and its inhibition against liver oxidative injury of high-fat mice[J]. International Journal of Biological Macromolecules, 46: 540-543.

WYSOCKI C J, 1989. Ability to perceive androstenone can be acquired by ostensibly anosmic people[J]. Proceedings of the National Academy of Sciences, 86(20): 7976-7978.

XYDAKIS M S, MULLIGAN L P, SMITH A B, et al. , 2015. Olfactory impairment and traumatic brain injury in blast-injured combat troops: A cohort study [J]. Neurology, 84 (15): 1559-1567.

YAZDKHASTI M, PIRAK A, 2016. The effect of aromatherapy with lavender essence on severity of labor pain and duration of labor in primiparous women[J]. Complementary Therapies in Clinical Practice, 25: 81-86.

YOHANNES A M, WILLGOSS T G, BALDWIN R C, et al. , 2010. Depression and anxiety in chronic heart failure and chronic obstructive disease: Prevalence, relevance, clinical implications and management principles [J]. International Journal of Geriatric Psychiatry, 25: 1209-1221.

YOUNG H M, LIERMAN L, POWELL-COPE G, et al. , 1991. Operationalizing the theory of planned behavior[J]. Research in Nursing and Health, 14(2): 137-144.

YOUNG P, DEWSE M, FERGUSSON W, et al. , 1999. Respiratory rehabilitation in chronic obstructive pulmonary disease：Predictors of nonadherence[J]. European Respiratory Journal，13：855-859.

ZELENSKI J M, DOPKO R L, CAPALDI C A, 2015. Cooperation is in our nature：Nature exposure may promote cooperative and environmentally sustainable behavior[J]. Journal of Environmental Psychology，42：24-31.